山东蓬莱地区黑岚沟-大柳行金矿田
三维地质建模与深部定位预测

王勇军　邵玉宝　李秀章　等　编著

中国矿业大学出版社
· 徐州 ·

内容提要

本书主要基于山东省2018年度省级地质勘查项目“山东省栖霞-蓬莱金矿带黑岚沟-大柳行金矿田深部成矿预测”研究成果，以胶东栖霞-蓬莱金矿带黑岚沟-大柳行金矿田为研究对象，在收集和整理区内大量物化探、地质、矿产和矿山生产资料的基础上，结合详细的野外调查工作，系统总结了成矿作用特征标志；利用三维建模软件平台，构建了矿田和矿床2个尺度的矿体、构造蚀变带、断裂、脉岩、岩体等五类三维地质模型，提出了矿体空间展布与不同地质体的关系，形成了金矿控矿因素概念模型；采用缓冲区分析、二值判断、组合方向水平导数等手段，进行了找矿信息提取，厘定了四重关键预测变量，进而确立了成矿有利度，构建了矿田三维预测模型。最后结合广域电磁测深成果揭示的深部结构特征，在矿田范围内圈定了6处找矿靶区。

本书首次在黑岚沟-大柳行金矿田开展系统的三维成矿预测研究，相关成果对拓展区内找矿空间、实现资源接替等工作具有现实指导意义。

图书在版编目(CIP)数据

山东蓬莱地区黑岚沟-大柳行金矿田三维地质建模与深部定位预测 / 王勇军等编著. — 徐州 ：中国矿业大学出版社，2024. 12. — ISBN 978 - 7 - 5646 - 6451 - 0

Ⅰ. P618.510.2

中国国家版本馆CIP数据核字第20243B3Y91号

书　　名　山东蓬莱地区黑岚沟-大柳行金矿田三维地质建模与深部定位预测
编　　著　王勇军　邵玉宝　李秀章　等
责任编辑　潘俊成　路　露
出版发行　中国矿业大学出版社有限责任公司
（江苏省徐州市解放南路　邮编221008）
营销热线　(0516)83885370　83884103
出版服务　(0516)83995789　83884920
网　　址　http://www.cumtp.com　**E-mail**：cumtpvip@cumtp.com
印　　刷　苏州市古得堡数码印刷有限公司
开　　本　787 mm×1092 mm　1/16　**印张** 10.5　**字数** 262千字
版次印次　2024年12月第1版　2024年12月第1次印刷
定　　价　68.00元

本书编委会

主　编	王勇军	邵玉宝	李秀章	纪旭波	黄兴龙	黄　鑫
副主编	王江波	陈　磊	张心彬	路长勇	谢　超	李泗龙
参　编	赵智华	李小彦	王怀洪	潘伟辉	许丙彩	张兆民
	杨继岳	李　超	王　明	王　鹏	戚树发	崔熠锋
	李　靖	宋　宇	田得龙	于　峰	曹　立	邵贵航
	单　莉	王　浩	郑　音	周渲人	林喜村	高　涛
	杨君玺	李青春	李洪奎	赵树山	杨其栋	董晨光
	崔　凯	曹国栋	张　晖	牛　妍	周兴宇	窦凤珂
	宋　倩	周明磊	朱裕振	曲泽良	沈立军	孙　超
	万大庆	梁圣建	徐　昌	张　虎	吴兴宇	李　宁

序

黄金是重要的战略储备资源，山东是我国金资源储量和产量最多的省份，其探明金资源储量超过5 000 t，占全国金资源总量的1/3。随着浅地表矿逐渐减少，找矿难度不断增大，深部找矿是当前和今后一段时间矿产勘查的重点。胶东具有得天独厚的成矿条件和良好的研究基础，是深部资源勘查研究的重要示范区。

山东省煤田地质规划勘察研究院金矿找矿团队在胶东找矿十余载，积极探索金矿勘查的先进技术和成矿理论，在金矿勘查、技术方法、成矿理论及深部找矿等方面开展了大量工作，取得了矿床基本特征、成矿规律等研究成果，大幅提升了找矿研究水平。

黑岚沟-大柳行金矿田位于蓬莱-栖霞金成矿带内，该成矿带具有深大断裂及次生断裂，深部及外围找矿潜力巨大。“山东省栖霞-蓬莱金矿带黑岚沟-大柳行金矿田深部成矿预测”项目通过对地质体开展三维建模与可视化，直观地刻画出地下一定深度范围内的地层、岩体、构造的空间展布关系。目前，三维地质建模与成矿预测已成为矿产勘查领域的研究热点，对深部找矿具有重要的指导意义。

为了更好地将三维地质建模与成矿预测技术运用到寻找矿集区深部盲矿、实现深部矿产资源的定位与评价，该金矿找矿团队在多年工作的基础上进行了综合集成，形成了《山东蓬莱地区黑岚沟-大柳行金矿田三维地质建模与深部定位预测》这部著作。

该著作最鲜明的亮点是在黑岚沟-大柳行金矿田研究区已取得地质、地球物理、矿产勘查及矿山生产资料的基础上，以Surpac软件为平台，构建了黑岚沟-大柳行金矿田矿体、构造蚀变带、断裂、脉岩、岩体三维地质模型以及矿田地质数据库，并进行了三维成矿预测，查清了研究区控矿断裂及矿田边界断裂−3 000 m以浅的深部地质特征，发现了矿化强度“强弱相间”、矿体分布“深浅交替”的变化规律，圈定了外围找矿靶区，提出了研究区下一步外围找矿勘查的具体位置，为本区今后主要找矿工作指明了方向，这对于保证我国黄金储备安全具有重要的现实意义。

我衷心祝愿这一重要著作早日面世。

中国科学院地质与地球物理研究所

刘嘉麒

前　言

随着地质找矿对象和找矿策略的转变，隐伏矿和深部矿已经成为许多国家和地区的重点找矿对象，大深度隐伏矿预测技术是当前矿产勘查学的研究热点之一。深部找矿不同于传统地表或浅部找矿，首先要实现二维平面向三维空间立体的转变，实现三维深部地质组构的透明化和可视化是关键。此外，由于深部矿埋藏深度较大，在地表显示的矿化信息较弱，常规的地表地质调查、浅层次的物化探以及遥感等技术很难获取有效信息，定量化的数据集成运算与找矿信息提取是深部找矿的重要任务。近年来，随着计算机三维技术的迅速发展，三维可视化和地质建模等技术被越来越多地运用到深部找矿中，为深部矿产资源预测和评价提供了重要的技术保障。

本书内容主要由山东省煤田地质规划勘察研究院承担的山东省2018年度省级地质勘查项目——“山东省栖霞-蓬莱金矿带黑岚沟-大柳行金矿田深部成矿预测”研究成果总结而来。书中选取胶东栖霞-蓬莱金矿带黑岚沟-大柳行金矿田为研究对象，在收集和整理区内地质矿产和探采资料的基础上，结合野外地质调查和室内工作，利用三维建模软件平台，研究了区域成矿地质条件和典型矿床的地质特征，总结了成矿作用特征标志；构建了矿田和典型矿床尺度矿体、构造蚀变带、断裂、脉岩、岩体五类三维地质模型，分析了矿体的空间展布与不同地质体的时空关系，总结了金成矿控矿因素概念模型；采用缓冲区分析、二值判断、组合方向水平导数等手段，进行了矿田尺度找矿信息提取，厘定了四重关键预测变量。采用特征分析法，确立了成矿有利度，构建了矿田三维预测模型。结合广域电磁测深成果，在矿田范围内圈定了六处找矿靶区。本书是对黑岚沟-大柳行金矿田外围及深部首次开展系统的三维成矿预测研究，有利于实现区内资源接替，拓展找矿空间，扩大资源储量，对矿产勘查工作具有现实指导意义。

本书内容共分6章，主要完成和参与人员有王勇军、邵玉宝、李秀章、纪旭波、黄兴龙、黄鑫、李小彦、王江波、陈磊、张心彬、路长勇、田得龙、赵智华、王怀洪、潘伟辉、许丙彩、张兆民、杨继岳、李超、王明、王鹏、戚树发、崔煜烽、李靖、宋宇、李泗龙、谢超、于峰、曹立、邵贵航、单莉、王浩、郑音、周渲人、林喜村、高涛、杨君玺、李青春、李洪奎、赵树山、杨其栋、董晨光、崔凯、曹国栋、张晖、牛妍、周兴宇、窦凤珂、宋倩、周明磊、朱裕振、曲泽良、沈立军、孙超、万大庆、梁圣建、徐昌、张虎、吴兴宇、李宁。

需要强调的是，上述研究是在前人进行大量工作基础上完成的，在此对前人致以崇高的敬意。工作期间也得到了研究区众多矿山企业的大力支持，在此表示衷心的感谢。由于水平所限，书中难免有疏漏之处，欢迎读者批评指正。

目　录

第 1 章　绪　　论

1.1　研究背景与意义

作为经济和社会发展的重要物质基础，金矿资源一直以来都受到国内外专家学者的重点关注。目前，随着经济全球化的趋势不断加深，各个国家间的经济发展相互依存度越来越高的同时，黄金消费的增长速度也相当可观。但是，必须看到的是随着地质找矿工作的不断深入，地表易识别矿、浅部矿已日益减少，找矿难度日渐增大的同时找矿效果却差强人意，矿产勘查工作的重心正逐步向深部及难识别的矿产转移。面对矿产资源难识别、难发现、难利用的局面，三维可视化及三维成矿预测理论与方法的提出及利用，给当前矿产勘查工作的窘境提供了较好的解决方案。

近年来，全球各个国家都将矿产勘查的主要方向和目标转移到寻找隐伏矿和深部矿上来，在国内外一些重要矿集区和矿田的深部以及外围都已取得显著的找矿成果。如位于加拿大安大略省萨德伯里镍铜矿集区的外围就先后发现多处中-小型铜镍矿床或矿化点，其中以莎士比亚矿床和奈恩矿床最为典型[1,2]；位于智利的楚基卡马铜矿外围找矿工作取得重大进展，在其西南部先后发现土琦矿床群，预计铜金属储量约 20 Mt[3,4]。美国西部内华达州的卡林型金矿集中区，在卡林矿带 550 m 深度发现规模大、品位高的一批深部金矿[5]。2007 年焦家金矿成矿带深部发现特大型金矿——莱州寺庄金矿，其探明储量高达 51.83 t，2008 年焦家金矿深部再次探获金矿资源量 103 t[6]。2020 年河南省栾川县冷水-赤土店钼铅锌多金属矿深部探获超大型钼多金属矿，累计新增钼资源量 319.40 万 t，在钼矿石中估算伴生铼 146 t。2020 河南省地矿一院在小秦岭金矿田地区找矿取得较好的效果，新增金资源量 121.30 t，同时新发现钼资源量 2 万 t 和钨、稀土等共伴生矿产。国内外各类矿产勘查工作找矿效果显著提升证明，在已知矿集区和矿田的深边部进行找矿工作仍然是实现资源接替以及扩大资源储量的重要途径。

黑岚沟-大柳行金矿田位于蓬莱-栖霞金成矿带内，是我国胶东金矿集中区重要的金成带。胶东金矿集中区内拥有众多金矿且储量巨大，区内自西向东依次分布有胶西北、蓬莱-栖霞和牟平-乳山三个金成矿带[7]。近些年来矿集区内矿产勘查工作取得较好的效果，未来找矿工作的重要方向仍然是隐伏矿及深边部矿，矿产勘查技术的发展为寻找及发现新的矿产资源成为可能[8,9]。胶东地区矿产勘查工作集中在胶西北地区，而其他地区如蓬莱-栖霞-福山、文登-威海等地区勘探程度仍然相对较低，勘查深度也相对较浅。2012 年，蓬莱-栖霞金成矿带深部找矿取得重要进展，在栖霞地区陡崖-台前断裂带深部新发现和评价笏山-西陡崖大型金矿床，共计查明金矿资源储量 30 余吨，以及伴生银金属量125 t[10]。同属蓬莱-栖霞成矿带的黑岚沟-大柳行金矿田内同样具有虎路线深大断裂带及其次生断裂，矿田深部及外围找矿潜力仍然巨大。

黑岚沟大柳行金矿田研究区地质工作程度总体较高，多年来多家单位在本区开展了一系列基础地质、物化探、矿产勘查和科研工作，以往 1∶20 万、1∶5 万的区域地质、矿产、地球物理、地球化学工作基本覆盖研究区，地质研究工作取得了较丰硕的成果，积累了大量原始资料，为本次研究工作提供了良好的研究基础。目前，如何有效地运用这些原始地质资料进行定位预测研究成为本次预测工作的重点之一。以往在黑岚沟-大柳行金矿田进行成矿预测的工作主要集中于单个矿床的地质、物化探等二维空间的定性分析，并未进行过矿田尺度的矿体展布规律分析以及三维空间定位预测。本次进行黑岚沟-大柳行金矿田深边部三维定位预测研究，有利于实现研究区资源接替，拓展找矿空间，扩大研究区资源储量，对研究区深边部进行矿产勘查工作具有指导意义。

三维成矿预测是以二维数据推演至三维环境发展起来的，且二维成矿预测方法是三维预测方法的重要驱动力。二维成矿预测中常用到的是特征分析法，相对于证据权重法、找矿信息量法等方法，其计算过程相对简单，能充分利用原始地质资料。特征分析法从二维成矿预测拓展到三维成矿预测，能够更有效地发挥其优点。近年来，前人利用三维地质信息技术已在国内外多个地区开展了深部找矿预测研究和实践，并且成功进行了定位预测，如加拿大 Ansil 矿床、Noranda 矿区、瑞典北部 Kristineberg 金矿区、澳大利亚 Marymia Inlier 造山型金矿、河南围山城金银矿集区、永新金矿区、钟姑矿田等。本书使用特征分析法对黑岚沟-大柳行金矿田进行三维成矿预测，开展深部定预测，指导本区矿产勘查，具有重要的实践意义和示范价值。

1.2 国内外研究概况

1.2.1 三维地质建模的研究现状

三维地质建模技术的出现，使地质工作人员摆脱传统二维平面数据难以对矿床乃至矿田深部地质体空间分情况、相互关系以及成矿条件做到全面准确理解的局限性。近些年来，三维地质建模技术的快速发展，已经使得三维模型可以较为真实地再现各类复杂地质现象，并且可直观立体地展示出各类地质体的空间位置及相互关系，有助于发现隐含地质信息、总结成矿规律、分析成矿信息，最终对矿山深部和外围找矿提供有力的依据[11,12]。

三维地质建模(3D Geo-science Modeling)是一项涉及地球物理、地质勘探、数理统计、近似计算图形等学科与技术的综合应用技术，其综合利用计算机技术和地质理论，将空间信息管理、地质解译、地质三维空间分析与成矿预测、地质统计学以及图形可视化等工具结合起来，在虚拟的三维空间中，来研究和分析地质体和地质界面的空间位置、形态、关系以及地质体的内部属性等地质信息[13]。

早在 20 世纪 80 年代，三维建模的相关理论研究及其应用就已形成，Haldorson[14] 在 1984 年利用统计技术来估算页岩的空间分布，并对油气藏储层进行数值模拟；D.R.Smith 等[15]在 1989 年开展的第九届国际计算机辅助制图专题研讨会上提出将三维地理信息系统应用于地球科学领域。20 世纪 90 年代以来，随着计算机科学与技术的不断发展，其处理和展示三维数据信息的能力同样也在不断提高与改进，国内外专家学者逐步开展三维地质建模的相关研究。1994年加拿大学者Houlding[16]在其专著中首次提出“三维地质建模”这一概念，并详细介绍了三维地质建模的技术与方法，较为完整地归纳了三维数据结构模型，系统地构建了三维地质建模理论。法国学者Mallet[17]提出的利用“离散光滑插值”方法构建三维地质模型，使得在三维地质建模中地质曲面技术逐步走向成熟。随后国外众多学者在三维地质图的构建、地质数据库三维可视化、地质-物理-化学信息可视化等三维地质模型领域进行深入研究[18-23]，为三维地质建模的理论发展提出了有力的理论支持。近几年来，随着计算机网络以及计算机图形处理技术的蓬勃发展，“VR”“3S”、三维GIS和地质数据库等高新技术的迅速发展和日益趋于成熟，使得矿产勘查工作和地质研究工作与新兴技术融合交叉，从而为三维地质建模提供了技术保障，进而促使一些学者在三维地质建模可视化技术应用方面进行了大量研究[24-26]。自EarthVision软件引入我国后，国内许多专家学者对三维地质建模的技术理论、方法和应用进行了大量研究，虽然相对于发达国家起步较晚，但发展迅速，取得了较为丰硕的成果。在理论研究上，武强等[27]在2003年提出建立面向应用的三维地质建模的体系结构，提出以空间数据处理为基础、以实体建模技术为核心的三维地质建模的理论与方法。2013年，武强[28]在《数字矿山中三维地质建模方法与应用》一文中提出多元数据耦合、多种构模方法集成、多分辨率可视化与检测以及多数据分析与应用的理论体系。在建模方法上，刘少华等[29]提出一种快速构建地层的三角网格算法，并给出了相应的数据结构，借助OpenGL实现了地层剖面显示及地层缝合成地质体。屈红刚[30]提出一种通过引入剖面中空间要素（多变形-弧段-结点）之间的拓扑关系（邻接、关联和包含）来生成基于边界表达的三维地质建模的方法。王宝军[31]提出一种基于GIS结合虚拟现实建模语言（VRML），实现实时、快速三维地质建模的简化方法。薛林福[32]在大量反复实践的基础上，提出了分块三维地质建模方法，该方法具有能够简化三维地质建模过程、易于修改完善模型、易于集成模型等优势，能够克服常规的基于剖面的三维地质建模方法中存在的问题，突破了大规模区域三维地质建模的瓶颈。罗智勇等[33]提出了一种实用的工程地质三维建模方法，对基于钻孔数据的三维地质建模方法进行改良，克服了单纯依靠钻孔数据建模结果不精确性和难以修正的问题。具体应用研究方面，向中林等[34]通过对内蒙古柳坝沟矿区进行地层、构造、脉岩、矿体和蚀变带的三维地质模型及可视化成矿地质条件分析，构建了综合找矿模型和三维块体模型，结合三维成矿预测因子的量化运算，完成了矿区的预测靶区圈定工作。孙岳等[35]利用实测数据和解译数据在Gocad平台上创建了三维地质模型，结合新疆哈密尔红海VMS型铜（锌）矿床，为勘探区圈定了一个新的靶区。

随着国内外三维地质建模理论技术的不断发展以及计算机软件平台的逐步完善，在三维地质建模软件市场需求的驱动下，国外出现一批适用于矿山、环境及地质等领域的三维地质建模软件，如Surpac（法国）、LYNX（加拿大）、Micromine（澳大利亚）、MVS（美国）、Dataminestudio（英国）、GeoVisionary（瑞典）等，而国内由于计算机软件研发与应用起步较晚，主要停留在对国外三维地质软件的二次开发上，其中最具有影响力的软件有中国地质大学（武汉）的GeoView、北京三地曼矿业软件科技有限公司的3DMine、武汉中地数码公司的MAPGIS K9、北京东方泰坦科技有限公司的TitanT3M3等。

1.2.2 三维成矿预测的研究现状

三维成矿预测的前提是三维地质模型的建立和可视化，模型的合理性和完整性是三维成矿预测研究的基础和关键。三维地质模型可以准确、形象、立体地表达各类地质体的三维空间展布特征和相互关系，进而有效地指导地质研究和矿产资源勘查预测工作。三维成矿预测流程是：在深入研究区域以及矿床地质特征的基础上，结合地球物理-化学数据，通过三维地质建模及可视化，构建三维地质模型，融合三维空间分析方法，提取三维预测要素，实现三维预测靶区的圈定[36]。

进入21世纪以后，随着计算机科学技术的逐步发展，三维成矿预测的理论与方法不断创新，国内外矿产资源预测已从二维拓展至三维空间。目前，国外众多学者在三维定位预测领域进行了深入研究，并取得了显著的成绩。Sprague等[37]拓展了三维地理信息系统的3D-GIS功能，通过直接查询来获取相应属性的空间定位，从而满足采矿和矿产勘查的要求。Caumon等[38]在对逻辑回归和证据权重两种简单的数据驱动技术进行比较的基础上，提出了一种交叉验证技术，利用三种不同数据驱动技术对加拿大Duparquet金矿区进行三维预测研究。Joly等[39]利用地球物理资料构建西澳大利亚的Tanami造山带三维地质模型，利用模糊逻辑和证据权法对西澳大利亚的金矿进行预测分析。Nielsen等[40]利用地球物理数据构建西澳大利亚Marymia Inlier造山型金矿的三维地质模型，并利用钻孔数据进行约束，而后采用模糊逻辑算法进行三维预测模型的构建。Payne等[41]以GOCAD为平台，建立新西兰Taupo火山区的三维地质模型，并对该区热液型金矿进行三维成矿预测工作，进一步证实该区的找矿潜力。近些年来随着三维成矿预测研究的逐渐深入，三维成矿预测已成为我国扩大资源储备和拓展找矿空间的研究热点，国内众多专家学者相继提出了三维成矿预测方法，并在国内多个地区进行了三维找矿预测工作。陈建平等[42]在进行云南个旧锡矿资源隐伏矿体预测时，提出了一种“基于三维可视化技术的隐伏矿体预测”方法，该方法把三维可视化技术与基于地、物、化、遥的传统综合信息成矿预测结合起来，进行了个旧锡矿隐伏矿体的预测研究。后续该项目团队的陈建平、陈勇、王丽梅等又成功地将该方法用于可可托海3号脉[43]、西藏玉龙铜矿床[44]和陕西潼关小秦岭金矿[45]、福建永梅[46]、湖南黄沙坪[47]等地，开展了深部隐伏矿体的三维定位定量预测研究，建立了一套可行的三维矿床建模以及三维定位定量预测方法体系。毛先成等[48]针对深部隐伏矿定位难题，提出以定位模型-成矿信息-三维预测为主线的隐伏矿体三维可视化预测方法，以安徽铜陵凤凰山铜矿和金川铜镍硫化物矿床为例，进行矿区深部三维可视化预测工作。肖克炎等[49]提出基于三维信息技术的大比例尺三维立体矿产预测方法及途径，总结了大比例尺三维预测工作的流程，并在大冶铁矿田铁山矿区进行了深部成矿预测工作。袁峰等[50]等通过系统归纳和整理国内外三维成矿预测的研究，总结出“四步式”的三维成矿预测方法流程，主要包括三维地质数据库构建、三维地质建模填图、三维预测信息深度挖掘和三维数据融合及预测评价四个步骤。

1.2.3 研究区现状

(1) 研究区交通位置

研究区位于山东省烟台市中北部，隶属蓬莱区管辖。地理坐标东经120°53′59″～121°05′16″，北纬37°31′01″～37°39′04″，面积200 km²。研究区拐点坐标见表1-1。

表 1-1 研究区拐点坐标一览表

序 号	东 经	北 纬
1	120°53′59″	37°31′05″
2	121°03′21″	37°31′01″
3	121°03′24″	37°34′57″
4	121°05′15″	37°34′56″
5	121°05′16″	37°38′58″
6	120°54′05″	37°39′04″

区内高速公路主要为威乌高速，研究区南距同三高速约 4 km，省道 S302、S211 等穿过本区，乡间道路纵横交错，东距烟台火车站 40 km，东距烟台港 40 km，交通便利(图 1-1)。

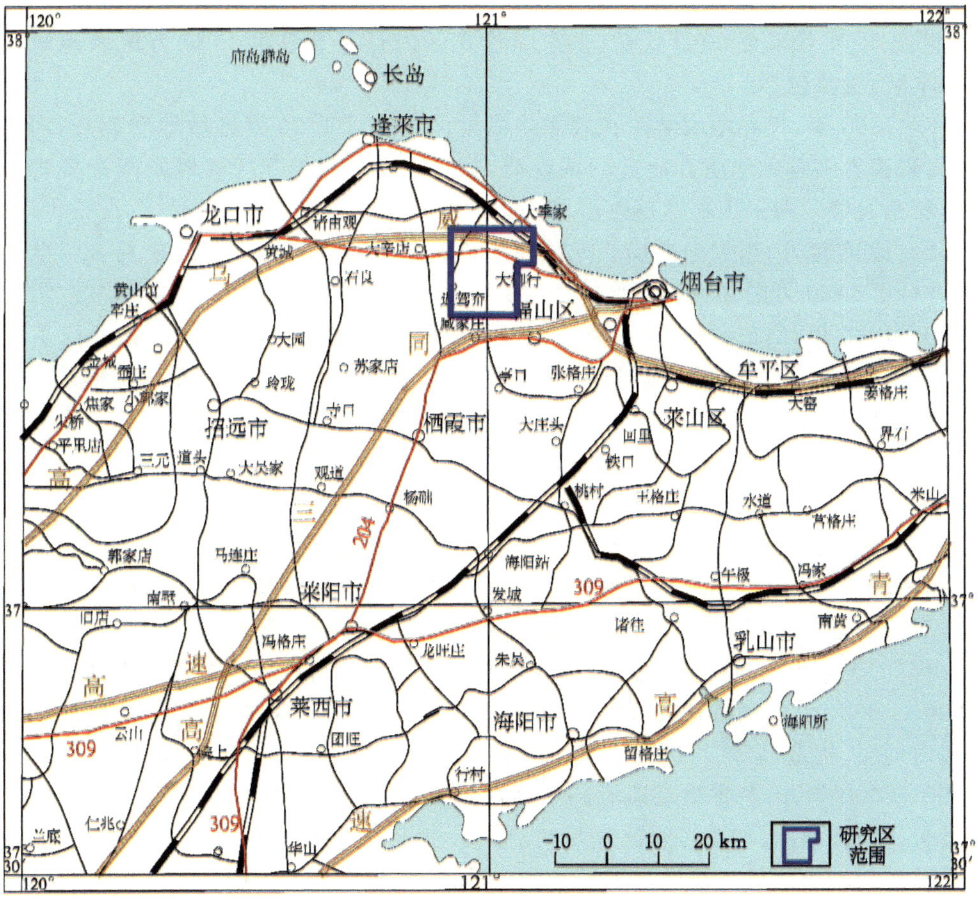

图 1-1 研究区交通位置图

(2) 自然地理情况

研究区位于胶东半岛中北部，地形地貌属于山区丘陵。区内有磁山、蓬半山、黑金顶、拖拖顶、燕山、笔架山等较大的山体数十个，这些山岭相互连接，迂回曲折，横贯全区，海拔为 80～518 m，区内最高山磁山海拔为 518 m。中部为东西分水岭，两侧余脉多呈 NS 走向，形成低山丘陵，夹杂部分河谷冲积平原。水系主要为黄金河等季节性河流，另有多座小型水库，规模最大的是丘山水库。

气候属暖温带季风型半湿润气候，四季分明，光照充足，年平均气温为 11.3 ℃，降雨量在 650 mm 左右，无霜期为 207 d，年日照总时为 2 690 h。

该区农作物以小麦、玉米为主，经济树木主要为苹果等。矿山企业比较发达，区内资源主要有黄金、饰面石材等 20 余种。电力供应良好，劳动力充足。

(3) 以往地质工作程度

区内基础地质调查工作可分为四类，总体按时间顺序实施。20 世纪 50 年代末至 90 年代初，主要实施了 1∶20 万（涉及蓬莱幅和烟台幅）区域地质调查；90 年代中后期，实施了 1∶5万（涉及大辛店幅和岗嵛幅）区域地质调查；2003 年提交了 1∶25 万（烟台市幅）区域地质调查；其他大比例尺区域地质调查工作根据各探、采矿权设立时间不同，逐年进行。上述区域地质工作实现了研究区的全覆盖。

20 世纪 50 年代末至 90 年代初，多家单位在区内开展了多次 1∶20 万区域地质调查工作，覆盖本区，主要包括：

1958～1960 年，长春地质学院在胶东半岛地区开展了 1∶20 万区域地质调查，对区内地层、构造、岩浆岩等基础地质方面进行调查研究，编写了《1∶20 万区域地质调查报告》，首次提出了“胶东岩群”“粉子山群”“蓬莱群”，为以后的地质工作奠定了基础。

1965～1968 年，山东省地质局 805 队在原长春地质学院和山东省地质局 807 队工作基础上又进行了 1∶20 万图幅编测工作。

1980～1985 年，山东省地矿局第三地质队对胶东地区发育的粉子山群进行了详细研究，对该群地层层序进行了系统划分，并研究了与胶东群的接触关系和粉子山群成矿作用特征，认为粉子山群与下伏胶东群变质岩系呈不整合接触，说明两群是在不同构造变质条件下所形成的截然不同的两套区域变质岩系。

1981～1983 年，山东省地矿局综合研究队编制了《山东省 1∶20 万变质岩图》，对区内变质地层做了详细的对比，对变质期次、变质单元、变质相、变质带等做了详细的划分。

1985～1991 年，山东省地矿局区调队开展了 1∶20 万蓬莱、烟台及砣矶岛幅区域地质调查工作，对胶东岩群、粉子山群、蓬莱群的关系、形成、变质时代等问题做了研究，首次将原归于粉子山群的芝罘组分解出，升格为芝罘群，并首次在侵入岩区采用单元填图法。

1996～1998 年，山东省地矿局第三地质队开展了 1∶5万大辛店幅、臧家庄幅区域地质调查，对区内地层、构造、岩浆岩进行了系统划分和归并。

1997～2000 年，山东省第三地质矿产勘查院和山东省第六地质矿产勘查院分别开展了 1∶5万烟台、高疃、福山、岗嵛、巨峰、洼里村、蓬莱、潮水、龙口幅区域地质调查，对地层、构造、岩浆岩、矿产和城市地质工作进行了系统的地质调查研究，显著地提高了测区基础地质研究程度。

2003 年，山东省地质调查院完成了 1∶25 万烟台市幅区域地质调查工作，对之前十年完成的 1∶5万区调和 1∶20 万区调进行了修测。

2003 年，山东省第四地质矿产勘察院在山东省 20 世纪 80 年代以来完成的区域地质调查及科研成果进行系统总结的基础上，编制了《山东省区域地质》及《1∶50 万山东省地质图》。

上述各类比例尺地质调查工作，尤其是各类大比例尺调查工作，为本次1:2.5万地质编图、基础地质特征总结及控矿要素分析等工作提供了丰富的资料。

本区物化探工作始于20世纪60年代，相对薄弱，至20世纪80年代才有了较大的进展。1:20万航磁、航电、重力、水系沉积物测量至“八五”末已覆盖全区，局部地区完成了1:5万水系沉积物测量及航磁、航电综合测量工作。主要包括：

1979～1980年，山东省地质局物探队在包括本区在内的胶东地区开展了1:5万水系沉积物测量工作，总计完成蓬莱、潮水、龙口、黄县等13个图幅，提交了《山东省胶东地区水系沉积物测量报告》，共发现20处铜、铅、锌、铬、镍等元素的综合异常，划分了六个成矿远景区，对贵金属金银异常的圈定不够理想。

1983年9月，山东省地矿局第二地质队提交了《山东省胶东西北部地区区域重力测量工作结果报告》。

1985年11月，山东省地矿局物化探大队提交了《山东省1/20万莱阳幅区域化探成果报告水系沉积物测量》。

1985～1986年，山东省地矿局物探队在胶东地区开展1:20万重力测量，提交了《山东省胶东地区1:20万重力测量报告》。

1989年，山东省地矿局区调队开展了1:20万蓬莱幅化探扫面工作，提交了《山东省1:20万蓬莱幅地球化学图及说明书》

1986年6月～1990年，地矿部物化探研究所和山东省地矿局第三地质队在包括该区在内的胶东地区开展了1:5万航空物探(电/磁)综合测量工作，提交了《山东半岛东部地区航空物探(电/磁)综合测量成果报告》，圈定了217处航电异常，优选了作为普查含金破碎带的A类异常35处，B类异常49处；划分了5个成矿远景区。

1992年6月，山东省地矿局区调队提交了《烟台幅J—51—(20)，海阳幅J—51—(26)，潮里幅J—51—(32) 1:20万地球化学图说明书(水系沉积物测量)》。

1997年，山东省物化探勘查院在北沟-潮水地区开展了1:5万水系沉积物测量工作，提交了《山东省蓬莱市北沟-潮水地区金矿普查水系沉积物测量成果报告》，圈定单元素异常156处，其中金异常39处，银异常33处，铜铅锌异常84处，组合异常38处，划分甲类异常3处，乙类异常17处。该成果对本区金矿深部预测具有一定的参考价值。

以往区域物化探工作成果为本次研究提供了大量综合找矿信息，对本次成矿模型构建具有较大的参考意义。

自20世纪70年代开始，区内地质研究工作陆续开展。多数研究工作是将本研究区作为胶东或山东省的局部地区进行研究，自2000年后才开始出现针对栖霞-蓬莱金矿带的专题研究，截至目前对区内单个矿床的研究仍仅见黑岚沟、侯格庄等少数几例。主要包括：

1975年，山东省地矿局第三地质队对区内古元古代粉子山群地质特征进行专题研究，编有《胶东东部地区粉子山群剖面初步研究报告》。

1985年，山东省地矿局地质综合研究队与实验室对包括本区在内的整个山东省岩浆岩进行了专题研究，编写了《山东省岩浆岩研究报告》。

1988年，山东省地质科学研究所针对胶北隆起区与金矿成矿作用相关的花岗岩类进行了初步研究，提交了《胶北隆起区与金矿有关的花岗岩类研究》报告。

1989年，山东省地矿局地球物理地球化学勘查大队对胶东地区开展了1:20万综合信息编图与金矿成矿预测工作，提交了《山东省胶东地区综合地球物理地球化学信息编图与金成矿预测报告(1:20 万)》。

1990 年，长春地质学院姚凤良、刘连登等总结了胶东西北部莱州、招远一带金矿的研究成果，出版了《胶东西北部脉状金矿》，认为胶东西北部金矿受早期近 EW 向基底构造与后期 NE 向构造复合控矿，并引入了脉状金矿的概念，把该地区金矿称为脉状金矿。

1992 年，长春地质学院林景仟教授在通过大量地质地球化学数据系统研究胶东地区中生代花岗岩形成演化及分布特征的基础上，出版了《胶辽半岛中生代花岗岩背景》。

1996 年 1 月～1997 年 11 月，山东省第六地质矿产勘查院、山东省地质科学研究院、山东省第三地质矿产勘查院合作完成了《山东省胶东地区大-中型金矿成矿规律及找矿方向的研究》，依据成矿规律、控矿条件和找矿标志对预测靶区进行具体分析，提出大-中型金矿的找矿方向。

2000～2003 年，吉林大学综合信息成矿预测研究所王世称等人与山东省地矿局合作，对山东省内金矿利用地质、物化遥等综合方法进行了成矿预测，著有《山东省金矿床及金矿床密集区综合信息成矿预测》一书。

2003 年和 2009 年，山东省地矿局宋明春等分别出版了《山东区域地质》和《山东省大地构造格局和地质构造演化》，重新厘定了山东省大地构造格局和地质构造演化阶段特征，并对胶东地区构造演化史以及与金矿成矿作用的联系作了较明确的阐述。

2002～2005 年，多位地质专家合编了《山东矿床》一书，该书系统总结了山东省包括金矿在内的各矿种矿床的时空分布、成矿分带、典型矿床特征及成矿作用，并对胶东地区金矿进行了初步的成矿系列划分。

2007～2014 年，山东省第三地质矿产勘查院通过对栖霞-蓬莱-福山地区地质、构造、侵入岩以及典型矿床的研究，以胶东成岩成矿动力学演化为主线，系统总结了区域成矿条件及成矿规律，建立了成矿模型和找矿模型，指出该地区中生代板块活动控制了区内金及多金属矿的生成与分布，金及多金属矿受中生代地球动力学演化和区域地球物理、地球化学、地层、花岗岩及构造等条件控制，成矿作用分布于六个时期，提交了《山东省栖(霞)、蓬(莱)、福(山)地区金及多金属矿成矿规律及成矿预测研究》报告。

2011～2013 年，山东省地质调查院在山东栖霞-蓬莱成矿区开展金铜多金属矿调查评价，优选栖霞东部、蓬莱南部、胶莱盆地东北缘等成矿带开展工作，利用水系沉积物、大比例尺物化探测量等技术方法，圈定找矿靶区，对工作区金铜多金属矿找矿前景进行了预测。

2012～2013 年，山东省地质调查院在充分收集、分析以往地质、物化探及科研成果的基础上，研究了胶东地区构造及岩相体系演化规律与金矿成矿的关系，深化完善了“胶东式金矿”成矿模式。通过对莱州-招远地区主要矿田构造、岩相演化及成矿系列的研究，建立了成矿预测模型，圈定了矿田深部找矿靶区。

上述地质研究工作为本次定位预测研究奠定了基础，并且提供了良好的预测思路和方法。

1.2.4 存在问题

① 随着黑岚沟-大柳行金矿田研究区地质工作程度不断提高，矿田内地表矿、易识别

矿、浅部矿日益减少，寻找深部及隐伏矿，拓展找矿空间，扩大矿产储量，已成为当前研究区首要解决的问题。

② 研究区以往地质研究工作取得了丰硕的成果，积累了大量地质资料，但传统二维平面图件难以对矿床乃至矿田深部地质体的空间分布情况、相互关系做到全面准确展现，进而较严重地制约着研究区成矿规律、成矿预测的深入研究。

③ 黑岚沟-大柳行金矿田内已发现的金矿体多数位于浅部范围内，就目前勘查效果分析，显示矿田深边部仍具有较大的成矿远景，利用成矿预测的理论与方法，对黑岚沟-大柳行金矿田进行三维定位定量预测，以有效指导进一步找矿工作部署是当前亟待解决的问题。

1.3　主要研究内容

1.3.1　主要研究内容

本次主要完成了以下研究：

① 从黑岚沟-大柳行金矿田上千幅钻孔柱状图、勘探线剖面图、中段平面图、地质图等图件中，结合成果报告及相关成果表，提取工程、样品、岩体、矿体、断裂和构造蚀变带等信息，建立矿田地质数据库。以 Surpac 软件为平台，结合区内 8 条广域电磁测深剖面，构建黑岚沟-大柳行金矿田矿体、构造蚀变带、断裂、脉岩、岩体等地质体的三维地质模型。

② 收集整理矿山生产和矿床勘探等相关地质资料，基于黑岚沟-大柳行金矿田三维地质模型，总结和归纳出矿田内矿体的空间分布规律以及各类地质体与矿体的空间相互关系。

③ 基于已有的广域电磁测深反演数据，进行三维空间插值与分析，构建了广域电磁测深视电阻率块体模型；对广域电磁测深数据进行了组合方向导数研究，并利用距离幂次反比法进行插值，构建了广域电磁测深视电阻率方向导数块体模型，并将建立的矿体三维地质模型与其进行三维空间叠合。

④ 在对三维实体模型进行控矿规律分析的基础上，采用缓冲区分析、二值判断、组合方向水平导数等分析手段，对断裂、构造蚀变带、广域电磁测深数据进行找矿信息提取，进而确定了 4 个预测变量。

⑤ 采用特征分析法，确立成矿有利度对比模型(预测单元和模型单元)，计算并确定预测变量的权系数，以此得出预测单元成矿有利度，从而构建三维预测块体模型。

⑥ 根据研究区三维实体模型所总结的规律，结合地质-地球物理剖面数据，依托三维预测块体模型，本次共圈定外围靶区 6 处。

1.3.2　技术路线

针对本书的研究内容，制定了本次研究具体的技术路线，如图 1-2 所示。

本次实施的主要研究手段包括资料收集、地质矿产编图、野外调查、物探深部探测、典型矿床研究、三维地质建模、样品采集测试及综合研究等，其中，野外工作手段主要有地表路线地质调查、井下实地调查、广域电磁测深及样品采集等。

本次工作的技术路线为：以三维地质建模为核心，以综合地质编图和野外路线调查为基

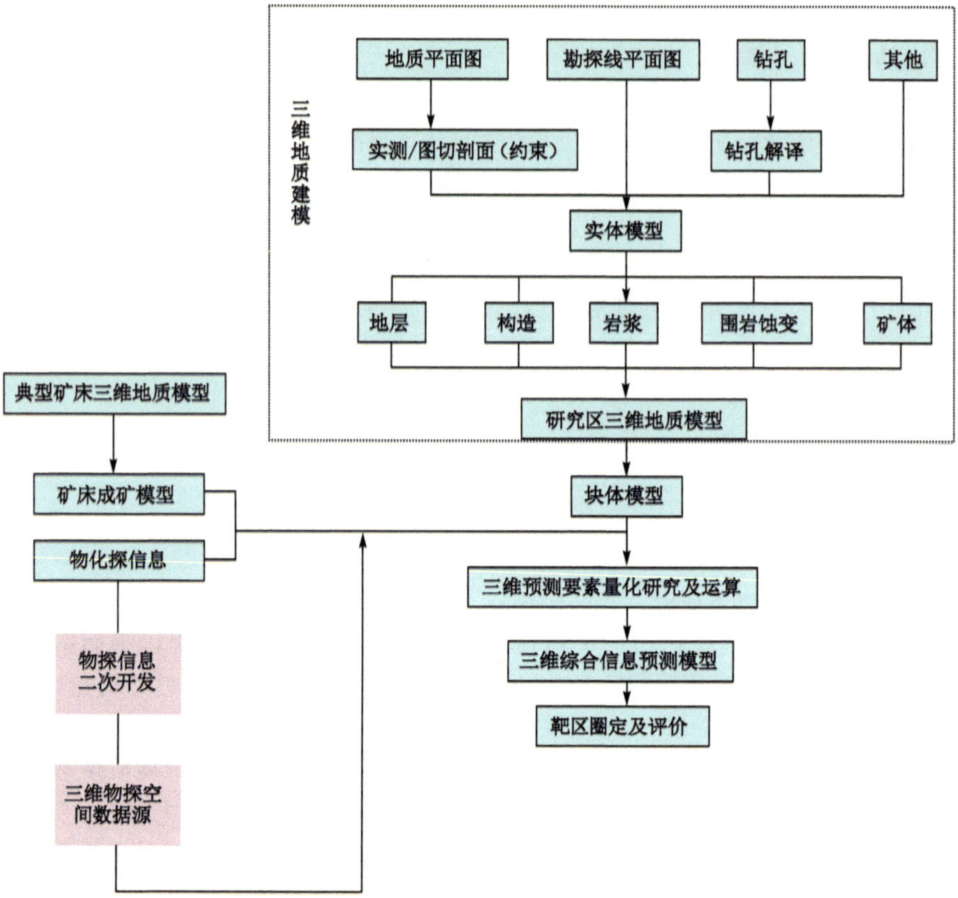

图 1-2　研究技术路线图

础，以典型矿床研究和大比例尺物探测深为支撑，系统总结了区内成矿规律，探讨了主要构造一3 000 m 以浅的深部地质特征，建立了矿田成矿模式和三维找矿预测模型并进行了深部成矿预测，圈定了深部找矿靶区。

第 2 章　区域地质背景及研究区地质特征

2.1　区域地质背景

2.1.1　概况

胶东金矿区位于华北克拉通东缘，西靠郯庐断裂带，南部为苏鲁超高压变质带，是一个主要由前寒武纪基底岩石和超高压变质岩块组成，中生代构造与岩浆强烈发育的内生热液金矿成矿集中区[7]。胶东地区面积仅为 3 万 km^2，而累计查明金矿资源量 4 200 t，是我国最大的黄金矿集区[51]。目前，胶东地区形成了以三山岛、焦家和玲珑为代表的 3 个千吨金矿田，使该地区跃居为世界第三大金矿区[52]。胶东金矿集区包括三个金成矿区，自西向东分别为招远-莱州金矿集区、栖霞-蓬莱金矿集区和牟平-乳山金矿集区，如图 2-1 所示。

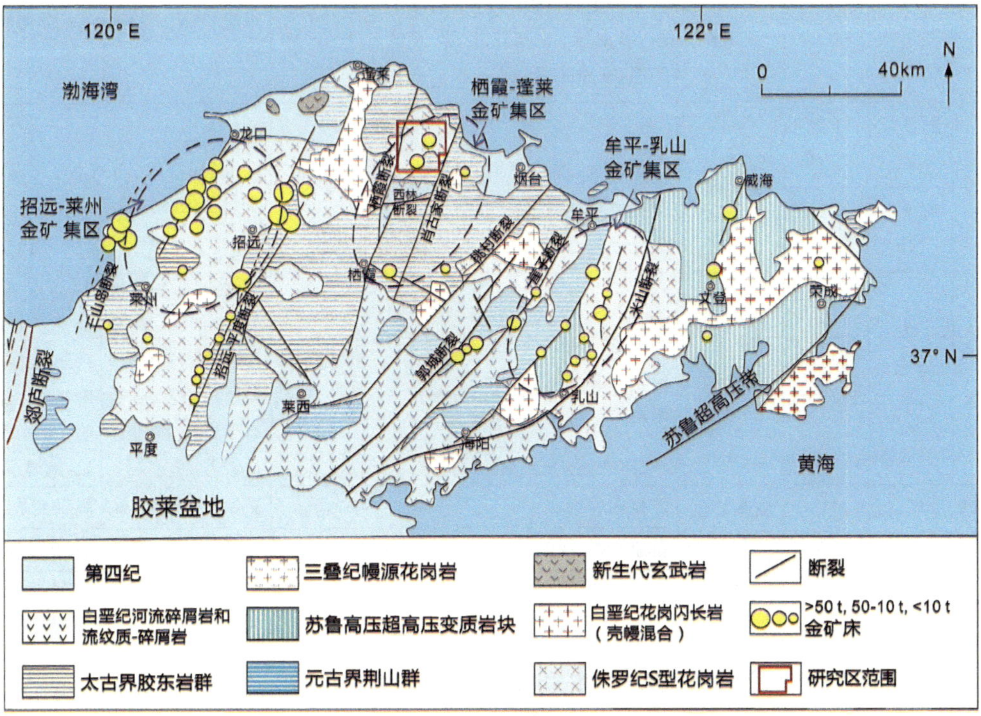

图 2-1　胶东地区地质简图（据朱日祥等，2015 修改）

2.1.2 区域地层

胶东地区出露地层主要为新太古代胶东岩群，古元古代荆山群、粉子山群，新元古代蓬莱群，中生代白垩纪地层以及第四系松散堆积物，其中前寒武纪变质地层与金矿形成关系密切。各地层特征详细描述如表 2-1 所示。

表 2-1　区域综合地层表

年代地层			岩石地层		代号	主要岩石描述
界	系	统	群	组		
新生界 Cz	第四系 Q	全新统 Qh		沂河组、泰安组、寒亭组、临沂组、旭口组、大站组、山前组、史家沟组	Q	基岩形式出现的早更新世火山岩及松散堆积层
		更新统 Qp				
	新近系 N		临朐群	尧山组	NL	伊丁石化玻基辉橄岩，顶为砂砾层
中生界 Mz	白垩系 K	上统 K_2	王氏群	林家庄组、辛格庄组、红土崖组及金岗口组	K_2-E_1W	红色碎屑岩系
		下统 K_1	青山群	后夼组、八亩地组、石前庄组	K_1Q	以火山岩发育为特征
			莱阳群	瓦屋夼组、林寺山组、止凤庄组、水南组、龙旺庄组、杨家庄组、曲格庄组	K_1L	砾岩、砂岩、粉砂岩、页岩夹薄层灰岩
新元古界 Pt_3	震旦系 Z	下统 Z_1	蓬莱群	豹山口组、辅子夼组、南庄组及香夼组	Nh-ZP	千枚岩、板岩、石英岩、大理岩、泥灰岩及结晶灰岩等
	南华系 Nh					
古元古界 Pt_1	滹沱系 Ht		粉子山群 HtF	小宋组、祝家夼组、张格庄组、巨屯组和岗嵛组		大理岩、黑云变粒岩、透闪岩、石墨透闪岩、浅粒岩、斜长角闪岩、磁铁石英岩、夕线黑云片岩等
			荆山群 HtJ	禄格庄组、野头组和陡崖组		石榴夕线黑云片岩、大理岩、透辉岩、石墨片麻岩、长石石英岩、黑云变粒岩、麻粒岩等
新太古界 Ar_3			胶东岩群 Ar_3J	郭格庄岩组	Ar_3g	磁铁长石石英岩夹黑云变粒岩
				苗家岩组	Ar_3mj	斜长角闪岩、角闪变粒岩

(1) 新太古界

胶东岩群(Ar_3J)：主要分布在胶东隆起区的中部，自上而下划分为苗家岩组(Ar_3mj)和郭格庄岩组(Ar_3g)，二者接触关系暂不明确。苗家岩组(Ar_3mj)主要岩性为黑云变粒岩与斜长角闪岩、角闪变粒岩互层；原岩为一套岛弧环境下的基性-中酸性火山岩和碎屑沉积岩。郭格庄岩组(Ar_3g)主要岩性为黑云变粒岩、条纹条带状黑云变粒岩夹磁铁(角闪)石英岩、石榴透辉含磁铁石英岩等；原岩为陆源碎屑沉积夹少量硅铁建造，属陆源浅海相沉积环境，变质程度为角闪岩相，局部达麻粒岩相。

(2) 古元古界

主要出露荆山群(Ht*J*)与粉子山群(Ht*F*)，两群间的叠置关系尚不清楚，但群内各组之间关系清晰。荆山群(Ht*J*)呈不整合或构造叠置于新太古代栖霞片麻岩套之上；粉子山群(Ht*F*)与栖霞片麻岩套、荆山群(Ht*J*)之间均系韧性剪切构造接触。

荆山群(Ht*J*)：主要出露于胶东地区的南部和东南部，走向与胶东岩群一致，两者多为断层接触。荆山群自下而上分为三个组，分别为禄格庄组、野头组和陡崖组，其主要岩性为石榴夕线黑云片岩、大理岩、透辉岩、石墨片麻岩、长石石英岩、黑云变粒岩、麻粒岩等，具孔兹岩系岩石组合特点。原岩为一套多旋回的富铝质泥砂质、钙镁质碳酸盐岩建造，夹多层基性-中酸性火山岩

粉子山群(Ht*F*)：主要分布在胶东地区北部，与胶东岩群呈假整合接触。粉子山群自下而上分为五个组，分别是小宋组、祝家夼组、张格庄组、巨屯组和岗嵛组，主要岩性为大理岩、黑云变粒岩、透闪岩、石墨透闪岩、浅粒岩、斜长角闪岩、磁铁石英岩、夕线黑云片岩等。从岩性总体组合看，粉子山群原岩下部以碎屑岩为主，中部以碳酸盐岩为主，上部则以泥质岩系为主。

(3) 新元古界

蓬莱群(Zh-Z*P*)：主要分布于福山南部张格庄一带，呈 EW 向展布，由下而上可分为辅子夼组、南辛庄组和香夼组，总厚度大于 3 184 m，主要岩性为千枚岩、板岩、石英岩、大理岩、泥灰岩及结晶灰岩等，角度不整合于早前寒武纪基底之上，上为中生界及第四系覆盖，其原岩为一套泥质的陆源碎屑和碳酸盐沉积。岩石可见到粒级层、波痕、斜层理、板岩中的微层理等变余原生构造。

(4) 中生界白垩系

主要分布于胶莱凹陷之中，与下伏岩系多为角度不整合或断层接触，其上未见顶，多为第四系覆盖，自下而上可分为莱阳群、青山群、王氏群，主要岩性为基性-酸性火山岩。

(5) 新生界

新生界地层主要为临朐群及第四系。

临朐群(NL)：集中于蓬莱市史家沟北、栖霞市唐山棚及大、小方山一带，其他地区零星分布。蓬莱地区发育伊丁石化玻基辉橄岩，顶以砂砾层与第四系史家沟组分界。

第四系沉积物(Q)：第四系是区域内最发育的新生代地层，广布于各地，按其岩性特征大致分为两种，一是呈基岩形式出现的早更新世火山岩；二是主要沿海、沟谷、山麓及平原分布的松散堆积。

2.1.3 区域构造

胶东地区构造以 NE-NNE 向、NW 向脆性断裂为主，并含有 EW 走向的古老基底褶皱。西部的 NNE 向郯庐断裂系统与东部的 NE 向牟即断裂系统，是区内最醒目的线性构造，将胶东半岛划分为两部分，控制了该区地形地貌及构造格架的基本演化，EW 向断裂常被其切割。NW 向断裂形成时代晚，常受其限制。

2.1.3.1 EW 向断裂构造

EW 向构造主要为古老基地褶皱及与其伴生的断裂构造，共同组成 EW 向褶皱带，其形

成于三叠纪华北板块和扬子板块陆陆碰撞造成的 NS 向挤压作用，褶皱带大致以 25～30 km 为间距由北向南分布，分别为蓬莱-龙口构造带、栖霞构造带和平度-石岛构造带。栖霞褶皱是胶北地体 EW 向构造的主体，总体为陡倾紧闭线性褶皱，两翼开阔，其轴部和两翼分别由胶东群和荆山群构成[53]。与其伴生的近 EW 向断裂构造多被后期断裂改造。

2.1.3.2　NE-NNE 向断裂构造

NE 向断裂构造是主控矿构造，该断裂系统蕴藏着丰富的金矿资源，胶东地区几乎所有的探明金矿都与这些断裂有关[54]。NE-NNE 向断裂以约 35 km 的间隔平行分布于胶东半岛，自西向东分别为三山岛、焦家、招平、栖霞、牟平-即墨和牟乳断裂带，分别控制着胶西北地区的三山岛成矿带、焦家成矿带、招远-平度成矿带以及胶东中部的栖霞成矿带和最东部的牟乳成矿带。值得注意的是，胶东西部地区的矿体普遍赋存在断裂带下盘，且与断裂带展布方向近似，表明其具有显著的构造控矿特征[55]。

2.1.3.3　NW 向断裂构造

总的看来，NW 向断裂不及 NE-NNE 向断裂发育广泛、集中，其规模一般来说也比较小，多为成矿后构造，其主要分布于胶西北地区。常常表现出错断早期控矿断裂且无矿的特征，仅个别 NW 向断裂有金矿产出。

2.1.4　区域岩浆岩

胶东地区岩浆岩十分发育，主要有新太古代、元古代、中生代各时期的岩浆岩，其中新太古代、古元古代侵入岩受近 EW 向基底构造控制；新元古代侵入岩受 NE 向韧性变形带控制；中生代燕山早期侵入岩受 EW 向断裂构造控制；中生代燕山晚期侵入岩受 NEE 向断裂构造控制。中生代燕山期花岗岩和中-基性脉岩出露面约占总面积的 25%左右；中生代花岗岩类主要有四期，分别是晚三叠世后碰撞花岗岩、晚侏罗世钙碱性花岗岩、早白垩世中期高钾钙碱性花岗岩和早白垩世晚期碱性花岗岩，金矿床主要赋存在晚侏罗世和早白垩世中期高钾钙碱性花岗岩中[54]。

新太古代侵入岩包括马连庄、栖霞、谭格庄及官道共 4 个序列。马连庄序列(Ar_3M)为太平洋型强钙性-钙性岩系，是经受了高角闪岩相变质作用的一套超基性-基性的岩石组合，为幔源超基性岩浆结晶分异的产物。栖霞序列(Ar_3Q)宏观上常表现为古老片麻岩穹窿，为 TTG 岩类，形成于洋壳俯冲下的岛弧环境，分为回龙夼单元($\mathrm{Ar}_3\gamma\delta o Qh$)之条带状细粒含角闪黑云英云闪长质片麻岩和新庄单元($\mathrm{Ar}_3\gamma\delta o Qx$)之中细粒含角闪黑云英云闪长质片麻岩。谭格庄序列(Ar_3T)为片麻状细粒奥长花岗岩和片麻状细粒含黑云花岗闪长岩。官道序列(Ar_3G)为片麻状细粒二长花岗岩，岩石呈浅灰、灰白色，细粒花岗变晶结构，片麻状构造。

古元古代侵入岩发育滹沱纪大柳行序列($\mathrm{Ht}D$)和莱州序列($\mathrm{Ht}L$)。大柳行序列岩性为片麻状细粒含黑云二长花岗岩，呈灰白、褐黄色，细粒花岗变晶结构，片麻状构造。主要矿物成分为钾长石(32.5%)、斜长石(30%)、石英(32.5%)、黑云母(5%)。莱州序列岩石呈灰绿-黑绿色，变柱粒状结构、柱粒状镶嵌结构，块状、片麻状、条带状构造。主要矿物成分为角闪石(55%)、斜长石(35%)、石英(4%)、铁铝榴石(5%)。

晚三叠世后碰撞花岗岩仅在胶东东部荣成地区出露，以石岛正长岩-花岗质杂岩体为代表，是在华北-扬子陆陆板块碰撞后的伸展垮塌阶段形成的 A 型花岗岩。

晚侏罗世钙碱性花岗岩出露广泛，在胶东地区呈 EW 向展布，自西向东依次分布有玲珑、鹊山、昆嵛山和文登四个杂岩体，属于 S 型花岗岩，是中下地壳部分熔融的产物。

早白垩世中期高钾钙碱性花岗岩主要分布于胶北隆起，以郭家岭似斑状花岗闪长岩为代表，属于 I 型花岗岩，与胶北隆起金矿床时空关系密切，为主要赋矿围岩之一。

早白垩世晚期碱性花岗岩分布比较广泛，由艾山、院格庄、三佛山、崂山和韦德山岩体组成，具有 I-A 型花岗岩特征，岩浆源以亏损地幔为主。

2.1.5　区域矿产特征

胶东地区矿产资源丰富，矿产种类较多，尤以金矿闻名国内外。按成矿方式与地质体的关系可分为与花岗岩有关的金、银、多金属、铜、钼矿床；与荆山群、粉子山群有关的石墨、滑石、菱镁矿等；与火山岩、潜火山岩有关的金、铜、铅矿；与青山群有关的膨润土、沸石岩、珍珠岩矿等。

2.2　研究区地质特征

2.2.1　地层

研究区内出露地层主要为新太古界胶东岩群，古元古代荆山群、粉子山群，新元古代蓬莱群，中生代青山群及新生代第四系，分布普遍，但规模均较小（表 2-2）。

表 2-2　研究区综合地层表

年代地层			岩石地层			代号	主要岩石描述
界	系	统	群	组	段		
新生界 Cz	第四系 Q	全新统 Qh		沂河组		$\mathrm{Qh}y$	砾、粗砂、中细砂
				临沂组		$\mathrm{Qh}l$	黏土质粉砂、含砾中细砂
		更新统 Qp		大埠组		$\mathrm{Qp}d$	黏土质粉砂、含砾中细砂
中生界 Mz	白垩系 K	下统 $\mathrm{K_1}$	青山群 $\mathrm{K_1}Q$	八亩地组		$\mathrm{K_1}b$	基性-中基性安山质火山岩
新元古界 $\mathrm{Pt_3}$	震旦系 Z	下统 $\mathrm{Z_1}$	蓬莱群 Nh-ZP	香夼组 $\mathrm{Z_1}x$	二段	$\mathrm{Z_1}x^2$	厚-巨厚灰岩夹泥灰岩
					一段	$\mathrm{Z_1}x^1$	泥灰岩夹薄层灰岩、板岩
				南庄组 $\mathrm{Z_1}n$	三段	$\mathrm{Z_1}n^3$	灰绿色板岩夹钙质板岩
					二段	$\mathrm{Z_1}n^2$	绢云绿泥大理岩夹钙质板岩
					一段	$\mathrm{Z_1}n^1$	黄绿色厚层千枚状板岩夹板岩
	南华系 Nh			辅子夼组 $\mathrm{Nh_{2\text{-}3}}f$	三段	$\mathrm{Nh_2}f^3$	厚层石英岩夹长石石英岩
					二段	$\mathrm{Nh_2}f^2$	褐黄色厚层板岩夹千枚状板岩
					一段	$\mathrm{Nh_2}f^1$	厚层石英岩夹千枚状板岩
				豹山口组 $\mathrm{Nh_1}b$	三段	$\mathrm{Nh_2}n^3$	千枚状板岩夹薄层硅质板岩
					二段	$\mathrm{Nh_2}n^2$	绿泥大理岩夹千枚状板岩
					一段	$\mathrm{Nh_2}n^1$	千枚岩、千枚状板岩、泥质板岩

表 2-2(续)

年代地层			岩石地层				代号	主要岩石描述
界	系	统	群		组	段		
古元古界 Pt_1	滹沱系 Ht		粉子山群 $\mathrm{Ht}F$	荆山群 $\mathrm{Ht}J$	岗嵛组 $\mathrm{Ht}g$	二段	$\mathrm{Ht}g^2$	疙瘩状和云片岩、二云片岩
						一段	$\mathrm{Ht}g^1$	黑云变粒岩、透闪变粒岩
					巨屯组 $\mathrm{Ht}j$	二段	$\mathrm{Ht}j^2$	条带状石墨大理岩夹黑云变粒岩
						一段	$\mathrm{Ht}j^1$	石墨黑云片岩、含石墨黑云变粒岩
					张格庄组 $\mathrm{Ht}\hat{z}g$	三段	$\mathrm{Ht}\hat{z}g^3$	白云石大理岩、方解大理岩
						二段	$\mathrm{Ht}\hat{z}g^2$	透闪岩、透闪变粒岩夹黑云变粒岩
						一段	$\mathrm{Ht}\hat{z}g^1$	白云石大理岩、透闪大理岩
					祝家夼组 $\mathrm{Ht}\hat{z}$	二段	$\mathrm{Ht}\hat{z}^3$	黑云变粒岩、黑云片岩夹透辉白云石大理岩
						一段	$\mathrm{Ht}\hat{z}^1$	长石石英岩、黑云变粒岩
					禄格庄组 $\mathrm{Ht}l$	安吉村段	$\mathrm{Ht}l^a$	石榴夕线黑云片岩、黑云片岩夹黑云变粒岩、透辉岩
新太古界 Ar_3			胶东岩群 Ar_3J		郭格庄组			磁铁长石石英岩夹黑云变粒岩
					苗家岩组			斜长角闪岩、角闪变粒岩

2.2.1.1 新太古界

胶东岩群(Ar_3J):自上而下划分为苗家岩组和郭格庄岩组,二者接触关系不明确。苗家岩组分布于研究区西北角吴家、林家等地,岩性主要为黑云变粒岩与斜长角闪岩、角闪变粒岩互层,其中单层厚度在 0.2~1.0 m 之间。郭格庄岩组分布于蓬莱、虎路线等地,岩性主要为黑云变粒岩、石榴透辉含磁铁石英岩等。

2.2.1.2 古元古界

荆山群(HtJ):仅出露禄格庄组安吉村片岩段,主要分布于研究区东南部土屋等地,出露面积较大,主要岩性为石榴夕线黑云片岩、大理岩、透辉岩、石墨片麻岩、长石石英岩、黑云变粒岩、麻粒岩等,具孔兹岩系岩石组合特点。

粉子山群(HtF):主要在研究区东南部黑石等地出露,为高绿片岩相-低角闪岩相变质程度,主要岩性为大理岩、黑云变粒岩、透闪岩、石墨透闪岩、浅粒岩、斜长角闪岩、磁铁石英岩、夕线黑云片岩等。按岩性组合自下而上划分为祝家夼组、张格庄组、巨屯组、岗嵛组。

2.2.1.3 新元古界

主要为新元古代蓬莱群(Nh-ZP),在研究区分布较少。本群主要岩性为千枚岩、板岩、石英岩、大理岩、泥灰岩及结晶灰岩等,自下而上分豹山口组、辅子夼组、南庄组及香夼组。

2.2.1.4 中生界

主要分布于研究区东南部洪钧山一带,出露地层主要为青山群八亩地组。

八亩地组(K_1b):主要为基性-中性火山岩,与下伏后夼组整合接触或直接不整合于莱阳群之上,与上覆石前庄组整合接触或与王氏群不整合接触。八亩地组各地在岩性变化上略有差异,厚度变化不大。

2.2.1.5　新生界

研究区新生界主要出露第四系大埠组、临沂组、沂河组,主要为沿海、沟谷、山麓及平原分布的松散堆积。

2.2.2　构造

研究区经历了中太古代以来漫长的地质构造演化历史,不同构造阶段的构造变形相互叠加,构成了一幅中深层次近 EW 向韧性变形构造与浅表层次 NE 向脆性断裂构造交切的构造变形图像,其构造形迹主要表现为脆性断裂构造,主要脆性断裂构造据其产状可分为 NE 及 NNE 向和 NW 向。

2.2.2.1　NE 及 NNE 向断裂

NNE 向断裂是研究区最为发育的一组断裂构造,和 NE 向断裂构造一样,也蕴藏着丰富的金矿资源,以栖霞断裂、虎路线断裂为代表。

栖霞断裂带经大夺沟向北经蓬莱崮寺店、大黄家纵穿研究区,栖霞断裂大致为 NNE 向,总体走向 10°～15°,断裂带局部发育宽可达 2 km,发育有数条平行的断裂,断裂内发育多条平行的滑动面,倾角较陡,一般在 60°以上。每条断裂带宽几十米至数百米乃至上千米,向南断裂带渐窄,发育渐弱。断裂带内岩性有碎裂岩、构造角砾岩、糜棱岩和断层泥、挤压透镜体等。断裂带蚀变强烈,并有大量的花岗斑岩、辉绿岩、闪长玢岩等脉岩沿断裂或在断裂两侧 NNE 向的裂隙中发育。

虎路线断裂自研究区东南部虎路线村向东北部水沟村延伸,延伸长度约 15 km,一般宽十几米至百米。带内发育构造透镜体、构造角砾岩、糜棱岩、碎裂岩及断层泥等各种构造岩,发育挤压片理和破裂面。断裂走向 15°～30°,倾向以 SE 为主,倾角为 60°～80°。带内岩石蚀变强烈,主要有褐(黄)铁矿化、绢英岩化、硅化、绿泥石化、碳酸盐化等。

2.2.2.2　NW 向断裂

NW 向断裂不及 NNE 向断裂和 NE 向断裂那样广泛发育、集中,其规模一般来说也比较小,但它在区内仍有较广的分布。从该方向断裂与其他断裂的相互切割关系综合分析,认为它基本是胶北隆起区最晚期的一期断裂构造,或切割其他断裂,或被其他断裂限制。

2.2.3　岩浆岩

研究区内的岩浆岩主要以花岗闪长岩、二长花岗岩、斜长角闪岩为主,成岩时代主要有新太古代、古元古代、中生代(表 2-3)。其中,新太古代、古元古代侵入岩受近 EW 向基底构造控制;新元古代侵入岩受 NE 向韧性变形带控制;中生代燕山早期侵入岩受 EW 向断裂构造控制,中生代燕山晚期侵入岩受 NEE 向断裂构造控制。

表 2-3　研究区侵入岩谱系表

地质年代				岩石谱系单位					年龄/Ma
代	纪	世	期	阶段	序列	单元	岩性	代号	
中生代 Mz	白垩纪 K	早白垩世 K_1	燕山晚期 γ_5^3	一	郭家岭 K_1G	罗家	斑状中细粒含黑云二长花岗岩	$K_1\eta\gamma Gl$	
						大草屋	斑状粗中粒含黑云花岗闪长岩	$K_1\gamma\delta Gd$	128
						赵家	斑状中粒角闪石英二长岩	$K_1\eta o Gz$	
	侏罗纪 J	晚侏罗世 J_3	燕山早期 $\gamma_5{}^1$	二	玲珑 J_3L	笔架山	伟晶不等粒花岗岩	$J_3\gamma\rho Lb$	
						郭家店	中粗粒二长花岗岩	$J_3\eta\gamma Lg$	
						大庄子	含斑粗中粒二长花岗岩	$J_3\eta\gamma Ld$	145
						罗山	中粒含黑云二长花岗岩	$J_3\eta\gamma Ll$	158
						九曲	弱片麻状细中粒含石榴二长花岗岩	$J_3\eta\gamma Lj$	
古元古代 Pt_1	滹沱纪 Ht		$\gamma_2{}^1$	二	莱州 HtL	西水夼	细粒变辉长岩(斜长角闪岩)	$Ht\nu Lx$	1 865
				一	大柳行 HtD	燕子夼	片麻状细粒含黑云二长花岗岩	$Ht\eta\gamma Dy$	2 149
新太古代 Ar_3		晚期	$\gamma_1{}^3$	三	官道 Ar_3G	北照	片麻状细粒二长花岗岩	$Ar_3\eta\gamma Gb$	2 468
				二	谭格庄 Ar_3Tg	蓝蔚夼	片麻状细粒含黑云花岗闪长岩	$Ar_3\gamma\delta o Tl$	2 577
						牟家	片麻状细粒奥长花岗岩	$Ar_3\gamma o Tm$	2 509
		早期	$\gamma_1{}^1$	二	栖霞 Ar_3Q	回龙夼	条带状细粒含角闪黑云英云闪长质片麻岩	$Ar_3\gamma\delta o Qh$	2 716
				一	马连庄 Ar_3M	栾家寨	中细粒变辉长岩(斜长角闪岩)	$Ar_3\gamma Ml$	
						大吴家	中粗粒变(辉石)角闪岩	$Ar_3\psi o Md$	

2.2.3.1　新太古代侵入岩

研究区内新太古代侵入岩发育，由早至晚发育栖霞、谭格庄两个序列。

栖霞序列主要分布于研究区东南部西林断裂以北地区，岩石普遍遭受了角闪岩相变质和部分地段韧性剪切的叠加改造，形成了一套条带、条纹状、片麻理构造发育的灰色片麻岩系。研究区主要出露该序列的回龙夼单元条带状细粒含角闪黑云英云闪长质片麻岩，是栖霞金矿(盘马式)的主要围岩。呈岩株、岩基状产出，包括几十个侵入体。其内有胶东岩群和斜长角闪岩包体，发育长英质条带及流褶现象。主要岩性为条带状细粒含角闪黑云英云闪长质片麻岩，岩石呈深灰色，鳞片柱粒状变晶结构，条带状-片麻状构造。矿物组成：石英5%～30%、斜长石46%～72%、钾长石0.2%～1.99%、黑云母4%～7%、角闪石4%～19%，矿物粒径0.3～2.2 mm。

谭格庄序列产出条件、成因等与栖霞序列基本一致，形成于新太古代晚期，为TTG花岗岩类。研究区内出露该序列的蓝蔚夼单元之片麻状细粒含黑云花岗闪长岩。蓝蔚夼单元在研究区东南部有零星出露，呈透镜状产出。其内早期基性、超基性岩包体发育，被双顶片麻岩套和玲珑花岗岩侵入，韧性变形作用发育。主要岩性为细粒含黑云花岗闪长质片麻岩，岩石呈青灰色，细粒鳞片粒状变晶结构，片麻状构造、条纹状构造。主要矿物粒径为

0.8 mm。矿物组成：石英 34.81%、斜长石 41.51%、钾长石 15.22%、黑云母 6.35%、角闪石 1.05%、其他 0.50%。

2.2.3.2　古元古代侵入岩

古元古代侵入岩为下地壳底部形成的岩浆，陆壳成熟度较高。研究区主要出露大柳行序列的燕子夼单元，分布范围较广，主要分布于研究区西北部栖霞断裂以西、东南部侯格庄一带，呈岩株产出。岩性为片麻状细粒含黑云二长花岗岩。呈灰白、褐黄色，细粒花岗变晶结构，片麻状构造。主要矿物成分为钾长石(32.5%)、斜长石(30%)、石英(32.5%)、黑云母(5%)。

2.2.3.3　中生代侵入岩

研究区内主要出露侏罗纪玲珑、白垩纪郭家岭序列侵入岩。

① 侏罗纪玲珑序列侵入岩为二长花岗质深成岩，研究区内出露该序列岩浆岩共 4 个单元，分别为九曲单元、罗山单元、大庄子单元、笔架山单元。

玲珑序列九曲单元主要分布于大柳行镇等地，呈岩株状、岩基状产出，侵于荆山群及云山花岗岩，被大庄子单元、崔召单元侵入。主要岩性为弱片麻状细中粒含石榴二长花岗岩，岩石呈灰白色，细中粒花岗变晶结构，弱片麻状构造。矿物粒度为 1～4 mm。矿物含量：石英18%～30%、斜长石 40%～53%、钾长石 15%～34%、石榴石 1%～5%。在该套岩性中赋存大量金矿。

玲珑序列罗山单元呈岩株状产出，局部含黑云变粒岩、斜长角闪岩包体。主要岩性为弱片麻状中细粒含石榴二长花岗岩。岩石呈灰白色，中细粒结构，弱片麻状构造，含少量钾长石斑晶。矿物含量：石英 25%、斜长石 34%、钾长石 35%、黑云母 5%，含少量石榴石。

玲珑序列大庄子单元分布于研究区东北部，呈岩株状产出。主要岩性为含斑粗中粒二长花岗岩，岩石呈灰白色，似斑状结构、基质粗中粒结构，块状构造。主要矿物组成：石英 25.19%、斜长石 43.02%、钾长石 26.03%、黑云母 4.19%。

玲珑序列笔架山单元主要分布于研究区东南部时金河地区。该套岩石为岩浆演化末期的产物，多分布在岩体的顶部。其内常见早期变质岩系捕虏体，呈岩株状产出。主要岩性为伟晶不等粒花岗岩，岩石呈浅肉红色-灰白色，伟晶结构，块状构造，矿物粒径为 0.5～5 cm，大者达 10 cm。主要矿物组成：石英 35%、斜长石 8%、钾长石 54.5%、黑云母 2.5%。

② 白垩纪郭家岭序列为一套二长闪长岩-石英二长岩-花岗闪长岩-二长花岗岩系列侵入岩，岩石以具斑状结构为特点，岩体中有较多深源微粒闪长质包体。郭家岭花岗岩与金矿关系密切。研究区中部大面积分布，出露大草屋单元、罗家单元两个单元。

郭家岭序列大草屋单元主要分布于蓬莱市门楼等地区，呈岩株状产出。大草屋侵入体定向组构明显，片麻理走向 300°～310°，倾向 NE，倾角为 30°～40°，侵入体内有少量暗色包体。主要岩性为斑状粗中粒含黑云花岗闪长岩，岩石呈浅灰色，似斑状结构、基质粗中粒结构，片麻状构造。斑晶含量 5%～10%，长径 1～2.3 cm，基质粒径 2～8 mm。主要矿物组成：斜长石 46.69%、钾长石 7.46%、石英 27.18%、角闪石 3.69%、黑云母 5.28%。

郭家岭序列罗家单元分布于郭家岭岩体东部，呈岩株状产出。侵入西石硼单元、赵家单元，常见闪长质包体，侵入体边缘可见片麻理发育带。主要岩性为斑状中细粒含黑云二长花岗岩，呈灰白色，似斑状结构、基质中细粒结构。斑晶含量 8.62%，长径 1～3 cm，基质粒径 1～3 mm。主要矿物组成：斜长石 39.52%、钾长石 29.93%、石英 22.86%、角闪石 3.31%、黑云母 4.68%。

金矿与郭家岭序列的分布关系密切，尤其在招远、莱州、蓬莱等地更是如此。微量元素分析表明，大草屋和罗家等单元，Au、Ag 含量均很高，亲铜元素和亲铁元素也较高，所以郭家岭序列本身就是寻找金矿的标志。郭家岭序列处于构造较稳定的内部，节理、裂隙不甚发育，岩石多为块状构造，岩性均一、结构稳定，色彩典雅均匀，部分无包体或少包体（色斑）的岩石可以作为天然花岗石材开采。

2.2.3.4 燕山期脉岩

研究区内燕山期脉岩极为发育，成岩时代贯穿侏罗纪和白垩纪。岩性类型多，成分复杂，包括煌斑岩、辉绿岩、闪长岩、闪长玢岩、石英闪长（玢）岩、花岗斑岩、伟晶岩、细晶岩等，往往呈群、呈带分布。其中，煌斑岩、闪长（玢）岩与金矿化关系紧密，花岗斑岩则与有色金属关系更为密切。

2.2.4 典型金矿床

2.2.4.1 黑岚沟金矿

黑岚沟矿区位于蓬莱城区东南部 45 km，位于栖（霞）-蓬（莱）成矿带北部。该矿区北自李家山，南到黑金顶，西从仙人脚-黑金顶一线开始，东到燕子夼-强家沟一线，正好沿 NE 向郭家岭花岗闪长岩的接触带分布（图 2-2）。经储量核查，截至 2015 年保有金储量9 205 kg，平均品位为 6.04 g/t。

矿区内岩浆岩广布，约占总面积的 80%以上，主要为中生代燕山期郭家岭序列罗家单元，呈岩基状产出。脉岩广泛发育，主要为燕山晚期的石英闪长玢岩、煌斑岩和少量伟晶岩脉及花岗斑岩脉。NE-NNE 向断裂构造是矿区内最重要的一组断裂构造，其规模大小不一，一般长几至十几千米，宽几至十几米；走向 20°～30°，多数倾向 SE，倾角 40°～85°。该组断裂于成矿前即已形成，成矿后仍有活动，为左行压扭性为主的断裂，既是控岩构造，又是控矿构造。矿区内地层简单，主要为第四系（Q）。

（1）矿体特征

矿区内累计查明 21 个矿体（图 2-2），黑岚沟矿段共有 3 条矿体，分别为Ⅰ、Ⅶ、Ⅷ号矿体；仙人脚-槐树庄矿段共有 18 条矿体，分别为Ⅰ-1、Ⅰ-2、Ⅰ-3、Ⅰ-11、Ⅱ-1、Ⅱ-2、Ⅱ-3、Ⅱ-21、Ⅱ-22、Ⅲ-11、Ⅶ-1、Ⅶ-2、Ⅶ-3、Ⅶ-4、Ⅶ-31、Ⅶ-41、Ⅷ-1、Ⅷ-2 号矿体。区内矿体总体走向北东，倾向南东，倾角 47°～78°。矿石类型为蚀变岩夹石英脉型，随着深度的增加，石英脉明显减少，以蚀变岩型为主。其中黑岚沟矿段Ⅰ号矿体为主矿体，本书对黑岚沟矿段Ⅰ号主矿体及仙人脚Ⅰ-1、Ⅰ-2、Ⅷ-1 号 3 个次要矿体进行详细叙述，其他矿体规模较小，不做赘述。

黑岚沟矿段Ⅰ号矿体是黑岚沟金矿的主矿体，分布于Ⅵ号蚀变带 33～44 线之间。矿体呈脉状或透镜状，形态近似矩形。矿体产状与构造蚀变带相吻合，平均走向 10°～30°，倾向 SE，平均倾角为 60°（图 2-3）。矿体长 1 180～1 320 m，延深 836 m，垂深720 m，向深部还有延伸。矿体赋存标高为＋200～－520 m，矿体厚度为 0.1～3.85 m，平均为 0.85 m，厚度变化系数为 59%，属厚度变化稳定型矿体；品位为 1.03～51.30 g/t，平均为 8.67 g/t，品位变化系数为 85%，属有用组分分布均匀型（图 2-4）。矿体浅部矿石类型为蚀变岩夹石英脉型，随着深度的增加石英脉明显减少，蚀变岩品位变富，矿石类型转变为蚀变岩型。矿体深部未封

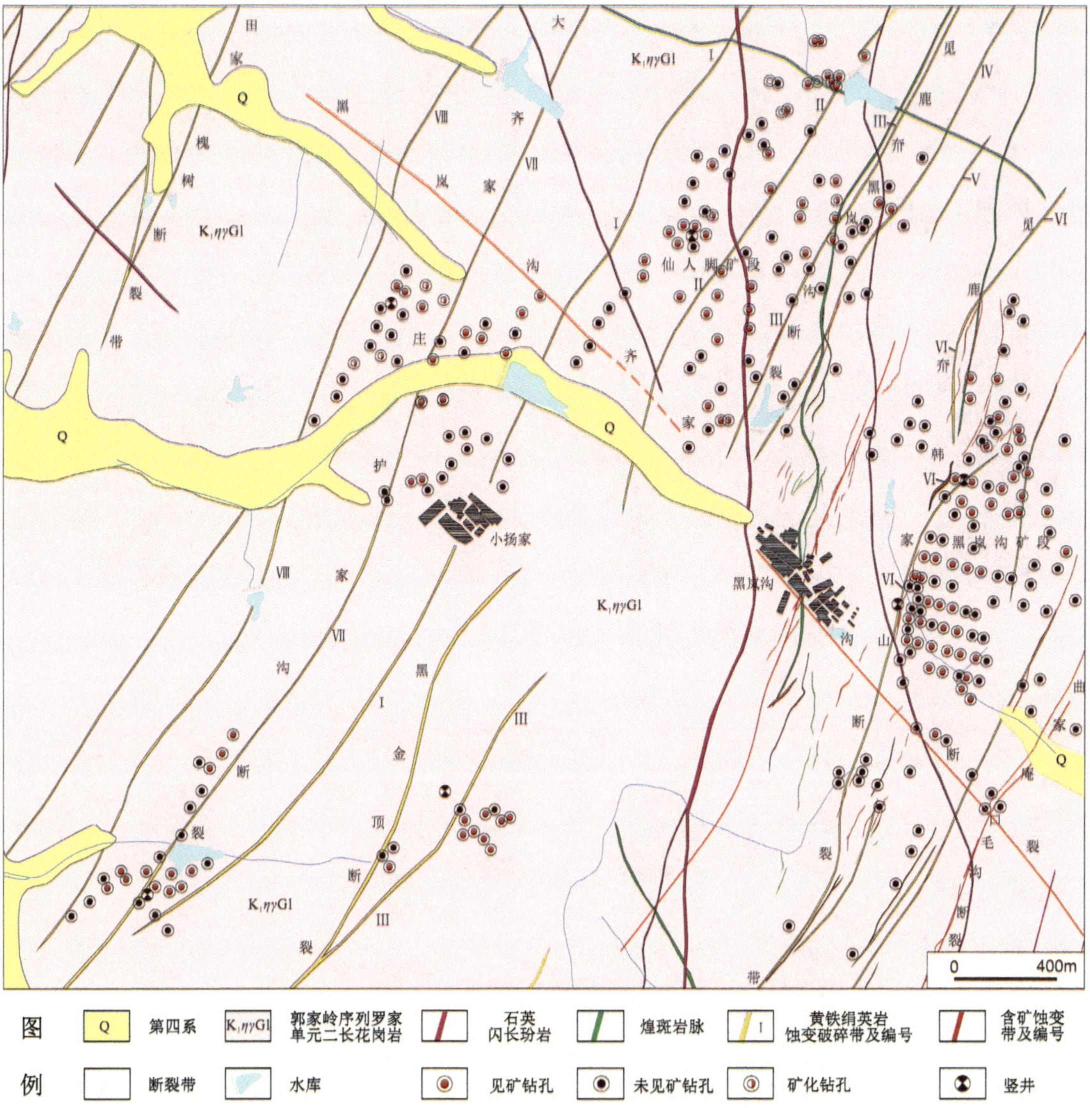

图 2-2　黑岚沟金矿床矿区地质图

闭，仍存在良好的工业矿体。

仙人脚矿段Ⅰ-1 号矿体是黑岚沟金矿的次要矿体，赋存于Ⅰ号构造蚀变带内 14～42 线之间，为一典型盲矿体。矿体呈脉状、薄板状，总体走向为 22°，倾向 SE，倾角为 42°～60°，平均倾角为 52°左右。矿体长 400 余米，延深 360 m，垂深 300 m，赋矿标高为－100～－400 m。矿体厚度最大 2.91 m，最小 0.32 m，平均为 1.29 m，厚度变化系数为 69%，厚度变化属稳定型；最高品位为 13.35 g/t，最低品位为 1.10 g/t，品位变化一般为 1～6 g/t，平均品位为3.76 g/t，品位变化系数为 75%，属组分分布均匀型。矿石类型为蚀变岩夹石英脉型，矿体两侧及深部均未封闭。

仙人脚矿段Ⅰ-2 号矿体(仙人脚矿段)赋存于Ⅰ号构造蚀变带内 10～13 线之间，该矿

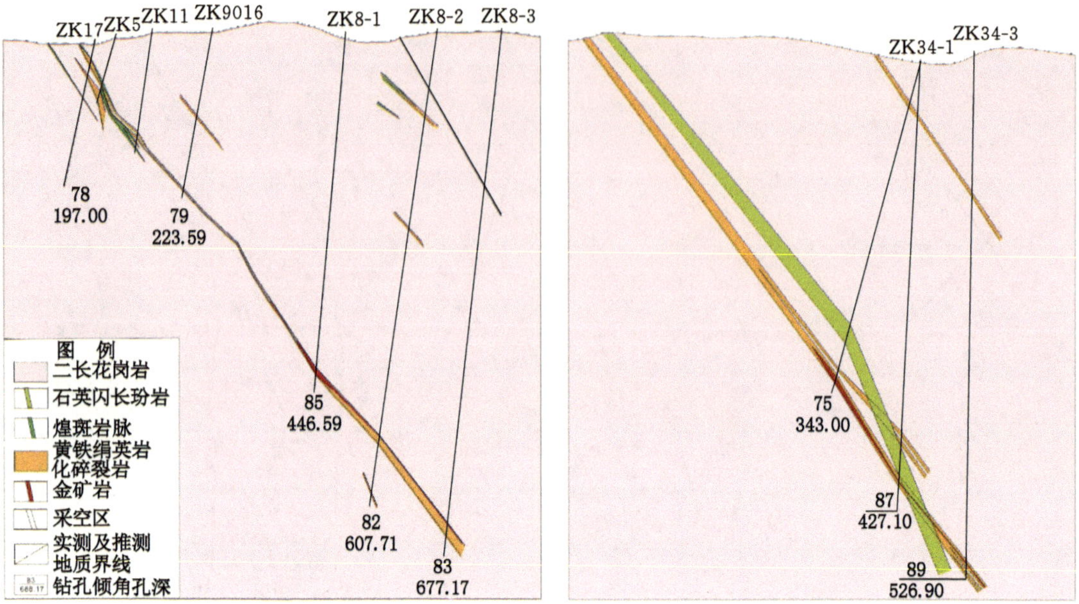

图 2-3　黑岚沟金矿床黑岚沟矿段 8 号、34 号勘探线剖面图

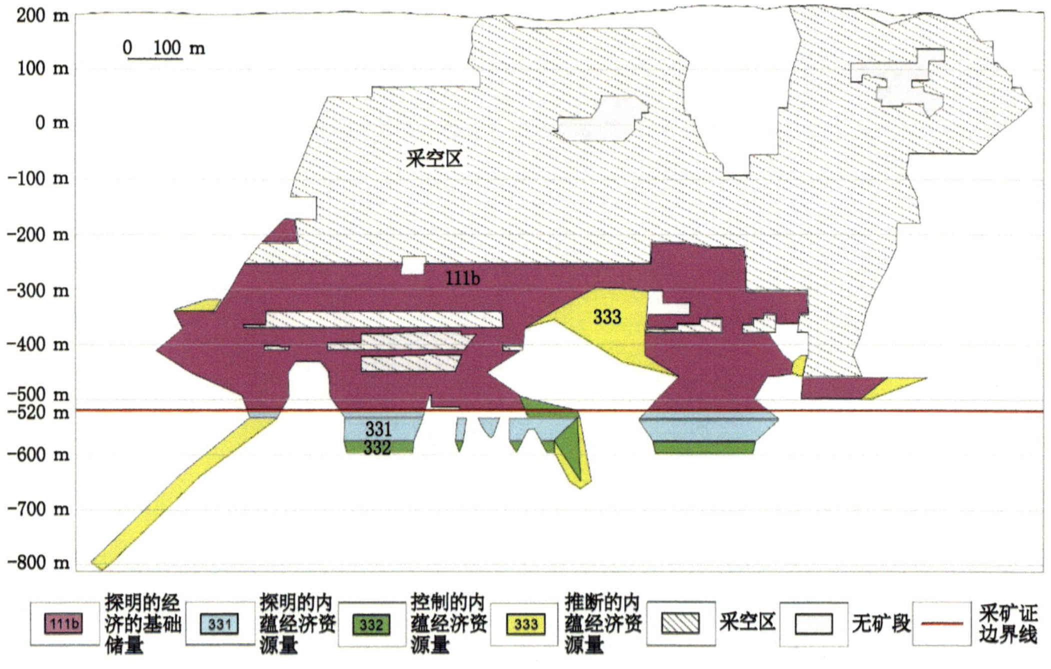

图 2-4　黑岚沟金矿床Ⅰ号矿体垂直投影图

体于 2～7 线之间出露地表。矿体呈脉状、薄板状，总体走向为 30°，倾向 SE，倾角为 40°～58°，平均倾角在 50°左右。矿体长 400 m，延深 480 m，垂深 420 m，赋矿标高为＋140～－280 m。矿体厚度最大 4.08 m，最小 0.10 m，平均为 0.65 m，为薄脉型矿体，厚度变化系数

为 70%，厚度变化属稳定型；最高品位为 15.0 g/t，最低品位为 1.1 g/t，品位变化一般为 1～7 g/t，平均品位为 4.26 g/t，品位变化系数为 107%，属组分分布较均匀型。矿石类型为蚀变岩夹石英脉型，矿体两侧及深部均未完全封闭。

仙人脚矿段Ⅷ-1 号矿体赋存于Ⅷ号构造蚀变带内 35～59 线之间。矿体呈脉状、薄板状，总体走向为 25°，倾向 SE，倾角为 50°～62°，平均倾角在 56°左右。矿体长 450 m，延深 670 m，垂深 560 m，赋矿标高为＋120～－440 m。矿体厚度最大为 2.44 m，最小为 0.55 m，平均为 1.16 m，厚度变化系数为 58%，厚度变化属稳定型；最高品位为 22.60 g/t，最低品位为1.00 g/t，品位变化一般为 3～8 g/t，平均品位为 5.29 g/t，品位变化系数为 90%，属组分分布均匀型。矿体两侧及深部未完全封闭。

矿区内除上述 4 个规模较大的矿体之外，尚有 16 个矿体规模较小，分别赋存于Ⅰ、Ⅱ、Ⅲ、Ⅵ、Ⅶ、Ⅷ号构造蚀变带的不同矿脉上。

（2）矿石特征

在野外地质调查的基础上，进一步对矿石进行光学显微镜观察和电子探针背散射分析发现：矿区发育明显的钾化、硅化蚀变，并可进一步将黑岚沟金矿床热液成矿作用过程划分为四个阶段（图 2-5），即黄铁矿-石英阶段（S1 阶段）、石英-黄铁矿阶段（S2 阶段）、石英-多金属硫化物阶段（S3 阶段）和石英-碳酸盐阶段（S4 阶段）。总体来看，矿石矿物成分由金属矿物和非金属矿物两大部分组成。金属矿物以金属硫化物类矿物为主，主要是黄铁矿，其次为闪锌矿、黄铜矿、方铅矿等。非金属矿物主要有石英、钾长石、绢云母、方解石等。

黑岚沟金矿床矿石结构类型多样，主要有自形晶结构、半自形-它形结构、压碎结构、交代熔蚀结构、包含结构、填隙结构、乳浊状结构等（图 2-6）。矿体中常见的矿石构造类型为细脉浸染状构造、斑杂状构造、致密块状构造等（图 2-7）。

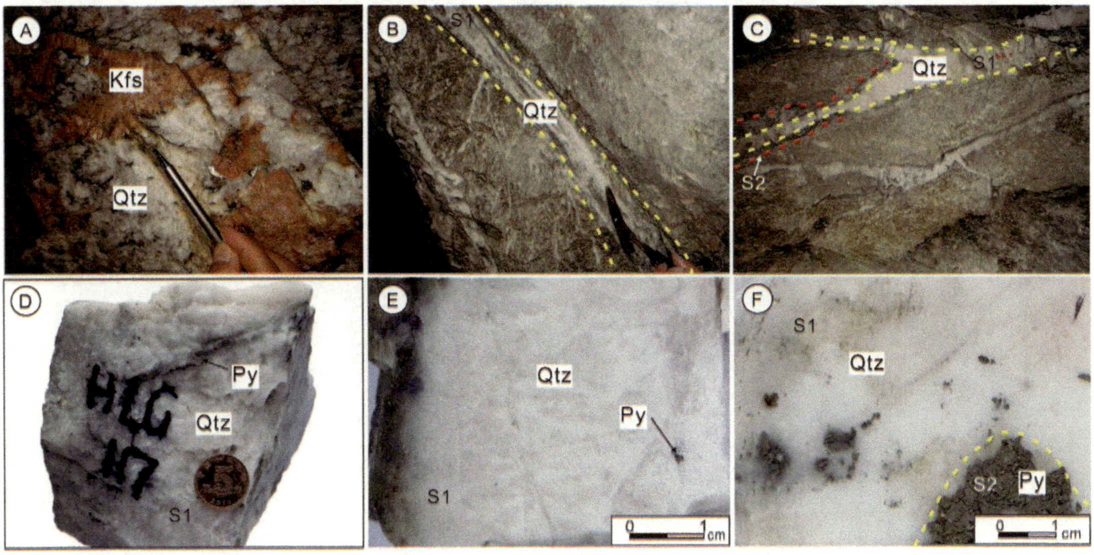

图 2-5　黑岚沟金矿床矿石宏观照片

S1—黄铁矿-石英阶段；S2—石英-黄铁矿阶段；S3—石英-多金属硫化物阶段。

A～C—黑岚沟金矿床井下不同矿物特征；D～F—黄铁矿-石英阶段不同矿物特征；G～I—石英-黄铁矿阶段不同矿物特征；J～L—石英-多金属硫化物阶段不同矿物特征。

Kfs—钾长石；Py—黄铁矿；Sp—闪锌矿；Gn—方铅矿；Qtz—石英。

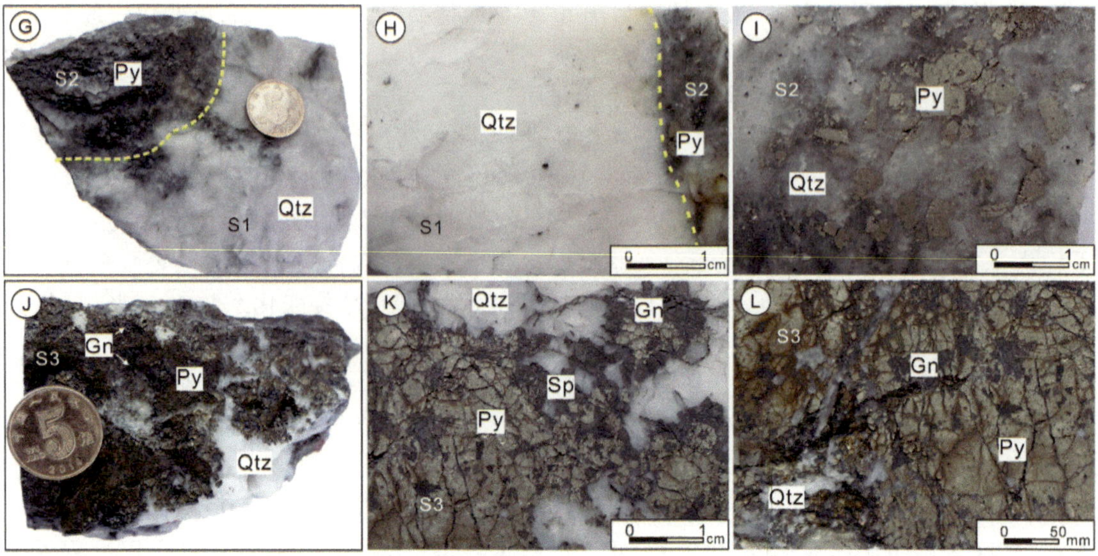

图 2-5(续)

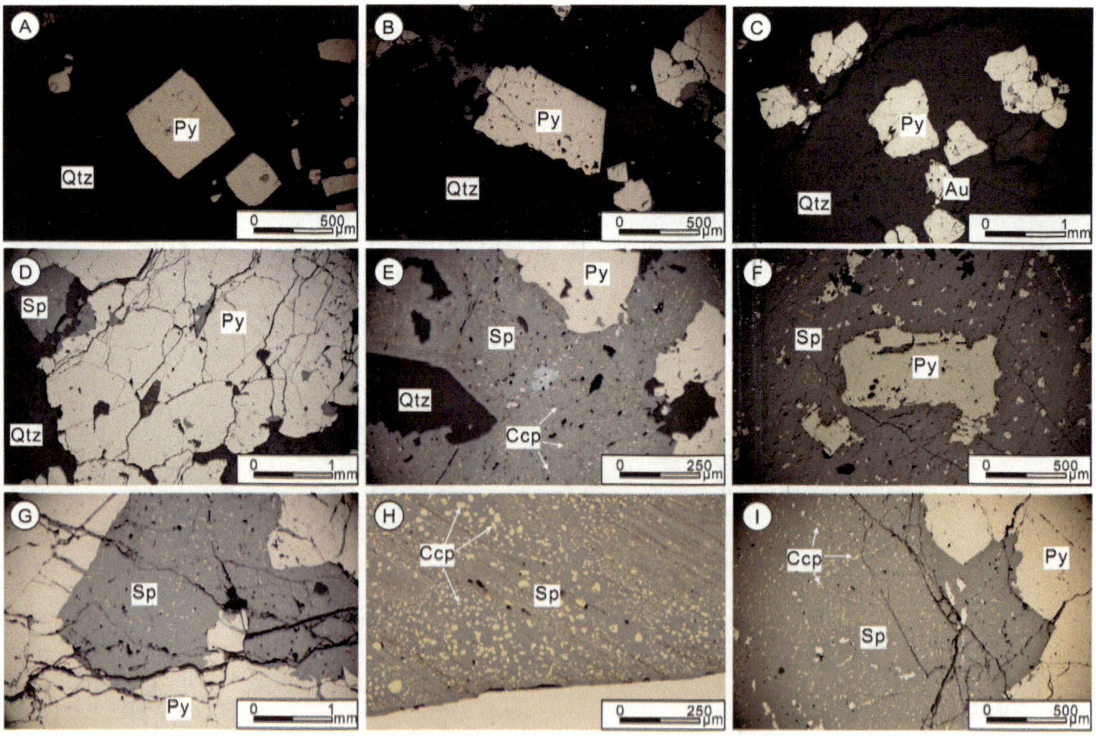

图 2-6　黑岚沟金矿床矿石主要结构特征

A—自形结构；B—半自形-它形结构；C—它形结构；D—压碎结构；E—交代熔蚀结构，闪锌矿交代早期的黄铁矿；F—包含结构，闪锌矿中包含小颗粒黄铁矿；G—填隙结构、压碎结构，后期闪锌矿沿黄铁矿裂隙生长；H、I—乳浊状结构，黄铜矿以乳滴状分布在闪锌矿中。

Py—黄铁矿；Ccp—黄铜矿；Sp—闪锌矿；Qtz—石英。

图 2-7　黑岚沟金矿床矿石主要构造特征

A—脉状构造；B—细脉浸染状构造；C—块状构造。

根据详细的野外地质调查、矿相学显微观察，结合不同的成矿阶段以及 BSE 图像，可以将黑岚沟金矿床 3 个成矿阶段的黄铁矿[黄铁矿-石英阶段(Py1)、石英-黄铁矿阶段(Py2)和石英-多金属硫化物阶段(Py3)]进一步划分出 6 个亚类/世代(表 2-4)。

表 2-4　黑岚沟金矿床不同亚类黄铁矿结构特征

成矿阶段	黄铁矿世代	形态特征	矿物共生组合	BSE 表现
黄铁矿-石英阶段	Py1-1	它形颗粒，多呈聚集产出，常位于黄铁矿颗粒的核部	乳白色石英	暗色
	Py1-2	它形颗粒，多呈聚集产出，常位于 Py1-1 的外围，黄铁矿颗粒的边部		亮色
石英-黄铁矿阶段	Py2-1	位于黄铁矿颗粒核部，孔隙结构发育	烟灰色石英	成分均一
	Py2-2	位于黄铁矿颗粒边部，表面光滑		成分均一
石英-多金属硫化物阶段	Py3-1	表面光滑，多金属硫化物包裹体较少	烟灰色石英 多金属硫化物	成分均一
	Py3-2	表面粗糙，含有较多的多金属硫化物包裹体		成分均一

最早的 Py1 产于黄铁矿-石英阶段的乳白色石英脉中，该阶段黄铁矿主要以小颗粒的它形结构产出。在石英脉中总体含量少，多呈群聚状出现。根据 BSE 图像观察，可以分为两个世代：Py1-1 是 BSE 图像下呈现颜色较暗的黄铁矿，主要分布在它形颗粒的核部；Py1-2 是 BSE 图像下呈现颜色较亮的黄铁矿，主要分布在它形颗粒的边部(图 2-8A、B)。

中期的 Py2 产于石英-黄铁矿阶段的黄铁矿-烟灰色石英脉中，该阶段黄铁矿主要以半自形-它形结构产出，中粗粒，大小为 0.5～2 mm，或以大面积聚集的形式产出，除极少量黄铜矿和磁黄铁矿外，很少出现其他金属硫化物。黄铁矿核部多呈现孔隙结构发育的现象，形成 Py2-1，黄铁矿边部则呈现表面比较光滑的现象，形成表面光滑的 Py2-2(图2-8C～F)。

晚期的 Py3 产于石英-多金属硫化物阶段中，黄铁矿大多以大面积聚集状产出，常常伴生有大量的闪锌矿和少量的黄铜矿、方铅矿共生。根据镜下观察，将该阶段的黄铁矿分成表面较为光滑、多金属硫化物较少的 Py3-1 和表面孔隙结构发育、多金属硫化物包裹体较多的 Py3-2(图 2-8G、H)。

根据矿物薄片显微观察结合电子探针能谱数据发现，黑岚沟金矿床金矿物主要为银金矿(60%～85%Au；15%～40%Ag)和部分自然金。可见金的产出状态可大致归为 3 类，分

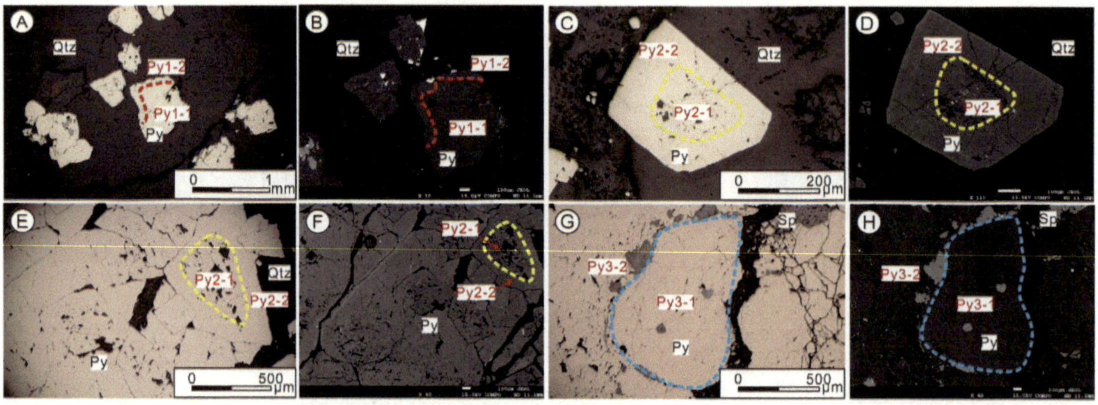

图 2-8　黑岚沟金矿床不同世代黄铁矿镜下结构(A,C,E,G)及 BSE 图像(B,D,F,H)特征

A～B—黄铁矿-石英阶段矿物特征;C～F—石英-黄铁矿阶段矿物特征;G、H—石英-多金属硫化物阶段矿物特征。Py—黄铁矿;Ccp—黄铜矿;Sp—闪锌矿; Au—金;Qtz—石英。

别分布于黄铁矿和闪锌矿内部(图 2-9A～C)、黄铁矿或石英裂隙内部(图 2-9D～F)及沿其他矿物边缘等位置(图 2-9G～I)。总体研究发现,可见金主要分布在石英-多金属硫化物阶段,黄铁矿石英阶段有少量可见金的分布。

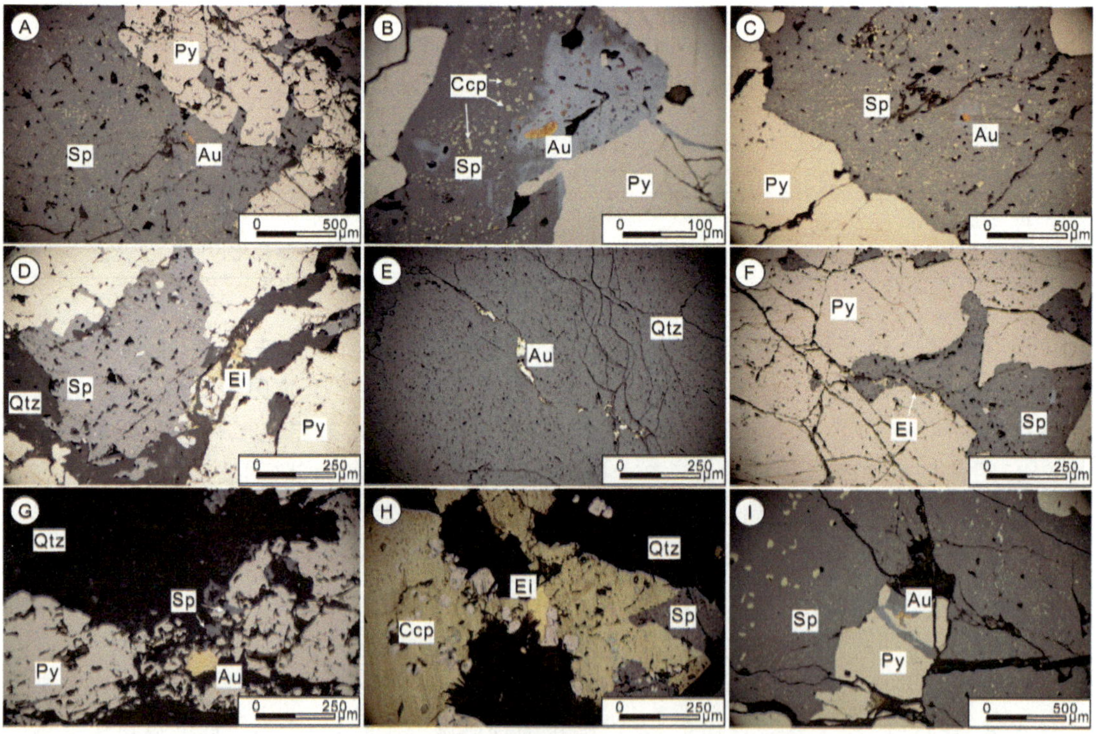

图 2-9　金矿物特征与赋存状态

A～C—闪锌矿内可见的包裹金;D～F—赋存于裂隙中的可见金;G～I—沿其他矿物边界生长的可见金。Py—黄铁矿;Au—金;Ccp—黄铜矿;Sp—闪锌矿;Ei—银金矿;Qtz—石英。

(3) 蚀变特征

黑岚沟金矿区围岩蚀变普遍发育，主要沿断裂及两侧产生围岩蚀变，发育钾化、硅化、黄铁矿化、绢云母化等。

钾化：在矿区围岩中广泛发育，表现为钾长石含量明显增加，岩石呈肉红色。靠近矿体处，钾化花岗岩常以团块状及角砾状残留在黄铁绢英岩内，或生长于硅化蚀变带外围。远离矿体，钾化蚀变强度逐步减弱，发育硅化钾化花岗岩。再向外，则是大面积的新鲜花岗岩。总体来看，蚀变强度与矿化强度呈正相关，越靠近矿体，蚀变越强。

硅化：在近矿围岩中广泛发育，有两种形式，一种是硅质热液沿裂隙充填，形成脉状、网脉状石英；第二种是热液交代长石，形成绢云母，硅质析出，形成隐晶质石英。硅化是蚀变带主要的蚀变类型。

黄铁矿化：主要分布在近矿围岩及矿体内部，在硅化蚀变较强的地段更为富集，与硅化和绢云母化共生。黄铁矿呈自形-半自形粒状零星分布，颗粒粒度较小，一般为 0.1～0.3 mm。

绢英岩化：在近矿围岩中发育，在主裂面附近较强，表现为长石形成鳞片状绢云母，与硅化相互叠加，并伴随黄铁矿化。

(4) 成矿期次与成矿阶段

综上所述，黑岚沟矿区在近矿围岩中发育早期形成的钾化-硅化蚀变，与后期叠加的黄铁矿化构成重要的找矿标志。根据野外实地调查及对样品的分析，可将黑岚沟金矿床成矿作用进一步划分出四个阶段，即早期黄铁矿-石英阶段(S1)、中期石英-黄铁矿阶段(S2)、石英-多金属硫化物阶段(S3)和晚期石英-碳酸盐阶段(S4)。

① 黄铁矿-石英阶段：以乳白色石英脉为主，石英多为自两侧向中间生长，石英脉一般宽 3～20 cm，偶见少量星点状它形黄铁矿或细粒浸染状黄铁矿，偶见少量自然金沿着石英的裂隙充填。

② 石英-黄铁矿阶段：该阶段主要发育以黄铁矿为主的烟灰色石英硫化脉，黄铁矿颗粒普遍较大，呈自形-半自形产出，其他金属硫化物不发育。

③ 石英-多金属硫化物阶段：该阶段蚀变矿化强烈，金属硫化物以黄铁矿、闪锌矿、黄铜矿为主。多金属硫化物呈细脉状、团块状、浸染状产出，自然金、银金矿大量形成，是最主要的成矿阶段。

④ 石英-碳酸盐阶段：成矿晚期低温热液沿构造裂隙充填形成碳酸盐石英细脉，穿插于早期形成的矿化岩石中。该阶段基本无金。

2.2.4.2 庵口金矿

矿区位于庵口至门楼村一带，地层简单，仅见新生代第四系，分布于山前洼地、河流两侧及汇水盆地，系冲积物、残坡积物和洪积物。矿区内构造均为大柳行断裂构造集中带的组成部分，以 NNE、NE 向为主，个别为近 SN 向分布，且规模均小于前者。区内已发现 NNE、NE 向规模不等的断裂 50 余条，主要发育于郭家岭超单元的斑状中细粒二长花岗岩内，总体近于平行展布，控制了蚀变带的分布，使得蚀变带产状与断裂基本一致。通过野外调查及综合分析，区内含矿构造在平面上呈 NNE 向展布，含矿构造主要被黄铁绢英岩充填，矿脉产于黄铁绢英岩脉之内。矿区内岩浆岩广布，约占总面积的 80%以上，主要为中生代燕山早期郭家岭序列，呈岩基状产出，由罗家单元、西石硼单元组成。区域内脉岩也广泛发育，主要为燕山晚期的石英闪长玢岩、煌斑岩，还有少量的石英脉、伟晶岩脉及花岗斑岩脉(图 2-10)。

(1) 矿体特征

矿床范围内共控制圈定 3 个矿体(图 2-10)，即劈口坡矿段的 103-$Ⅳ_P$号矿体、落花沟矿段的 103-$Ⅳ_L$号矿体和母猪沟矿段的⑧-Ⅰ号矿体，其中 103-$Ⅳ_P$、103-$Ⅳ_L$两个矿体为主矿体，为两个矿段－600 m 以下的倾向延伸部分，⑧-Ⅰ号矿体为东部母猪沟矿段内发现的矿体。103-$Ⅳ_P$、103-$Ⅳ_L$两个矿体同属 103-Ⅳ号矿体，庵口村范围(限制勘查区)在 103-Ⅳ号矿体中间地段而将其分割为南部的劈口坡矿段和北部的落花沟矿段。3 个矿体的主要地质特征简述如下。

103-$Ⅳ_P$ 号矿体：本矿体延深部分由－600 mYM1、－680 mYM1、－760 mYM1 和－920 mYM1四个中段岩脉控制(图 2-11)，赋存于 5～3 线、－600～－1 000 m 标高之间，埋深 875～1 235 m，控制长 140～200 m，斜深 335 m，呈上窄下宽的薄脉状，－600～－760 m 向 NE 侧伏，侧伏角在 75°左右。矿体走向 20°～27°，倾向 SE，倾角为 68°～78°，自上而下渐陡，其厚度为 0.40～1.27 m，平均为 0.81 m，变化系数为 71%。矿脉基本无断层错动或脉岩穿插。金品位为 1.70～23.10 g/t，平均为 7.05 g/t，变化系数为 73%。矿体自上而下渐宽，下部未封闭(图 2-12)。

103-$Ⅳ_L$ 号矿体：深部由－600 mYM1、－680 mYM1、－760 mYM1 和 920 mYM1 四个中段岩脉控制(图 2-11)，赋存于 16～24 线、－600～－1 000 m 标高之间，埋深 760～1 120 m。控制矿体长 170～250 m，斜深 333 m，呈上窄下宽的薄脉状，向 NE 侧伏，侧伏角为 80°左右。矿脉走向 38°～44°，倾向 SE，倾角为 67°～76°，自上而下渐陡，厚度为 0.33～1.30 m，平均为 0.88 m，变化系数为 69%。矿体内基本无断层错动或脉岩穿插。金品位为 1.90～19.67 g/t，平均为 6.47 g/t，变化系数为 73%。矿体自上而下渐宽，下部未封闭(图 2-11)。

母猪沟矿段⑧-Ⅰ号矿体由 11TC1、7TC1、3TC1、4TC1 四条探槽和 30 mYM1、－10 mYM1、－50 mYM1 三个中段岩脉以及 11ZK101、3ZK101、4ZK101 三个钻孔控制。矿体赋存于 13～16 线、50～－237 m 标高之间，埋深 60～350 m。控制长 340 m，斜深 330 m。矿脉总体呈楔形薄脉状，走向 9°～47°，平均为 30°，倾向 SE，倾角为 47°～76°，自上而下渐陡。矿体厚度为 0.43～1.16 m，平均为 0.91 m，变化系数为 72%。其内基本无断层错动或脉岩穿插。金品位为 1.68～34.08 g/t，平均为 5.74 g/t，变化系数为 93%。－50 m 以下明显变窄，4 线深部未封闭。

(2) 矿石特征

在野外地质调查的基础上，进一步对矿石进行光学显微镜观察和电子探针背散射分析，可将庵口金矿床热液成矿作用过程划分为四个阶段(图 2-13)，即黄铁矿-石英阶段(S1 阶段)、石英-黄铁矿阶段(S2 阶段)、石英-多金属硫化物阶段(S3 阶段)和石英-碳酸盐阶段(S4 阶段)。总体来看，矿石内矿物成分由金属矿物和非金属矿物两大部分组成。金属矿物以金属硫化物类矿物为主，主要是黄铁矿，其次为闪锌矿、黄铜矿、方铅矿等。非金属矿物主要有石英、长石、绢云母、绿泥石、方解石等(图 2-13)。

矿石结构主要有自形晶结构、半自形-它形结构、压碎结构、交代溶蚀结构、包含结构、填隙结构、乳浊状结构等(图 2-14)。矿体中常见的矿石构造类型为细脉浸染状构造、斑杂状构造、

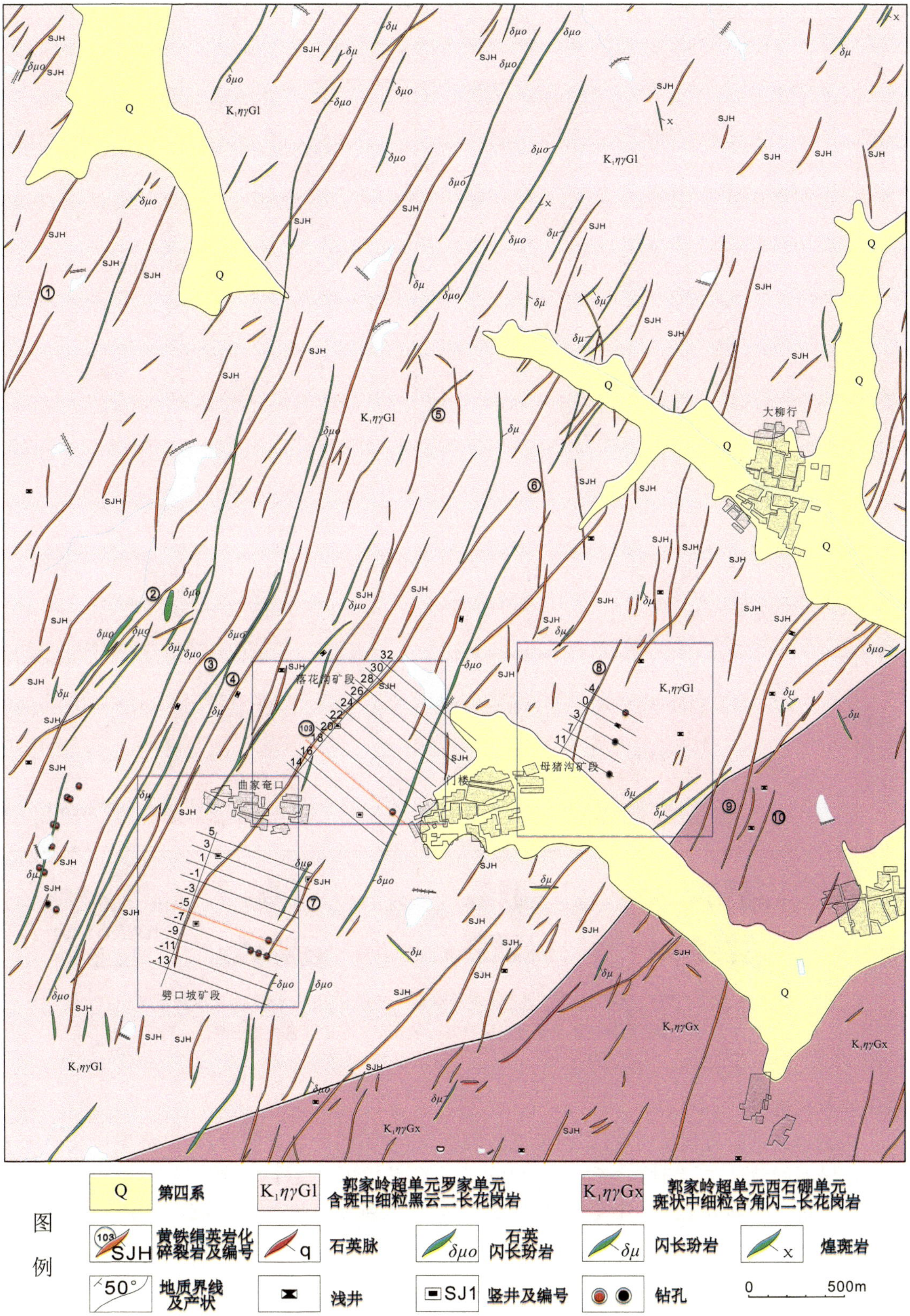

图 2-10　庵口金矿床矿区地质图

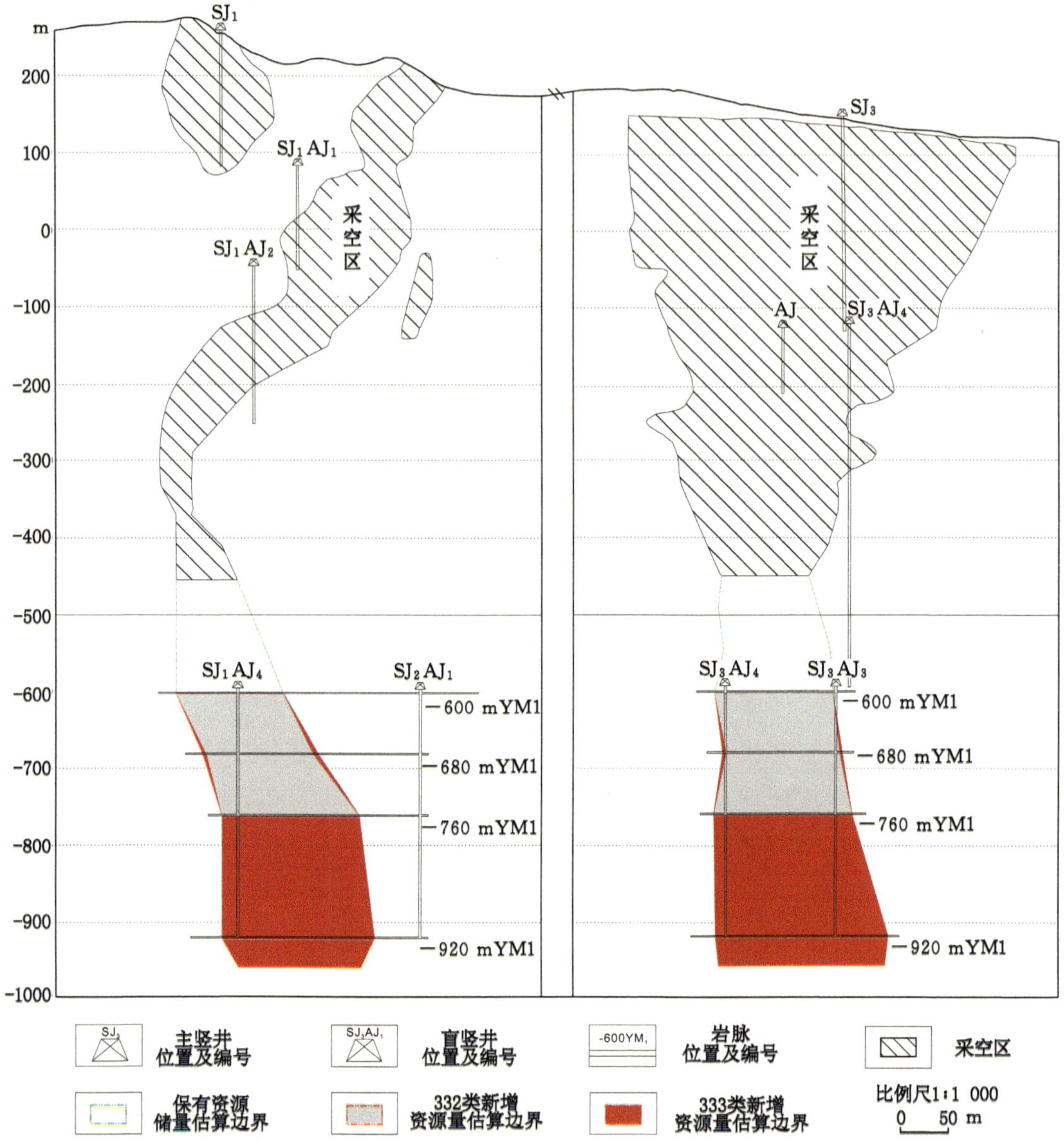

图 2-11　庵口金矿床劈口坡、桃花沟矿段－600 m 以下矿体垂直投影图

A—劈口坡矿段矿体垂直投影图；B—桃花沟矿段矿体垂直投影图。

致密块状构造等(图 2-15)。

根据详细的野外地质调查、矿相学显微观察，结合不同的成矿阶段，可以将庵口金矿床 3 个成矿阶段的黄铁矿[黄铁矿-石英阶段(Py1)、石英-黄铁矿阶段(Py2)和石英-多金属硫化物阶段(Py3)]进一步划分出 8 个亚类，结合 BSE 图像，可以将其中两个亚类再细分为四个类别，总计 10 个亚类(表 2-5)。

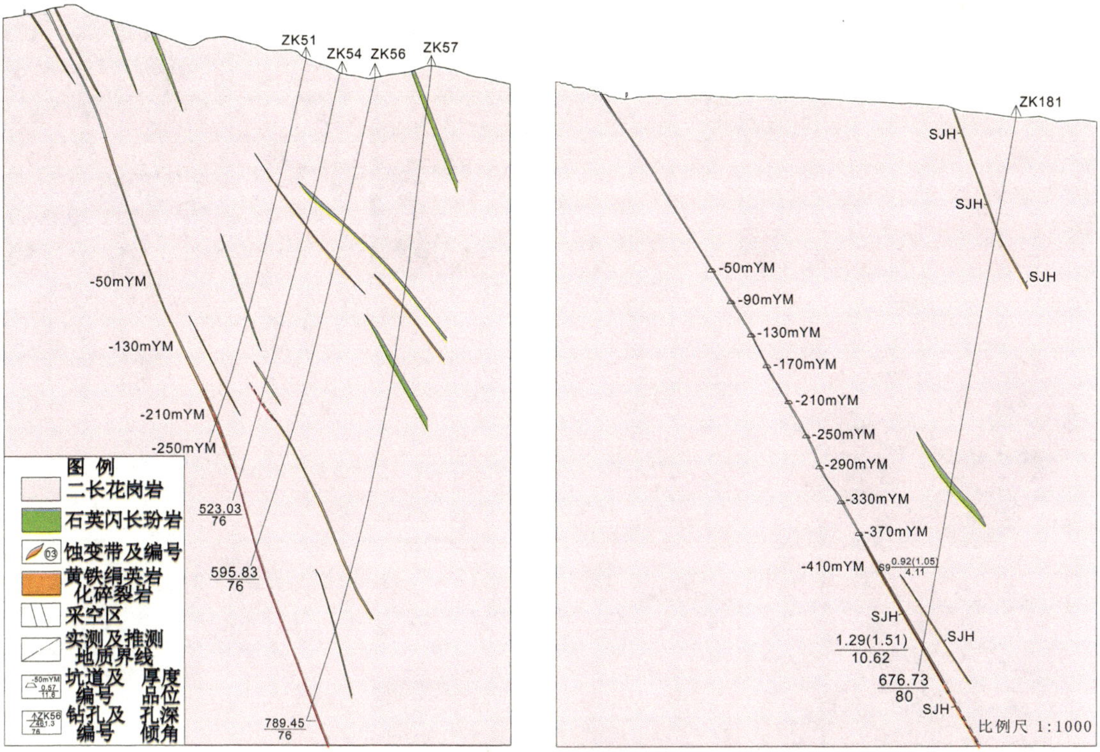

图 2-12　庵口金矿劈口坡矿段一5 号、落花沟矿段 18 号勘探线剖面图

注：剖面图所示剖面为(图 2-10)中的 5 线和 18 线两条勘探线剖面。

表 2-5　庵口金矿不同亚类黄铁矿结构特征

成矿阶段	黄铁矿世代	形态特征	矿物共生组合	BSE 表现
黄铁矿-石英阶段	Py1-1	自形-半自形颗粒，表面孔隙结构较为发育，偶见少量黄铜矿包裹体	乳白色石英	成分较均一
	Py1-2	较大它形颗粒中，表面光滑，无孔隙结构或其他多金属硫化物包裹体		成分较均一
	Py1-3	较大它形颗粒中，表面麻点状孔隙结构发育，可见集体形式产出的黄铜矿包裹体		不均一
石英-黄铁矿阶段	Py2-1	位于黄铁矿颗粒核部，表面光滑	烟灰色石英	成分均一
	Py2-2	发育粗大孔隙结构		成分均一
	Py2-3a	位于黄铁矿颗粒边部，表面光滑		亮色
	Py2-3b	位于黄铁矿颗粒边部，表面光滑		暗色
石英-多金属硫化物阶段	Py3-1	位于黄铁矿颗粒核部，表面发育细小孔隙结构	烟灰色石英 多金属硫化物	暗色
	Py3-2	表面光滑		亮色
	Py3-3	表面光滑		暗色

最早的 Py1 产于黄铁矿-石英阶段的乳白色石英脉中，该阶段黄铁矿主要以较小颗粒的自形-半自形结构产出或以稍大颗粒的它形结构产出。在石英脉中总体含量少，多呈孤立状

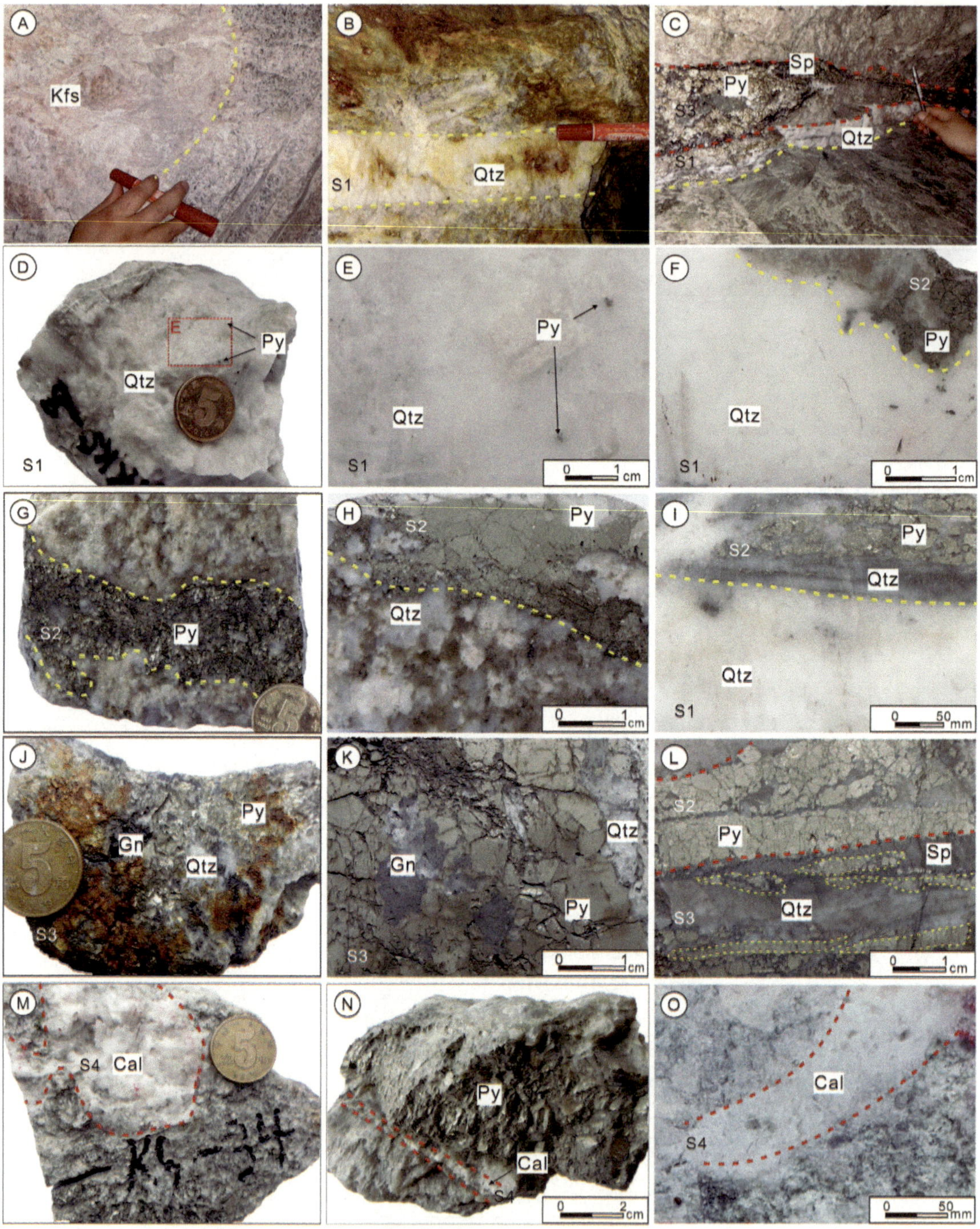

图 2-13　庵口矿矿石宏观照片

S1—黄铁矿-石英阶段；S2—石英-黄铁矿阶段；S3—石英-多金属硫化物阶段；S4—石英-碳酸盐阶段。
A～C—庵口金矿床井下不同矿物特征；D～F—黄铁矿-石英阶段不同矿物特征；G～I—石英-黄铁矿阶段不同矿物特征；
J～L—石英-多金属硫化物阶段不同矿物特征；M～O—石英-碳酸盐阶段不同矿物特征。
Kfs—钾长石；Py—黄铁矿；Ccp—黄铜矿；Sp—闪锌矿；Gn—方铅矿；Qtz—石英；Cal—方解石。

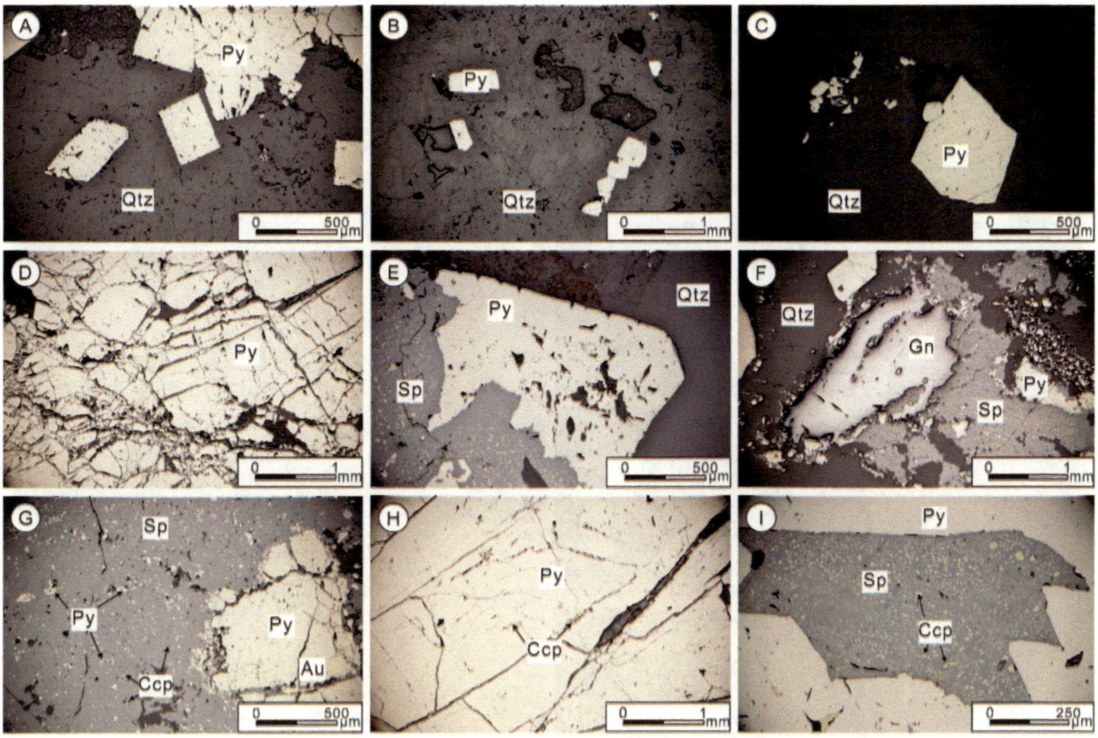

图 2-14　庵口金矿床矿石主要结构特征

A—自形结构;B、C—半自形-它形结构;D—压碎结构;E、F—交代熔蚀结构,E—闪锌矿交代早期的黄铁矿;F—方铅矿交代闪锌矿;G—包含结构,闪锌矿中包含小颗粒黄铁矿;H—填隙结构、压碎结构,黄铜矿沿黄铁矿裂隙生长;I—乳浊状结构,黄铜矿以乳滴状分布在闪锌矿中。Py—黄铁矿;Ccp—黄铜矿;Sp—闪锌矿;Gn—方铅矿;Qtz—石英。

图 2-15　庵口金矿床矿石主要构造特征

A—脉状构造;B—细脉侵染状构造;C—块状构造。

出现。根据产出状态,可以分为三个世代:Py1-1 呈自形-半自形颗粒,大小为 50～500 μm,表面孔隙结构较为发育,偶见少量黄铜矿包裹体;Py1-2 在较大颗粒它形黄铁矿中产出,表面光滑,无孔隙结构或其他多金属硫化物包裹体;Py1-3 同样在较大颗粒它形黄铁矿中产出,表面麻点状孔隙结构发育,可见集体形式产出的黄铜矿包裹体(图 2-16A～D)。

中期的 Py2 产于石英-黄铁矿阶段的黄铁矿-烟灰色石英脉中,该阶段黄铁矿主要以半

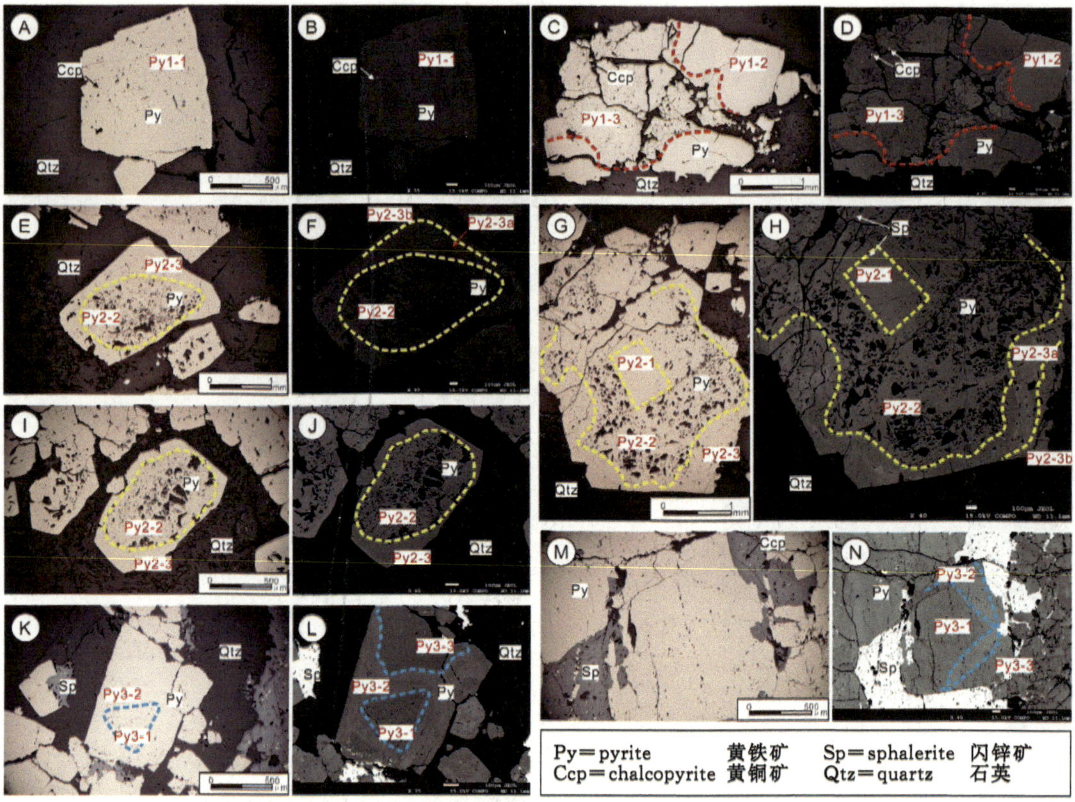

图 2-16 庵口金矿床不同世代黄铁矿镜下结构(A、C、E、G、I、K、M)及 BSE 图像(B、D、F、H、J、L、N)特征
A～D—黄铁矿-石英阶段矿物特征;E～J—石英-黄铁矿阶段矿物特征;K～N—石英-多金属硫化物阶段矿物特征。

自形-它形结构产出,中粗粒,大小为 0.3～3 mm,很少出现其他金属硫化物包裹体,在烟灰色石英脉中含量较多,多以群聚状产出。部分颗粒核部表面光滑,形成 Py2-1,Py2-1 与四周发育粗大孔隙结构的黄铁矿 Py2-2 形成明显的界线。靠近颗粒边部,孔隙构造消失,出现表面光滑的黄铁矿 Py2-3。根据 BSE 图像,将 Py2-3 分为相邻两类,BSE 图像中颜色较亮的 Py2-3a 和靠近边缘,颜色较暗的 Py2-3b,部分颗粒缺少 Py2-1,仅发育 Py2-2 和 Py2-3(图 2-16E～J)。

晚期的 Py3 产于石英-多金属硫化物阶段中,半自形-它形,中粗粒,大小为 200～800 μm,与闪锌矿、黄铜矿和方铅矿共生。BSE 图像下出现明显的黄铁矿环带,核部 Py3-1 表现为暗色,包裹有闪锌矿、方铅矿等多金属硫化物包裹体;Py3-2 表现为亮色,表面平整光滑,基本不含其他硫化物包裹体;位于边部的 Py3-3 也呈暗色,含有闪锌矿、方铅矿等多金属硫化物包裹体(图 2-16K～N)。

根据矿物薄片显微观察结合电子探针能谱数据发现,庵口金矿床金矿物主要为银金矿(55%～75%Au,25%～45%Ag)和部分自然金。可见金的产出状态可大致分为 3 类,分别分布于黄铁矿和闪锌矿内部(图 2-17A～C)、黄铁矿裂隙内部(图 2-17D～F)及沿其他矿物边缘等位置(图 2-17G～I)。总体研究发现,可见金主要集中在石英-多金属硫化物阶段,其他阶段可见金较少。

(3) 蚀变特征

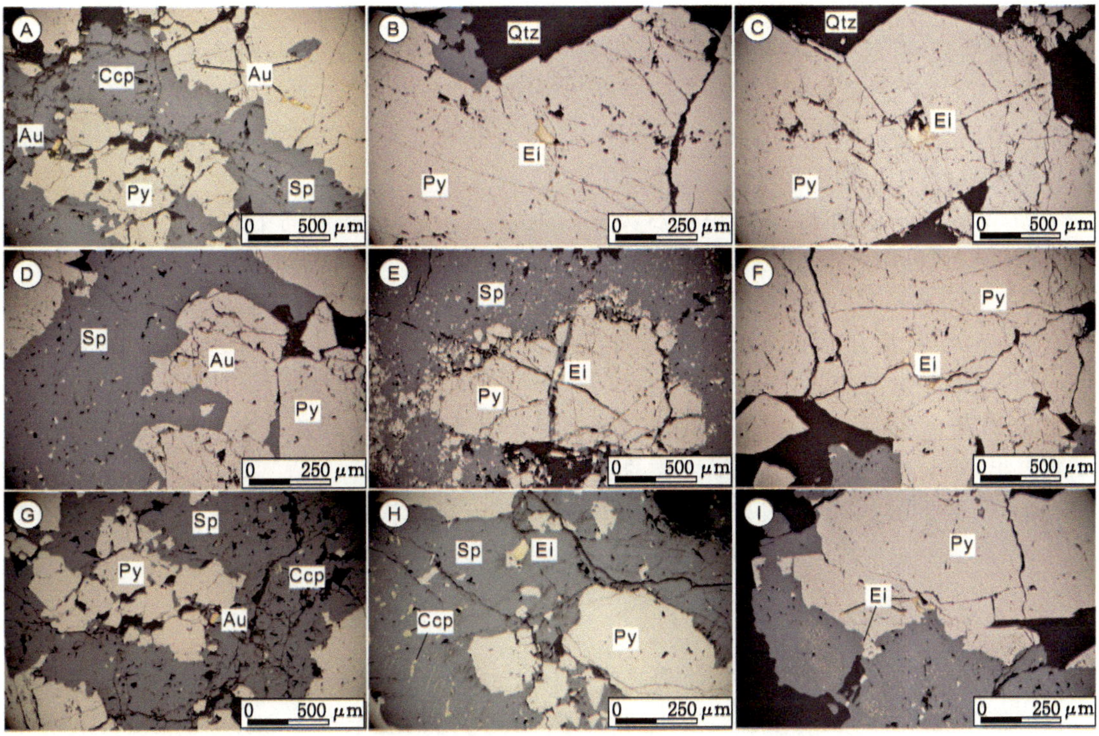

图 2-17　金矿物特征与赋存状态

A～C—黄铁矿内可见的包裹金；D～F—赋存于裂隙中的可见金；G～I—沿其他矿物边界生长的可见金。

Py—黄铁矿；Au—金；Ccp—黄铜矿；Sp—闪锌矿；Ei—银金矿；Gn—方铅矿；Qtz—石英。

庵口金矿区围岩蚀变普遍发育，主要沿断裂及两侧产生围岩蚀变，类型主要为钾化、硅化、黄铁矿化、绢云母化、绿泥石化、碳酸盐化等。

钾化：在矿区围岩中广泛发育，表现为钾长石含量明显增加，岩石呈肉红色。靠近矿体处，钾化花岗岩常以团块状及角砾状残留在黄铁绢英岩内，或生长于硅化蚀变带外围，远离矿体，钾化蚀变强度逐步减弱，发育硅化钾化花岗岩，再向外则是大面积的新鲜花岗岩。总体来看，蚀变强度与矿化强度呈正相关，越靠近矿体，蚀变越强。

硅化：在近矿围岩中广泛发育，有两种形式——一种是硅质热液沿裂隙充填，形成脉状、网脉状石英；另外一种是热液交代长石，形成绢云母，硅质析出，形成隐晶质石英。硅化是蚀变带主要的蚀变类型。

黄铁矿化：主要分布在近矿围岩中，在硅化蚀变较强的围岩中更为富集。与硅化和绢云母化共生，黄铁矿呈自形-半自形粒状零星分布，颗粒粒度较小，一般为 0.1～0.3 mm。

绢英岩化：在近矿围岩中明显发育，表现为斜长石形成鳞片状绢云母，表现为硅化、绢云母化蚀变的相互叠加，常伴随黄铁矿化，主裂面附近蚀变较强，一般以 0.1～1 m 宽的脉状发育在矿体和钾化花岗岩之间。

绿泥石化：矿区围岩中部分发育，是二长花岗岩或煌斑岩中常见的蚀变种类，主要由角闪石、黑云母等暗色矿物蚀变而来，多呈鳞片状集合体沿裂隙分布。

碳酸盐化：多为晚期蚀变产物。庵口矿床内主要为方解石化，方解石呈不规则粒状结构，高级白干涉色，部分可见两组菱形解理，多呈脉状穿插分布与其他矿物中。

（4）成矿期次与成矿阶段

综上所述，矿区在近矿围岩中发育早期形成的钾化-硅化蚀变，与后期叠加的黄铁矿化构成重要的找矿标志。根据野外实地调查及对样品的分析，可将庵口金矿床成矿作用进一步划分出四个阶段，即早期黄铁矿-石英阶段（S1）、中期石英-黄铁矿阶段（S2）、石英-多金属硫化物阶段（S3）和晚期石英-碳酸盐阶段（S4）。

① 黄铁矿-石英阶段：以乳白色石英脉为主，石英多为自两侧向中间生长，石英脉中偶见少量星点状自形黄铁矿或细粒浸染状黄铁矿。

② 石英-黄铁矿阶段：含矿热液沿破碎带运移，与碎裂岩交代，长石转变成绢云母和硅化石英，角闪石、黑云母变为绿泥石，自形黄铁矿晶出。由于构造持续作用，黄铁矿产生裂隙，自然金沿裂隙沉淀。

③ 石英-多金属硫化物阶段：该阶段蚀变矿化强烈，多金属硫化物呈细脉状、团块状、浸染状产出，银金矿大量形成，是最主要的成矿阶段。

④ 石英-碳酸盐阶段：成矿期后残余低温热液，沿后期构造裂隙充填形成碳酸盐或石英细脉，穿插于早期形成的矿化岩石中。该阶段基本无金质析出。

2.2.5 金矿成矿规律

工作区目前查明的金矿类型主要是产于新元古代玲珑序列和中生代郭家岭序列中、二者接触带中或二者与老地层接触带中的石英脉型金矿和蚀变岩型金矿。

2.2.5.1 矿化蚀变特征及分带规律

（1）矿化蚀变特征

区内金矿成矿具有多次脉动、叠加的特点，主要可分为早期蚀变、晚期矿化两个阶段。早期蚀变，富钾高温、高压、碱性、高 Eh、渗透力很强的含矿热液，当其渗透到控矿断裂裂隙中时，与周围岩石进行广泛交代，发生钾化，形成宽大的钾化带，钾化是蚀变矿化作用的前锋。晚期矿化，控矿断裂系统持续活动，进一步形成一系列脆性变形构造空间，如在主干构造内外产生一些新的伴、派生张性断裂裂隙，晚期阶段热液进入，伴随成矿热液条件、成分的改变，先后在这些断裂裂隙中充填矿液并沉淀矿质。矿化作用分为黄铁矿-石英阶段（S1）、石英-黄铁矿阶段（S2）、石英-多金属硫化物阶段（S3）和石英-碳酸盐岩阶段（S4），其中石英-多金属硫化物阶段（S3）阶段为主成矿阶段。

（2）矿化分带规律

① 矿化类型分带性。在主干控矿断裂带上，邻近主断面的断层下盘，岩石变形强，由变形均匀的碎粒岩、碎粉岩、糜棱岩等构造岩组成，矿化蚀变强烈，常常构成矿床主矿体。在离主干断裂断层面稍远一些的位置和主断裂附近较低级序的次级断裂，岩石破碎变弱，为花岗岩质碎裂岩和碎裂花岗岩，节理裂隙发育，形成以细网脉状为主的矿化类型；离主干断裂断层面更远处，构造变形微弱，原岩基本未被破坏，发育具共轭剪节理性质的网状裂隙带，矿化类型以网脉状或脉状为主，局部还发育了典型的石英脉型金矿。主干断裂下盘的花岗岩体内部，张性裂隙较多，赋存石英脉型金矿。总体认为，蚀变岩型和石英脉型两类金矿基本类型分带明显，蚀变岩型主要受控于主干控矿断裂带，在其中呈串珠状分布；石英脉型金矿主要受控于主干断裂下盘的次级断裂、裂隙构造，成群出现或零星分布于花岗岩中。

② 蚀变岩分带性。破碎蚀变岩是在构造岩基础上，经后期热液作用改造而成，在走向

及倾向上均呈带状分布。主要沿断裂及两侧产生围岩蚀变，类型主要为黄铁矿化、钾化、硅化、绢云母化、绿泥石化、碳酸盐化等。在蚀变岩型金矿中表现更为明显，由主裂面向外依次为黄铁矿化石英脉、黄铁绢英岩带、黄铁绢英岩化碎裂岩带、黄铁绢英岩化花岗质碎裂岩带、黄铁绢英岩化花岗岩带、钾化硅化花岗岩、绿泥石化花岗岩等。一般主裂面上盘黄铁绢英岩化较弱，尤其是黄铁矿化更为微弱，而下盘黄铁绢英岩化强，往往是矿体的赋存部位。其中与金矿化关系密切的蚀变类型有钾长石化、黄铁绢英岩化和硅化。

③ 在空间分布上，蚀变、矿化分带往往与构造分带协调对应，呈现三位一体的特征。

2.2.5.2　时空分布规律

2.2.5.2.1　成矿时间分布规律

依据前述 4 处典型矿床成矿年龄分析结果，区内各矿床成矿年龄相差极小，完全集中在 118～120 Ma 之间。

2.2.5.2.2　成矿空间分布规律

工作区构造、侵入岩体两大控矿因素对金矿类型分布具有明显的控制规律。

(1) 构造对矿体控制的影响

区内 NNE 向构造叠置在基底近 EW 向压性构造体系之上，NNE 向构造成矿前经历了左行压扭，成矿期时经历了右行张扭，成矿后又经历了左行压扭的过程，因此金矿床在区域分布上表现出南北呈列(矿带)、东西呈行、交汇集中呈片(矿田)的规律分布。

① 矿床在空间上主要位于虎路线断裂与栖霞断裂之间，具有 NE 向呈串分布的空间规律，大致可划分为 4 个矿带，矿带近平行展布，间距为 1.5～2.0 km，

② 矿床产出个数、规模及矿化强度等明显受虎路线断裂控制，已知矿床的规模及矿化强度随着与虎路线断裂的距离不断增加而呈“强弱相间”的交替变化规律，而矿化下限则呈现“深浅交替”的变化规律。

③ 断裂等密度研究对于识别成矿有利地段具有较好的指示意义。断裂等密度是指单位面积内断裂长度的加和，其值大小主要由断裂发育的密度、规模及断裂长度决定。断裂等密度值大的部位往往对应断裂高密度产出的部位，代表成矿越有利。

④ 矿体的侧伏规律受控矿构造成矿时右行张扭控制。该区金矿体延深深度值普遍大于延长长度值，矿体在延伸方向具有明显的侧伏，侧伏方向表现出惊人的一致性。走向 NE 或 NNE 的控矿断裂，倾向 NW 者，矿体向 SW 向侧伏；走向 NE 或 NNE，但倾向 SE 者，控制的矿体均向 NE 向侧伏，侧伏角在 40°～65°不等；控矿断裂走向 NNW，倾向 SW 者，矿体向 SE 侧伏。

⑤ 断裂构造的拐弯或交汇部位赋矿。断裂构造的拐弯位置是适宜于成矿物质富集的引张扩容空间，许多金矿体产于断裂构造的拐弯部位，即压扭性断裂的倾角变缓处和张性断裂的倾角变陡处，常形成厚大矿体。

⑥ 矿体常具尖灭再现、分枝复合、膨胀夹缩特点。矿体不仅在倾向上尖灭再现，在走向上也表现出尖灭再现特点；矿体的分枝复合不仅在平面上经常见及，在剖面上也非常普遍。

⑦ 主含矿断裂多见“右行”排列，比如黑岚沟矿区Ⅰ号、Ⅷ号矿体等。

(2) 侵入岩体对矿体控制的影响

玲珑、郭家岭复式岩体对金矿的控制明显，金矿床绝大多数分布于两大岩体的周边及内部，即使未直接分布于其内，也与岩体的距离不远。

第3章　三维地质建模

3.1　三维地质建模基础

三维地质建模，是在真三维空间中对地质实体的集合形态和地质体内部的属性参数的建模。它自20世纪80年代末在国外首次被提出后，便得到地质专业工作者的持续关注和研究。几十年来，三维地质建模的方法、工具和软件不断涌现。三维地质建模是一种融合了地质学、地理信息科学和计算机等学科的综合技术手段，三维地质建模将钻孔、剖面、物探等多源地质信息通过有效的数据模型管理起来。在此基础上，结合地层划分、数据插值、曲面拟合等手段和算法，将地质体通过直观的三维地质模型展示出来，成为一种有效的地质资料管理、分析、预测和研究的重要手段，被越来越多地应用在石油、采矿、城市地质、隧道建设、水利水电工程等领域。

3.1.1　数据基础

建立三维模型要充分利用已有的勘查成果，勘查成果从类型上分主要有钻孔数据（钻孔柱状图、钻孔结构、孔斜测井资料等）、平面图数据（区域地质图、矿区地形地质图、垂直纵向投影图等）、剖面图数据（地质剖面图、地球物理剖面解释成果图等）、采样测试数据等。

3.1.2　建模算法

由于勘查区资料大多数情况下呈散乱分布，并不是全区均匀分布，而且数据量有限。同时，复杂构造也是三维地质建模的难点。矿区复杂地质构造体类型主要有正逆断层（交错）、褶皱（褶曲）、陷落柱、塌陷区、飞来峰、煤层分叉合并、沉缺、冲刷、断薄、断缺、冲刷、露头、火烧等。这些构造从形态上千差万别，地质界线非常不规则，涉及空缺、重复甚至多次重复，对三维地质建模构成了很大的影响。这种情况下需要采用数学建模方法进行插值。

三维地质建模用到的算法很多，如多边形网格算法、曲面建模算法、边界条件约束的三角剖分算法、克里金插值算法、径向基函数方法等。

3.1.2.1　多边形网格算法

由于人们通常用多边形网格（特例为三角形网格）来描述场景中的物体，三维图形物体中运用边界表示的最普遍方式是使用一组包围物体内部的表面多边形。由于多边形网格线框轮廓能快速显示并且概要地说明表面结构，多边形网格算法在三维建模中得到普遍应用。

随着三维测量技术的发展，用户可方便地获取描述物体表面的稠密散乱点数据，进而建立起其近似的多边形网格模型。但由于实物测量技术不可避免地带来测量噪声和误差，重建的多边形网格模型中往往存在凹凸不平的细小噪声，因而在后续处理前，必须对重建模型表面进行平滑、去噪声处理。常用的平滑算法有 Laplace 平滑算法、重心约束的平滑算法等。

3.1.2.2　曲面建模算法

三维地质界面曲面建模可以抽象为：给定三维空间曲面 S 上的一组采样点 P，通过数学模型找到一个曲面 S'，使得 S' 合理地逼近 S。

从数学上讲，曲面建模主要两种解决方法——数据插值方法和曲面拟合方法，插值方法和拟合方法是两种完全不同的方法。曲面拟合常常被分解成插值问题和光滑逼近问题，所以三维地质建模和三维地质可视化领域，地质界面的曲面重构问题多用插值方法解决。主流的方法包括基于整体的插值方法，如最小二乘法和整体函数拟合法更适合于沉积构造地质界面的重构；基于局部的插值方法，主要有三角剖分方法、反距离权重法方法、克里金(Kriging)方法、径向基函数法等，更适合于沉积与侵入构造混杂的地质界面的重构，因而得到了广泛的应用。

3.1.2.3　边界条件约束的三角剖分算法

三角剖分法是利用连续样点数据间的连线形成最佳的 Delaunay 三角形，覆盖整个研究区域，所有三角形的边都不相交。这与三维地质建模的构建 TIN 文件原理一致，这种一致给三维地质体建模和三维可视化带来很大方便。但是，TIN 方法将在整个研究区域内均匀分配数据，地图上的稀疏区域会形成截然不同的三角面。随着地质结构的规模和复杂度的提高，建模所需的空间地质特征线类型增多，如果单纯利用自动生成的 Delaunay 三角网，会导致逻辑上的混乱和错误。这时，需要采用边界条件约束的三角剖分算法。

边界条件约束的三角剖分算法，首先依据地质勘测资料来确定地质结构面的空间关系，通过空间求交生成地质结构缝合面；然后，剖切生成各地质结构面与建模范围边界面的交线，以确定各剖切面；最后，利用带约束的 Delaunay 三角网建立地表、边界剖切面和底面的 TIN 模型，将各 TIN 模型拼合即可建立所需的三维地质模型。

3.1.2.4　克里金插值算法

克里金插值方法是以变异函数理论和结构分析为基础，在有限区域内对区域化变量进行无偏最优估计的一种方法，是地统计学的主要内容之一。其实质是利用区域化变量的原始数据和变异函数的结构特点，对未知样点进行线性无偏、最优估计。无偏是指偏差的数学期望为 0，最优是指估计值与实际值之差的平方和最小。

克里金插值法拥有和 IDW 方法一样的计算公式，所不同的是克里金插值法的权重值不仅考虑待估点与已知样点的距离，还考虑了其空间分布的方位，通过变异函数来赋予权重值。其中，变异函数的分析让地质工作者难以理解，也很难赋予这种分析一个具体的物理意义，从地质成因上说，地质界面的展布和地质对象的分布拥有具体的地质学解释，克里金插值法难以将插值过程与这种地质成因分析结合，这是克里金插值法的局限。

3.1.2.5　反距离加权法

反距离加权法是利用邻近区域内所有数据点的距离加权平均值作为待估点 Z 值，当有各向异性时，还要考虑方向权重。

反距离加权法插值结果取决于插值点与确定邻近区域中所包含实测点的距离，确定邻近区域可以设置区域内实测点的最大最小数量，这些点落在一个圆形区域内。如果考虑各向异性即不同方向对插值点的影响不同，一方面可以考虑方向权重的影响，另一方面可以将确定邻近区域设置成椭圆。如果邻近区域是全局的，反距离加权法就成为一种全局插值法，即全部样点都参与某一待估点 Z 值的计算。反距离加权法的局限性在于，它适用于均匀分布且密集程度足以反映局部差异的样点数据集。

3.1.2.6 径向基函数方法

径向基函数方法中基函数是由单个变量的函数构成的，是一系列精确插值法的统称。该插值法中的单个变量是指待估点到样点间的距离 H，其中每一插值法都是距离 H 的基函数。径向基函数包括的函数有倒转复二次函数、复对数、复二次函数、自然三次样条函数，通常所称的样条插值法即径向基函数插值法。径向基函数比同为精确插值法的 IDW 方法优点在于，它可以计算出高于或低于样点 Z 值的预测值。

径向基函数适用于样点数据集大、表面变化平缓的情况，当局部变异性大时不适合该方法。简单层状地质体适合该方法，但断层褶皱是地层最基本的现象，地质构造使地质采样点数据在局部变化巨大。所以，径向基函数法的应用受到限制。

3.1.3 三维地质建模平台

目前，三维地质建模的软件平台较多，如国外的 Petrel、Surpac、EVS(Earth Volumetric Studio)、Leapfrog Geo、Voxler、GoCAD、Micromine、ArcGIS 等，国内有 MapGIS 矿山管理与建模系统(MapGIS 3D GeoModeler)、3DMine 三维矿山软件、理正三维地质建模系统、纬地工程三维地质 CAD 系统、超维创想三维地质建模系统等。

Surpac 是由 Gemcom Software 公司开发的综合性地质建模和采矿规划软件，具有三维建模、控制引入和地质与资源评估等功能。Petrel 是由 Schlumberger 公司开发的一款综合性的地质建模软件，涵盖了地震解释、构建模型、模拟与分析等功能，被广泛应用于石油和天然气资源勘探与开发领域。GoCAD 是一款由法国巴黎高科矿业学院开发的地学软件，主要用于复杂地质建模和数据分析，被广泛应用于地质研究、矿产勘探、环境监测等领域。Leapfrog Geo 是由 ARANZ Geo 公司开发的一款三维地质建模软件，适用于广泛的地质学应用，包括矿业、环境、地球科学、水文学和工程等领域。

国产软件近几年发展迅猛，功能、性能逐步逼近甚至超越国外产品，已经在国内取得越来越广泛的应用。

本次三维地质建模采用 Surpac 软件系统。

3.2 三维地质建模的原理与方法

三维地质建模是以各类地质数据为基础，通过将地质数据库转换成三维矿业软件的逻辑模式导入到软件中，建立矿床地质体的三维可视化数字模型。

三维地质建模的方法有很多，总的来说主要包括点元、线元、面元、体元构模及混合构模。点元构模主要利用空间点位置，如钻孔、露头点等点状数据建立模型；线元构模主要利用地性线，如矿体边界、露头线等自然边界及井田边界、巷道等人为边界简历模型；面元构模是利用面片，如地表、矿体顶底面、剖面等来构筑模型；体元构模(又称实体构模)主要基于体元聚类或单元分解来表达形体的内部和外部信息。混合构模的设计目标主要是汲取上述各种构模方法的长处，将不同模型无缝集成，更有效地表达复杂形体的内外信息。混合构模的可视化程度较高，但是算法设计和应用比较复杂。三维建模的具体流程如图 3-1 所示。

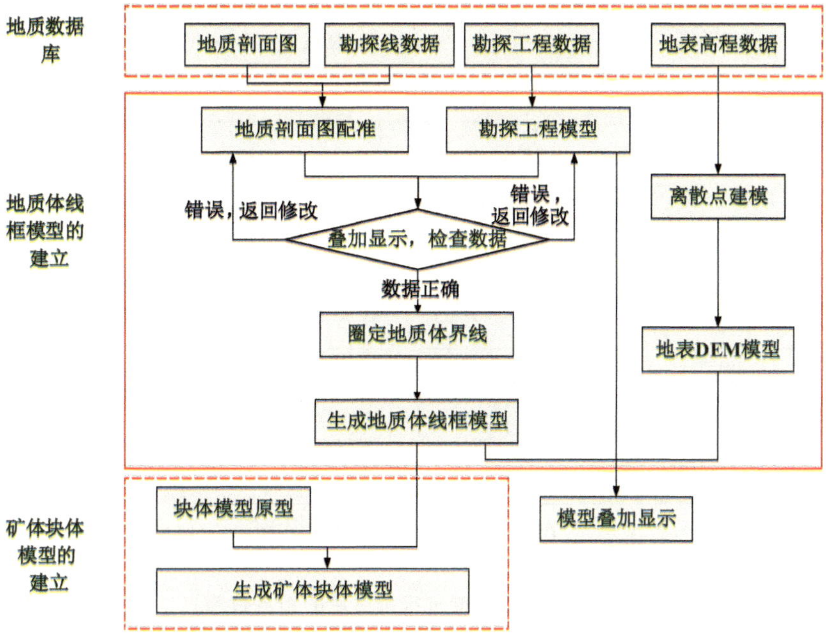

图 3-1　地质体三维建模流程图

3.2.1　钻孔三维建模

在石油、煤炭等矿产资源的勘探过程中，钻孔数据是三维地质模型最直接、最可靠的数据依据。利用已知钻孔数据可以对整个勘查区进行插值，大致估算整个勘查区的地质情况，为工程人员提供更为详尽的工程地质报告，为三维地质建模开发人员提供更为有力的数据支撑。

3.2.1.1　钻孔三维建模数据的组织

与钻孔三维建模相关的数据主要有钻孔基本情况表、岩性分层数据、钻井结构数据和钻井孔斜数据。其中，岩性分层数据、钻井结构数据和钻井孔斜数据三种数据相对独立，其共有特征是都有井号索引信息。按照这一特点我们就可以对这三种数据按照场景图结构进行重新组织，形成树状图形数据结构，以便于空间可视化(图 3-2)。

利用钻孔编号把岩性分层数据、钻井结构数据和钻井孔斜数据检索提取出来以后，需要对其进行重新组织，便于三维建模。从三维建模角度来讲，首先要形成不同深度段的岩性、孔径和井斜数组，从而反映出钻孔的全部信息。为此，我们对岩性分层数据、钻井结构数据和钻井孔斜数据进行连接，并深度索引和内插。下面按照 200 m 以浅井段提出数据组织方法。

① 连接三张表并按深度进行排序，形成组合数据表。保留三张表所有列信息，包括厚度、岩性名称、孔径、方位角、斜度(表 3-1)。

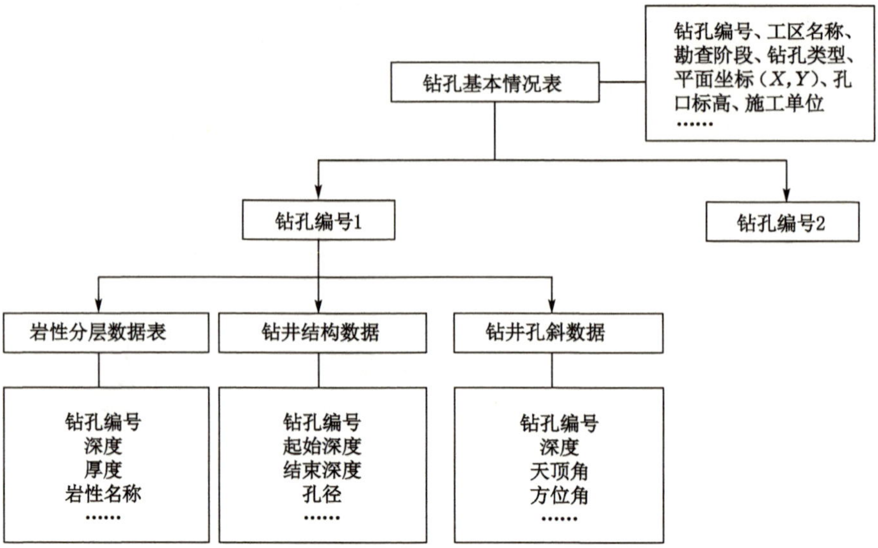

图 3-2 钻井数据组织结构图

表 3-1 按照深度进行排序后的组合数据表

深度/m	岩层厚度/m	岩性名称	孔径/mm	方位角/(°)	斜度/(°)
0.00			290.00	113.00	0.20
6.00			290.00		
29.40	29.40	粉砂岩			
40.75	11.35	细砂岩			
50.00				219.20	0.20
83.50	42.75	粉砂岩			
84.55	1.05	细砂岩			
100.00				205.10	0.10
100.70	16.15	泥岩			
101.90	1.20	粉砂岩			
113.70	11.80	泥岩			
120.00			182.00		
125.20	11.50	中砂岩			
127.50	2.30	泥岩			
130.20	2.70	中砂岩			
147.05	16.85	泥岩			
150.00				203.60	0.40
151.55	4.50	粉砂岩			
152.95	1.40	细砂岩			
155.40	2.45	泥岩			
199.00	43.60	粗砂岩			
200.00				170.40	1.40

② 采用从下往上的顺序，对空白处进行填充。对于空白厚度数据填充方法是当前行深度减去上一行的深度；空白岩性名称、孔径、方位角、斜度的填充方法是拷贝当前行数据到上一行。填充后的组合数据表见表 3-2，其中阴影部分数据为填充数据。

表 3-2　填充数据后的组合数据表

底板深度/m	岩层厚度/m	岩性名称	孔径/mm	方位角/(°)	斜度/(°)
0.00	0.00	粉砂岩	290.00	113.00	0.20
6.00	6.00	粉砂岩	290.00	219.20	0.20
29.40	29.40	粉砂岩	182.00	219.20	0.20
40.75	11.35	细砂岩	182.00	219.20	0.20
50.00	9.25	粉砂岩	182.00	219.20	0.20
83.50	42.75	粉砂岩	182.00	205.10	0.10
84.55	1.05	细砂岩	182.00	205.10	0.10
100.00	15.45	泥岩	182.00	205.10	0.10
100.70	16.15	泥岩	182.00	203.60	0.40
101.90	1.20	粉砂岩	182.00	203.60	0.40
113.70	11.80	泥岩	182.00	203.60	0.40
120.00	6.30	中砂岩	182.00	203.60	0.40
125.20	11.50	中砂岩	133.00	203.60	0.40
127.50	2.30	泥岩	133.00	203.60	0.40
130.20	2.70	中砂岩	133.00	203.60	0.40
147.05	16.85	泥岩	133.00	203.60	0.40
150.00	2.95	粉砂岩	133.00	203.60	0.40
151.55	4.50	粉砂岩	133.00	170.40	1.40
152.95	1.40	细砂岩	133.00	170.40	1.40
155.40	2.45	泥岩	133.00	170.40	1.40
199.00	43.60	粗砂岩	133.00	170.40	1.40
200.00	1.00	中砂岩	133.00	170.40	1.40

3.2.1.2　钻井三维建模方法

钻井三维建模可以分为线状建模和圆柱体建模两种方式。线状建模利用折线或者插值曲线来表现钻孔的三维轨迹，其优点是程序设计简单、执行效率高，但其最大缺点是不具备光照效果，三维可视化效果大打折扣。采用圆柱体建模的优点是同时具备透视和光照效果，可视化效果好，其缺点是建模和程序设计相对复杂。本书仅论述圆柱体建模。

圆柱体建模的核心是井眼轴线筒状化(图 3-3)。通过井眼轴线 A、B、C 三点分别计算出各点圆筒圆面各等角平分线上的各点，再通过顺序连接圆筒圆面各点构成的三角形。具体算法如下：

① 通过钻孔孔口坐标和孔斜、方位顺序计算出各点的三维坐标，如 A、B、C 点。

② 计算出 A 点圆周平面各等分点的坐标(半径由组合数据表中孔径获取)。

③ 通过 A、B 点坐标计算向量 BA，为 B 点圆面的法向量。

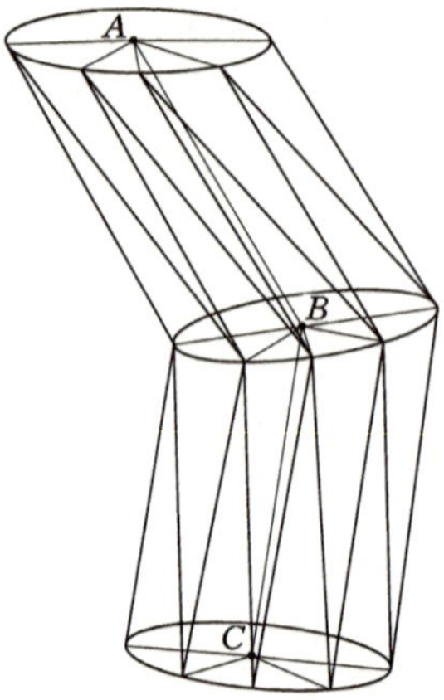

图 3-3　井眼轴线筒状化算法示意图

④ 计算出 B 点圆周平面各等分点的坐标。

⑤ 顺序连接 A、B 点圆周平面各等分点坐标构成三角形。

⑥ 依次计算 C 点圆周平面各等分点的坐标，并顺序连接 B 点与 C 点圆周平面各等分点坐标构成三角形。

建模效果如图 3-4 所示。

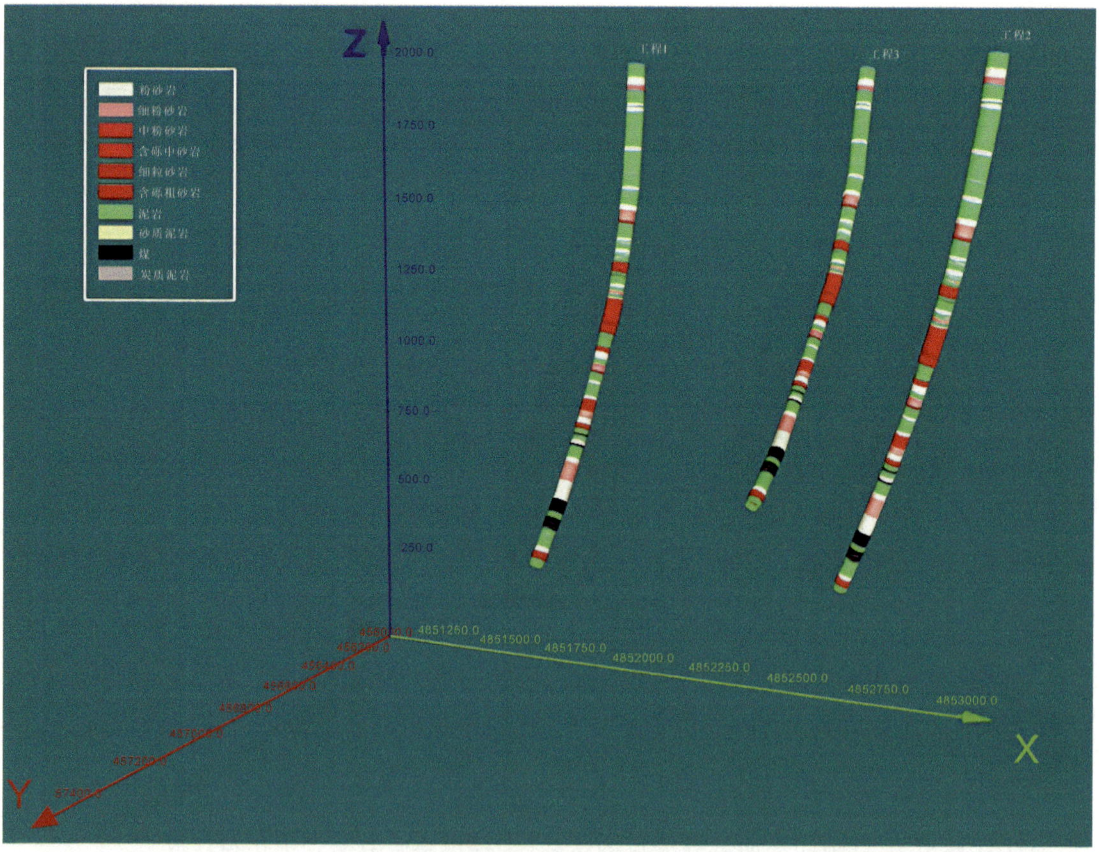

图 3-4　钻井三维可视化

3.2.2　综合地质剖面建模

综合地质剖面是地质勘探的重要成果，同时是重要的成果表达手段，也是三维地质建模重要的数据源。基于地质剖面的建模方法适用于复杂地质体模型的创建，将各条勘探线剖面放入三维空间，在综合考虑地质因素的前提下，相邻勘探线之间按照矿体解译线的拟合趋势连接成三角网，两端勘探线剖面中的矿体解译线外推闭合，就构成了实体模型。

3.2.2.1　二维剖面编辑及属性设置

首先定义地层、断层、矿体的图形特征和属性特征。图形特征和属性特征要符合地学特点，同时要全面。图形特征主要表达地层、断层、矿体在二维剖面上的线条颜色（图 3-5）。属性特征则表达了地层、断层、矿体的填充颜色、密度、磁化强度等地质、地球物理特征（表 3-3，表 3-4）。

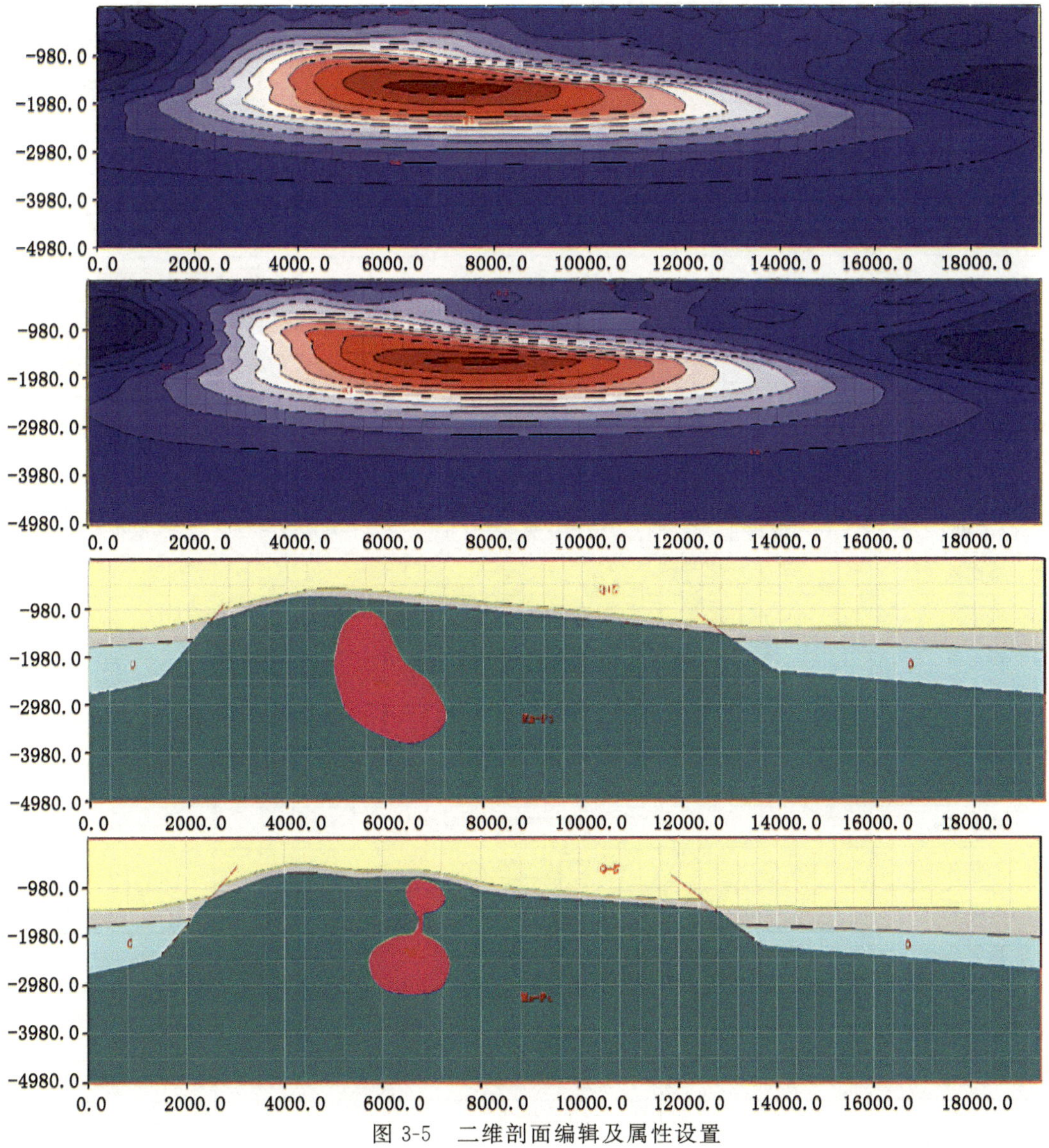

图 3-5　二维剖面编辑及属性设置

表 3-3　地层、断层、矿体的图形特征

名称	代码	线条颜色
未命名	UN	
地表	TOP	
第四系	Q	
新近系	N	
Q+N	Q+N	
古近系	E	
基岩	BASE	
白垩系	K	
侏罗系	J	
三叠系	T	
石炭系	C	
奥陶系	O	
二叠系	P	
寒武系	∈	
岩浆岩	MAG	
断层	F	
断层	F1	
断层	F2	
M2	M2	

表 3-4　地层、断层、矿体的属性特征

名称	代码	填充颜色	密度	磁化强度
第四系	Q		1.5	25
Q+N	Q+N		1.5	25
新近系	N		1.75	50
古近系	E		2	75
基岩	BASE		2.5	100
白垩系	K		2.5	100
侏罗系	J		2.5	100
三叠系	T		2.75	125
二叠系	P		2.75	200
奥陶系	O		3	300
石灰系	C		2.5	100
寒武系	∈		3	300
Mz-Pt	Mz-Pt		3.5	50
岩浆岩	MAG		3.75	50

表 3-4(续)

名称	代码	填充颜色	密度	磁化强度
矿体	FE		0	0
FZ	FZ		2	10
M2	M2		4	10
M3	M3		5	10
M4	M4		6	10
M5	M5		6	10
M6	M6		6	10

在地球物理二维探测剖面基础上进行解释，划分出地层界线、断层及矿体边界，编辑二维剖面成果，并利用人机交互方式进行地层、矿体属性赋值(图 3-5)。

3.2.2.2　剖面连接建模

在设置好剖面地层界线、断层及矿体边界以后，利用同种属性自动连接的功能，可以生成三维模型(图 3-6)。

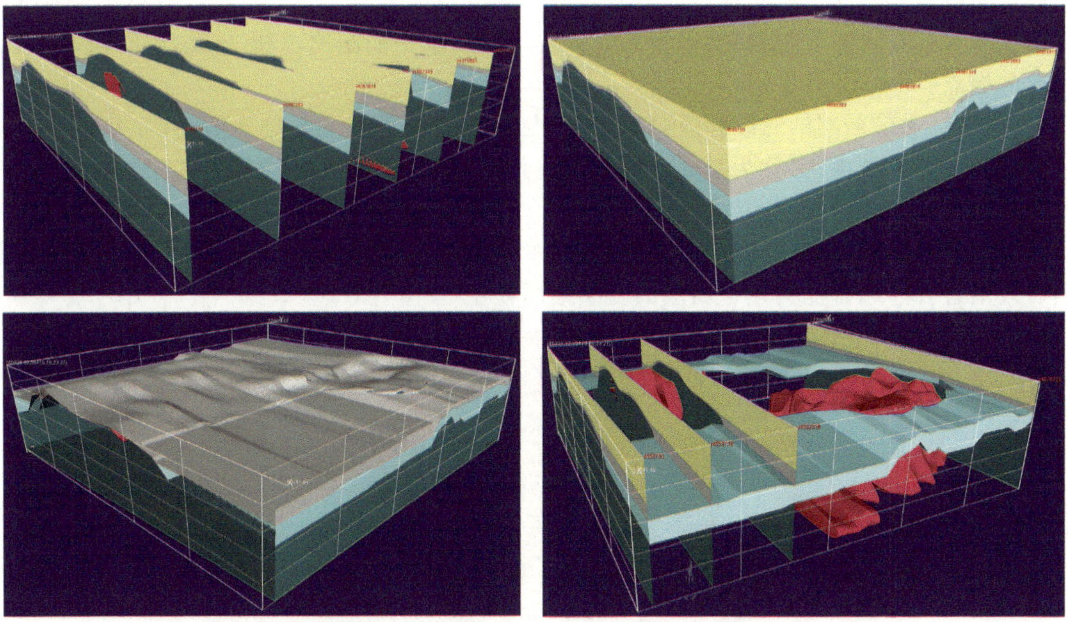

图 3-6　二维剖面自动连接建立三维模型

3.2.3　平面建模

在地质勘探后期，勘查区已经有了丰富的资料，包括构造控制程度图、矿体(层)底板等高线图、矿体(层)厚度等值线图等。利用地面模型、矿体、岩体分界面、矿体空间形态、矿体(层)底板等高线、矿体(层)厚度等值线等图可以自动生成矿体(层)三维模型(图 3-7)。

三维模型建立的过程，首先利用矿体(层)底板等高线进行三角网格化。需要注意的是，

图 3-7　利用矿体(层)底板等高线、矿体(层)厚度建立三维模型

在三角网格化过程中,需要对三角网进行约束调整,保证地性线(等高线、边界线、断层线等)的连续性,不能出现跨地性线三角形。同时,为了避免出现“平台”等现象,需要人为适当增加控制点,保证曲线的光滑和连续性。

3.2.4　断层建模

断层是地质构造中经常出现的地质现象,对地质的研究有重要的作用,带有断层的三维地质建模技术要比简单层状地质体的三维地质建模技术复杂得多。断层建模一直是三维地质建模领域的技术热点,受断层数据采集和技术发展水平的制约,同时也是地质建模领域的难点和痛点。

目前,针对带断层的三维地质建模研究,主流的建模方法主要分为两种:一是基于地层恢复的断层建模技术,又称为整体法断层建模技术;二是基于分区插值的断层建模技术,又称为局部法断层建模。

本书采用了基于分区插值的断层建模技术,利用断层数据与钻孔、地层边界、DEM 等数据有效结合,高效、智能构建含断层的复杂地质模型(图 3-8)。

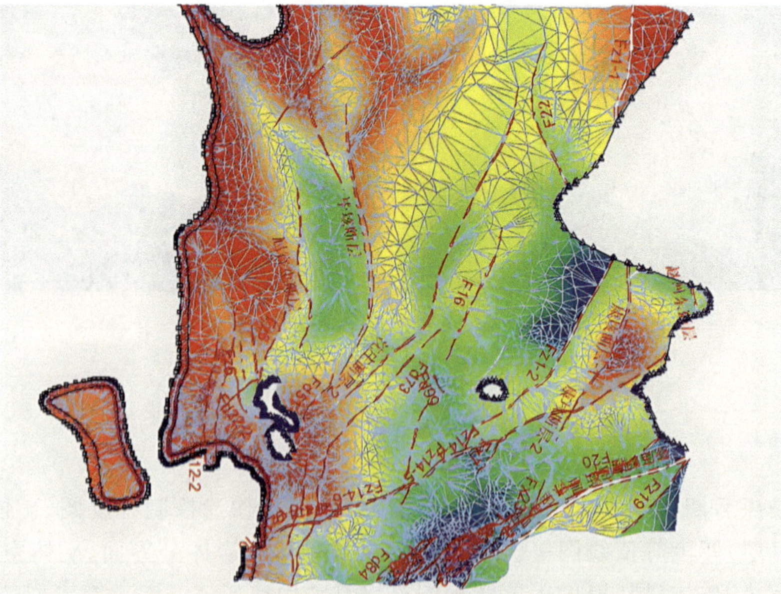

图 3-8　含断层的复杂地质模型平面显示

利用断层勘查成果，包括倾向、倾角、落差等信息，首先建立断层面模型；同时，利用断层上下两盘的空间信息，结合钻孔、地(矿)层底板等高线数据，结合厚度即可建立包含断层信息的复杂模型(图 3-9)。

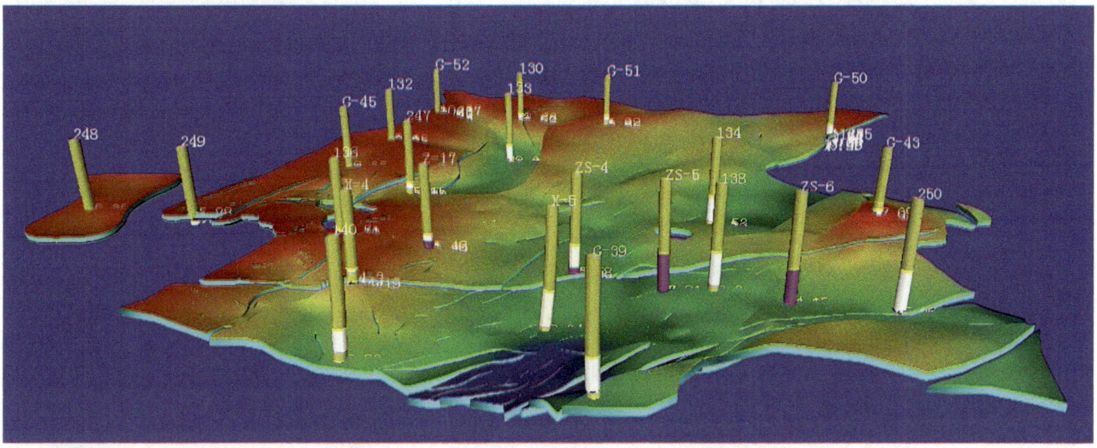

图 3-9　含断层的复杂地质模型的三维显示

3.2.5　属性建模

三维地质建模是在真三维空间中对地质实体的几何形态和地质实体内部属性参数的建模。因此，三维地质建模主要包括建立地质体结构模型和建立地质体内部物理、化学属性参数模型(即三维地质属性模型)。

属性建模首先利用结构模型(顶底面)进行约束，然后利用空间点位置信息进行空间搜索，判断在哪个结构面围成的结构体内，通过结构体名称或者代码查询相关属性。按照任意网格间距导出属性模型(图 3-10)。

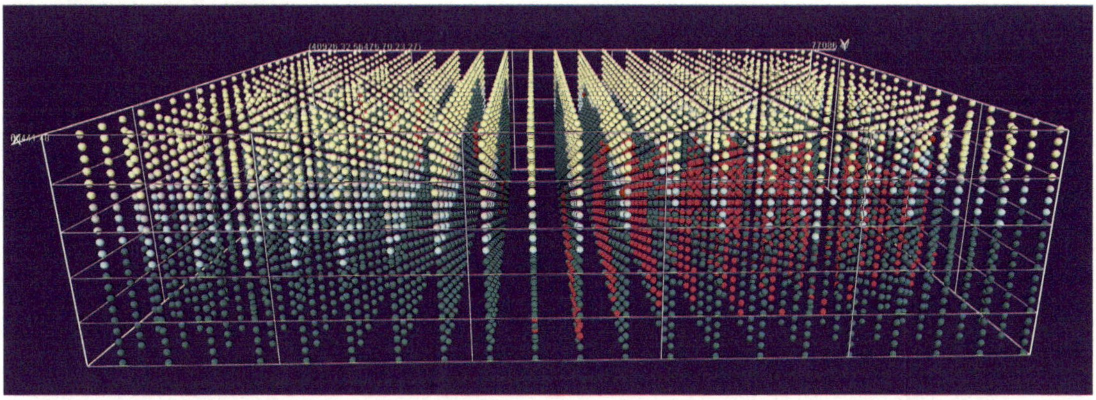

图 3-10　按照任意网格间距导出属性模型

利用属性模型可以进行三维定量成矿预测(图 3-11)，同时，导出的属性模型可以作为正演模型输入，经过正演计算，与实测剖面进行对比分析。

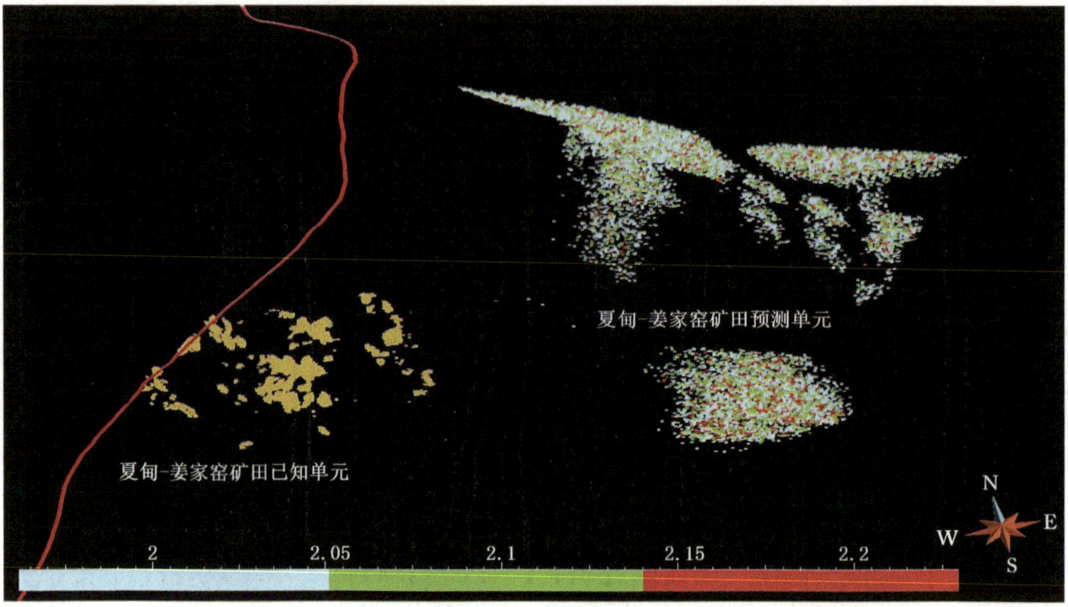

图 3-11　基于属性模型的某金矿田金品位已知单元与预测单元模型效果图

3.3　三维地质模型建设

3.3.1　数据库的构建

3.3.1.1　资料收集

运用 Surpac 矿业软件建立栖霞-蓬莱金矿带黑岚沟-大柳行金矿田地质数据库以及满足后续的三维地质建模的要求，首先需要对该地区进行系统的资料搜集和整理。本次研究工作充分收集、整理研究区内已完成的区域地质、地球物理、地质科研和金属矿产勘查资料，重点收集各矿山近年来的各类地质勘查成果(表 3-5)。

表 3-5　勘查项目资料收集清单

资料名称	数量	格式	比例尺
山东省蓬莱市矿区勘查报告	37 份	PDF 格式	
储量核实报告	12 份	PDF 格式	
区域地质图	2 幅	JPG 格式	1:5万/1:1万
矿区地形地质图	48 幅	JPG 格式	1:5万/1:1万/1:5千/1:2千
垂直纵投影图	132 幅	JPG 格式	1:1千/1:5百
中段地质图	167 幅	JPG 格式	1:1千/1:5百
勘探线地质剖面图	476 幅	JPG 格式	1:2千/1:1千/1:5百
钻孔柱状图	644 幅	TIF/JPG 格式	1:5百/1:2百
广域电磁测深剖面	8 条	.xls/.JPG	1:1万

3.3.1.2　数据库的构建

建立黑岚沟、庵口两处精细矿床以及黑岚沟-大柳行金矿田三维地质模型的首要条件是对地质数据库的成功构建。地质数据库是矿床、矿田建模系统中管理和检索地质数据信息的数据库，地质数据信息是从各种地质勘探工程中获取的，在矿床、矿田三维建模过程中，主要从钻孔、坑道、探槽编录中获取。其中，地质钻孔数据又是三维地质建模过程中获取地质数据的最常用的手段。用以建立地质数据库的地质钻孔数据必须包括诸多信息，例如开孔坐标、测斜数据、终孔深度、样品化验数据、样品长度、岩性描述等信息，要构建相应的地质数据库，首先要对这些地质钻孔数据进行整理和分析，编录为四类数据信息，如孔口信息、测斜数据、岩性数据、化验数据，然后将这些数据信息转换为相应的格式，最后在此基础上进行数据录入和整理并进行错误检查和修改，最终在三维空间内显示钻孔，为研究区的三维成矿预测研究奠定基础。

3.3.1.2.1　地质数据库的组织形式

地质数据库中的数据信息具体可以分为以下四类：① 钻孔的孔口信息，主要包括孔口坐标 X、Y、Z，孔的深度、勘探线号等。② 钻孔测斜数据，主要包括测斜点的位置、方位和倾角。③ 岩性数据，主要包括钻井所揭露岩性、岩层起点和终点等。④ 化验数据，主要包括样品编号、样品长度、取样位置等。

Surpac 地质数据库由“表”和“字段”组成。每个数据库由若干个表组成，每个表包含若干个字段。开孔坐标表(Collar)、测斜表(Survey)、转换表(Translation)、风格表(Style)是地质数据库中强制要求的四个表，称为强制表。而岩性表(Geology)、化验表(Sample)是两个非强制表。强制表是 Surpac 软件建立数据库所必需的数据表，在 Surpac 软件中自动被创建，而非强制表则根据用户的需要通过 Surpac 自行创建，两类表中包含许多强制字段，同时软件提供了可选字段功能供用户创建需要的字段。开孔坐标表、测斜表、岩性表、化验表中的字段与地质钻孔数据库中的地质钻孔数据信息是对应的，其中开孔坐标表和测斜表共同确定了钻孔在三维空间的位置和深度，岩性表和化验表则确定了所揭露的岩性及其品位。转换表储存需转换的数据信息，根据需要进行修改和转换。风格表用以保存钻孔显示风格，后期根据不同需求进行不同的编辑。

在 Surpac 中可以定义不同类型的数据库文件，可用 Microsoft Access、Paradox、SQL Server、Oracle 等软件的任意一种来存储和管理地质数据。数据库定义文件(.ddb 文件)是操控后台数据库的工具。

地质数据库中 Surpac 的建立、访问以及管理地质数据库的基本流程如图 3-12 所示。

3.3.1.2.2　地质数据库的结构

如上文所述，Surpac 可以定义不同类型的数据库文件，在本次建模过程中所建立的地质数据库都是通过 Access 来存储、管理和检索地质信息。

结合 Surpac 软件所需地质数据库的结构要求和目前黑岚沟-大柳行矿田的实际情况，对所收集到的地质勘探数据进行分析和总结必要的规范，以地质钻孔数据为数据源，建立了黑岚沟-大柳行矿田、黑岚沟和庵口矿床地质数据库。

数据库包括四张信息表：开孔坐标表(Collar)、测斜表(Survey)、岩性表(Geology)、化验表(Sample)。上述 4 个表为地质数据库的原始资料，加上 Surpac 软件的另外 2 个 Translation 和 Style，组成地质数据库结构，如图 3-13 所示。

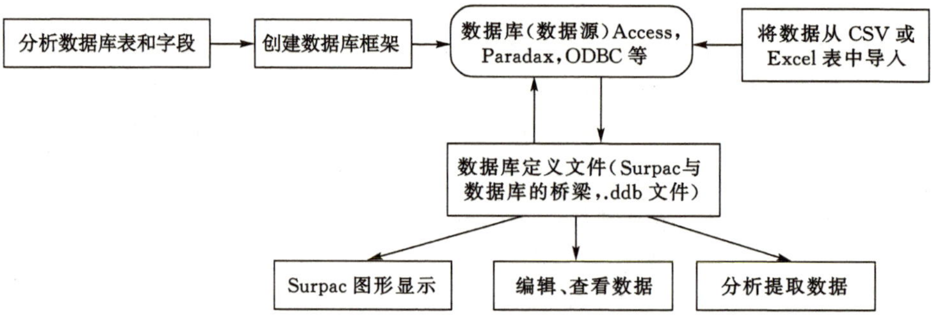

图 3-12　Surpac 建立、访问、管理数据库的基本流程

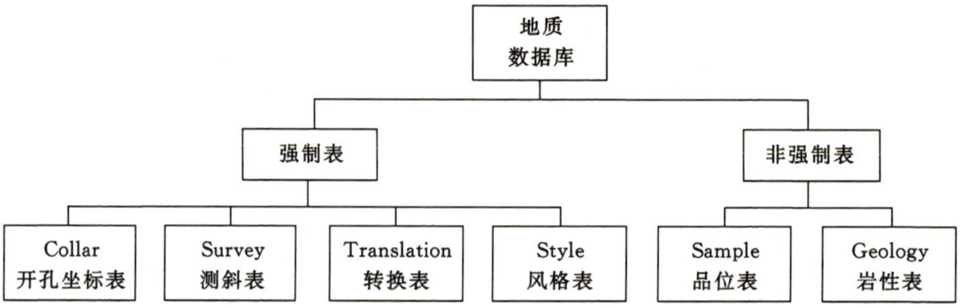

图 3-13　地质数据库结构图

Collar 表用于存储和检索钻孔定位信息，数据表的结构如表 3-6 所示，包括钻孔号、钻孔的位置、最大深度及勘探线号等字段。其中需要注意的是，在 Surpac 软件中，y 表示北坐标，x 表示东坐标。

表 3-6　Collar 表结构

字段名	字段意义
Hole-id	钻孔号
x	东坐标
y	北坐标
z	高程
max-depth	终孔深度
hole-path	孔迹线类型
Sec(手动添加)	勘探线号

Geology 表用于存储和检索钻孔岩芯的岩性和位置信息，数据表的结构如表 3-7 所示，包括钻孔号、深度、岩性等字段。需要注意的是，岩性开始深度和岩性终止深度不能超过最大孔深，且不能重叠，否则 Surpac 软件在导入数据时会报错。

表 3-7　Geology 表结构

字段名	字段意义
hole-id	钻孔号
Sample-id	样号
深度自	Depth-from
深度至	Depth-to
Lithology(手动添加)	岩性

Sample 表用于存储和检索钻孔岩芯中样品的分析结果，数据表的结构如表 3-8 所示，包括钻孔号、深度、样品号、品位等字段。

表 3-8　Sample 表结构

字段名	字段意义
hole-id	钻孔号
sample-id	样品编号
depth-from	深度自
depth-to	深度至
au(手动添加)	金的品位

Survey 表用于存储和检索钻孔测斜数据，在 Surpac 软件中用于控制钻孔孔迹线的形态和延伸方向，数据表的结构如表 3-9 所示，包括钻孔号、观测点倾斜方位、倾斜角、测点深度等字段。需要注意的是，测斜数据中钻孔的倾角，仰角为正(上向孔)，俯角为负(下向孔)。

表 3-9　Survey 表结构

字段名	字段意义
hole-id	钻孔号
azimuth	方位角
dip	倾斜角
depth	测点深度

Styles 表是一个强制表，无须用户编辑，通过操作 Surpac 软件可以自动生成，用于存储钻孔显示风格等信息，数据表的结构如表 3-10 所示。

表 3-10　Styles 表结构

字段名	字段意义
code	字段内容
field-name	字段名称
from-value	从数值开始
fraphics-colour	图形颜色

表 3-10(续)

字段名	字段意义
graphics-pattern	图形形式
line-colour	线色
line-style	线型
line-weight	线宽
marker-size	标注字号
marker-style	标注型式
plotting-colour	点色
plotting-pattern	点型
style-type	类型
table-name	表名称
to-value	到数值结束

Translation 表是 Surpac 软件自动创建的数据表,用于将一些非数字的字符转换成所需要数字的值,保证非数字的字符能导入到数据库中。该数据表的结构如表 3-11 所示。

表 3-11　Translation 表结构

字段名	字段意义
table-name	表名
field-name	字段名
code	字段内容
num-equiv	转换后的字段内容
desceiption	描述

3.3.1.2.3　地质数据录入与图形资料处理

(1) 钻孔数据

依据 Surpac 地质数据的结构,在 Surpac 软件中,建立一个地质数据库框架。初始建立的地质数据库内不存在地质数据信息,还需要向数据库中导入数据,Surpac 软件提供了“直接输入”和“导入数据”两种方式。由于数据量大,地质数据库内的地质数据信息都是通过导入数据的方式添加钻孔数据。

为了满足地质数据库的格式要求和研究需求,在建立黑岚沟-大柳行矿田、黑岚沟和庵口矿床数据库时,需要对收集到的钻孔数据进行一些处理:① 由于人为原因造成的非正常数据要进行必要的修改;② 对于一些无品位信息的钻孔数据要进行删除或利用其他地质数据资料进行填补;③ 将勘探工程中的钻孔测斜数据进行统一划分,向上倾斜,倾角值为正,向下倾斜,倾角值为负;④ 在 Surpac 三维矿业软件中,y 轴代表正北方向,x 轴代表正东方向,所以在导入钻孔位置信息数据时,应细致检查黑岚沟-大柳行矿田钻孔位置数据的 x 坐标和 y 坐标,以防导入错误的坐标信息;⑤ 在 Excel 表中编辑数据时,表中的行和列应与地质数据表中的行和列一一对应,并将表中的数据保存为.CSV 格式,作为导入数据源。在将数据进行处理后再导入到 Surpac 地质数据库中。

钻孔数据导入经由以下过程(以庵口数据为例):

① 在“数据库”选项下通过“导入数据”来导入本次建模的数据库信息,如图 3-14 所示。

图 3-14　运行“导入数据”

② 选择数据库格式文件名,如图 3-15 所示。格式文件名通常与地质数据库同名,其记录数据导入的方式。源文件中的名称和列号与地质数据库中的字段是通过格式文件定义的。

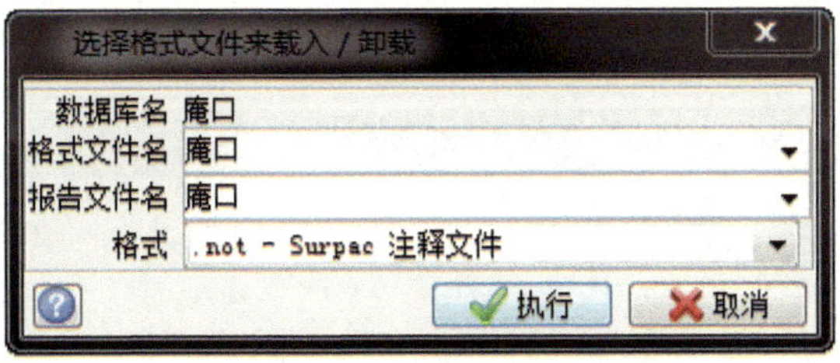

图 3-15　选择数据库格式文件名

③ 点击执行后,将弹出如图 3-16 所示对话框,选择需要导入的数据库表,黑岚沟-大柳行地质数据库只需导入 Collar、Survey、化验表和岩性表 4 个表。

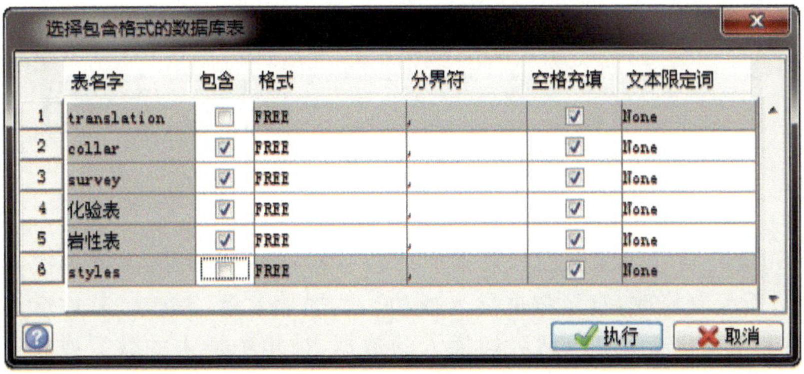

图 3-16　选择需要导入的数据库表

④ 选择包含的字段，如图 3-17 所示。在数据的导入过程中，需注意的是，导入文件的每张表格的字段所在列与相应数据库的字段所在列是严格对应的（如岩性数据中的样号所在的列应与岩性表中 sample_id 所在的列一致），否则数据是导入错误或失败的。

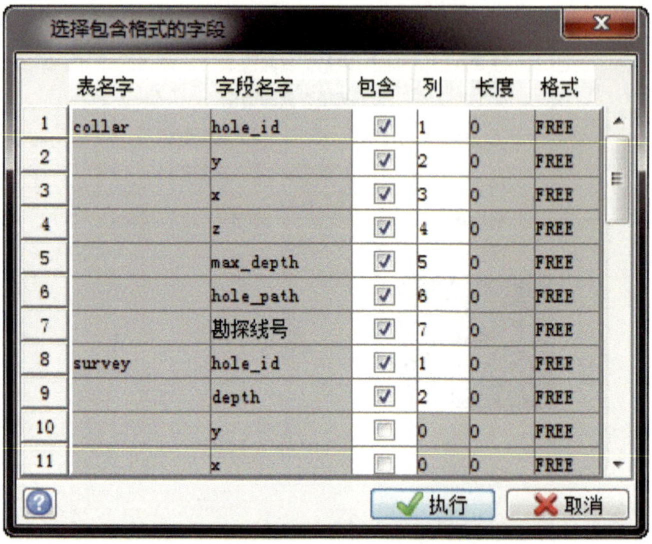

图 3-17　选择包含的字段

⑤ 从源文件中载入数据库表，如图 3-18 所示。

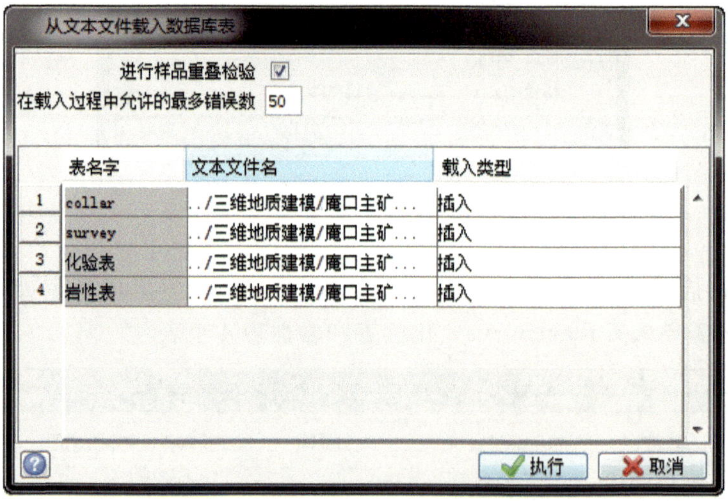

图 3-18　从源文件中载入数据库表

⑥ 由于 Surpac 软件对源文件和数据库结构有严格要求，可能需要多次导入数据才能成功，因此要进行反复修改，直至数据导入成功。数据导入后，Surpac 软件会出现关于导入数据库信息的报告，报告内容包括已经插入的数据、被拒绝插入的数据或者没有插入的数据，这些数据会被列出，出现错误的位置和性质也将被列出，用户可根据提示对源文件和数据库结构进行修改，重新导入数据，如图 3-19 所示。

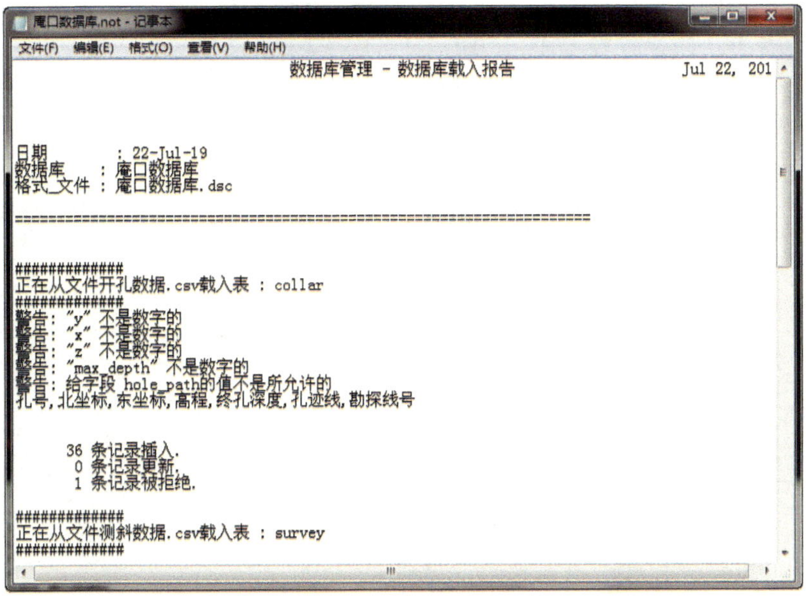

图 3-19　数据导入检查报告

⑦ 钻孔数据全部导入数据库后，对导入的数据进行审核和检查是必不可少的工作，主要检查的潜在错误有：是否所有的钻孔都有测斜数据，是否有重复样，是否存在测斜深度大于最大孔深，是否存在采样的起始深度大于终止深度等。将不符合要求的数据进行修改，重新导入数据库，如图 3-20 所示。因此，要对数据表格进行检查和修改，在导入数据后出现的错误将会在 3.3.1.3 节中进行介绍并给出解决方案。

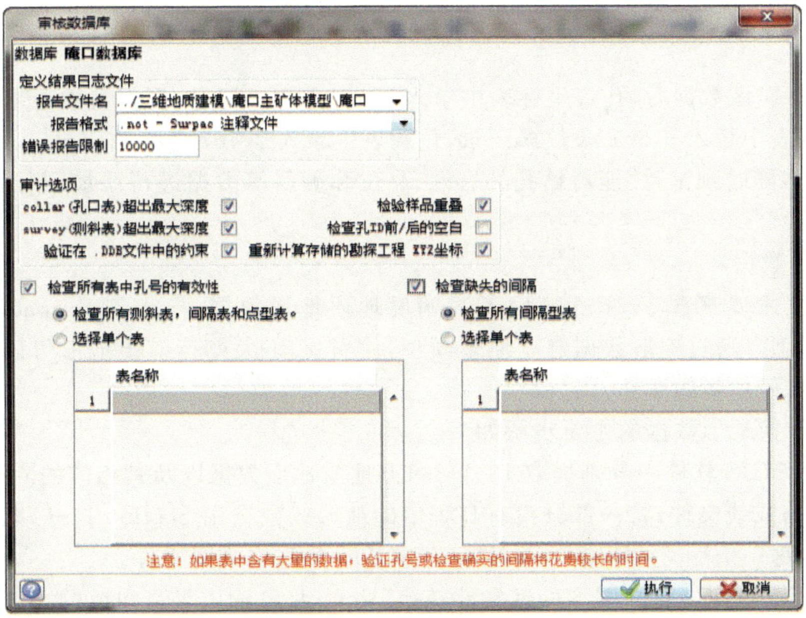

图 3-20　审核数据库

根据上述流程以庵口矿区钻孔数据为例将钻孔数据导入到 Surpac 软件中后，通过数据库→编辑→查看表功能查看数据库，如图 3-21～图 3-24 所示。

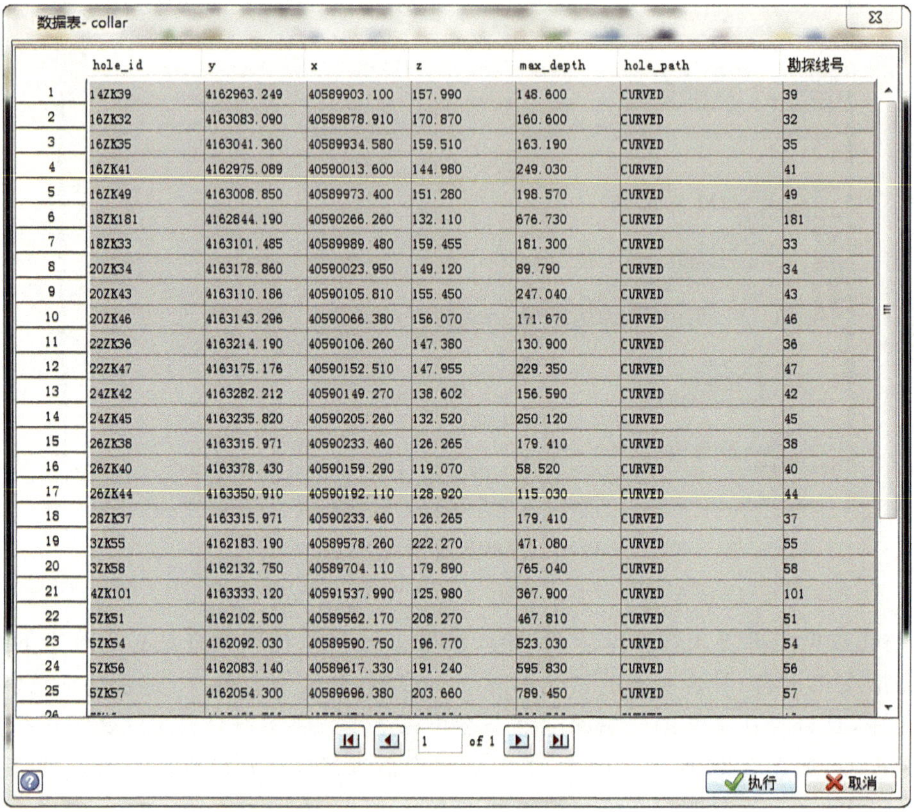

	hole_id	y	x	z	max_depth	hole_path	勘探线号
1	14ZK39	4162963.249	40589903.100	157.990	148.600	CURVED	39
2	16ZK32	4163083.090	40589878.910	170.870	160.600	CURVED	32
3	16ZK35	4163041.360	40589934.580	159.510	163.190	CURVED	35
4	16ZK41	4162975.089	40590013.600	144.980	249.030	CURVED	41
5	16ZK49	4163008.850	40589973.400	151.280	198.570	CURVED	49
6	18ZK181	4162844.190	40590266.260	132.110	676.730	CURVED	181
7	18ZK33	4163101.485	40589989.480	159.455	181.300	CURVED	33
8	20ZK34	4163178.860	40590023.950	149.120	89.790	CURVED	34
9	20ZK43	4163110.186	40590105.810	155.450	247.040	CURVED	43
10	20ZK46	4163143.296	40590066.380	156.070	171.670	CURVED	46
11	22ZK36	4163214.190	40590106.260	147.380	130.900	CURVED	36
12	22ZK47	4163175.176	40590152.510	147.955	229.350	CURVED	47
13	24ZK42	4163282.212	40590149.270	138.602	156.590	CURVED	42
14	24ZK45	4163235.820	40590205.260	132.520	250.120	CURVED	45
15	26ZK38	4163315.971	40590233.460	126.265	179.410	CURVED	38
16	26ZK40	4163378.430	40590159.290	119.070	58.520	CURVED	40
17	26ZK44	4163350.910	40590192.110	128.920	115.030	CURVED	44
18	28ZK37	4163315.971	40590233.460	126.265	179.410	CURVED	37
19	3ZK55	4162183.190	40589578.260	222.270	471.080	CURVED	55
20	3ZK58	4162132.750	40589704.110	179.890	765.040	CURVED	58
21	4ZK101	4163333.120	40591537.990	125.980	367.900	CURVED	101
22	5ZK51	4162102.500	40589562.170	208.270	467.810	CURVED	51
23	5ZK54	4162092.030	40589590.750	196.770	523.030	CURVED	54
24	5ZK56	4162083.140	40589617.330	191.240	595.830	CURVED	56
25	5ZK57	4162054.300	40589696.380	203.660	789.450	CURVED	57
26	[illegible]	[illegible]	[illegible]	[illegible]	[illegible]	[illegible]	[illegible]

图 3-21　庵口矿区孔口坐标表部分数据

导入庵口矿区数据后，孔口坐标表中录入了 36 条数据记录，测斜表中录入了 229 条数据记录，岩性表中录入了 561 条数据记录，化验表中录入了 457 条数据记录。录入的数据在 Surpac 软件中随时预览，并能对钻孔的岩性、品位和测斜等数据进行添加、删除与查询等操作。

(2) 地形数据

地形数据主要来源于 16 个 1∶1万高精度地质地形数据，导入到 Surpac 软件后建立 DEM 地表模型。通过地形数据建立地表模型，使黑岚沟-大柳行矿田地形可以更加立体和直观地呈现在使用者的面前。

处理和转换地形数据的主要步骤如下：

① 在 MapGIS 软件中分别提取 16 个 1∶1万地质地形数据以及其相应的高程值，并保存成新的.WL 格式线文件；将一部分没有高程值的地形线数据用 Section 打开，赋予每一条等高线高程值，每一条等高线不能断开，并保存成新的.WL 格式线文件。

② 利用 MapGIS 软件“图形处理文件转换”功能，将已输入等高线值的.WL 格式线文件转换成.DXF 线文件格式。

③ 将第②步操作过程中生成的线文件导入 Surpac 软件，然后转换成 Surpac 软件默认

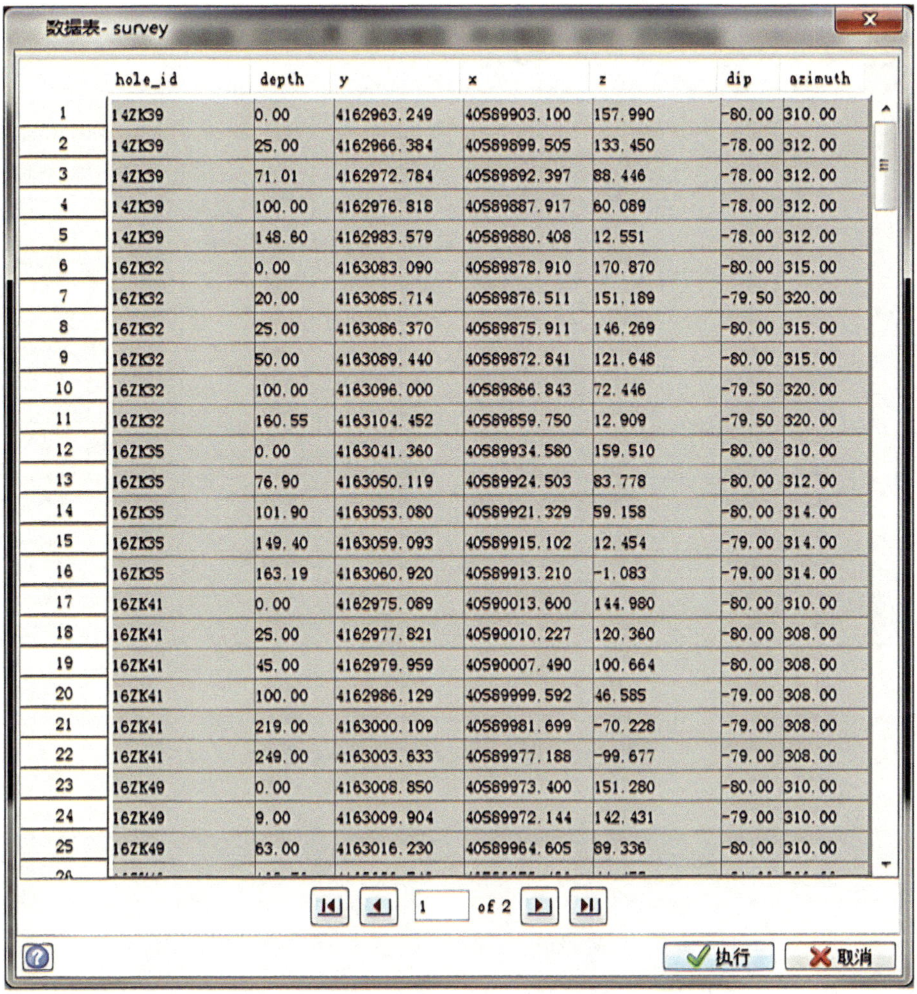

	hole_id	depth	y	x	z	dip	azimuth
1	14ZK39	0.00	4162963.249	40589903.100	157.990	-80.00	310.00
2	14ZK39	25.00	4162966.384	40589899.505	133.450	-78.00	312.00
3	14ZK39	71.01	4162972.784	40589892.397	88.446	-78.00	312.00
4	14ZK39	100.00	4162976.818	40589887.917	60.089	-78.00	312.00
5	14ZK39	148.60	4162983.579	40589880.408	12.551	-78.00	312.00
6	16ZK32	0.00	4163083.090	40589878.910	170.870	-80.00	315.00
7	16ZK32	20.00	4163085.714	40589876.511	151.189	-79.50	320.00
8	16ZK32	25.00	4163086.370	40589875.911	146.269	-80.00	315.00
9	16ZK32	50.00	4163089.440	40589872.841	121.648	-80.00	315.00
10	16ZK32	100.00	4163096.000	40589866.843	72.446	-79.50	320.00
11	16ZK32	160.55	4163104.452	40589859.750	12.909	-79.50	320.00
12	16ZK35	0.00	4163041.360	40589934.580	159.510	-80.00	310.00
13	16ZK35	76.90	4163050.119	40589924.503	83.778	-80.00	312.00
14	16ZK35	101.90	4163053.080	40589921.329	59.158	-80.00	314.00
15	16ZK35	149.40	4163059.093	40589915.102	12.454	-79.00	314.00
16	16ZK35	163.19	4163060.920	40589913.210	-1.083	-79.00	314.00
17	16ZK41	0.00	4162975.069	40590013.600	144.980	-80.00	310.00
18	16ZK41	25.00	4162977.821	40590010.227	120.360	-80.00	308.00
19	16ZK41	45.00	4162979.959	40590007.490	100.664	-80.00	308.00
20	16ZK41	100.00	4162986.129	40589999.592	46.585	-79.00	308.00
21	16ZK41	219.00	4163000.109	40589981.699	-70.228	-79.00	308.00
22	16ZK41	249.00	4163003.633	40589977.188	-99.677	-79.00	308.00
23	16ZK49	0.00	4163008.850	40589973.400	151.280	-80.00	310.00
24	16ZK49	9.00	4163009.904	40589972.144	142.431	-79.00	310.00
25	16ZK49	63.00	4163016.230	40589964.605	89.336	-80.00	310.00

图 3-22　庵口矿区测斜表部分数据

的.STR 格式文件。

④ 将上一步得到的等高线线串文件载入到 Surpac 软件中后，可能出现线串文件的坐标和原文件不一致，因此需要进行平面转换。其步骤为：(a) 选取两个特征点，注意两点间距尽量大；(b) 分别读取原 MapGIS 软件和转换后 Surpac 软件中这两点的坐标并进行记录；(c) 利用 Surpac 软件“线文件工具”里的“转换”功能，分别对应输入新旧坐标点，点击“执行”，将等高线线串文件校正到实际坐标中；

⑤ 把经过平面转化的等高线线串文件使用“编辑”功能中的图层清理进行错误检查，通过选择可以指示软件直接对指定线串中存在的点和线问题进行修改，等高线串导入 Surpac 软件如图 3-25 所示。

(3) 平面地质图

利用本次收集的平面地质图数据，不仅建立了黑岚沟-大柳行区域范围内的岩体模型，而且还以矿区平面地质图数据为依据，以趋势外推法为主要建模方法，建立部分矿区的三维

数据表-岩性表

	hole_id	samp_id	depth_from	y_from	x_from	z_from	depth_to	y_to	x_to	z_to	岩性
1	14ZK39		0.00	4162963.249	40589903.100	157.990	6.50	4162963.998	40589902.217	151.594	花岗闪长岩
2	14ZK39		6.50	4162963.998	40589902.217	151.594	121.80	4162979.850	40589884.549	38.766	花岗闪长岩
3	14ZK39		121.80	4162979.850	40589884.549	38.766	124.60	4162980.240	40589884.116	36.027	绢英岩
4	14ZK39		124.60	4162980.240	40589884.116	36.027	125.30	4162980.337	40589884.008	35.342	石英闪长玢岩
5	14ZK39		125.30	4162980.337	40589884.008	35.342	126.90	4162980.560	40589883.761	33.777	花岗闪长岩
6	14ZK39		126.90	4162980.560	40589883.761	33.777	141.70	4162982.619	40589881.474	19.301	石英闪长玢岩
7	14ZK39		141.70	4162982.619	40589881.474	19.301	148.00	4162983.495	40589880.501	13.138	花岗闪长岩
8	16ZK32		0.00	4163083.090	40589878.910	170.870	11.63	4163084.575	40589877.501	159.422	花岗闪长岩
9	16ZK32		11.63	4163084.575	40589877.501	159.422	17.83	4163085.413	40589876.766	153.323	石英闪长玢岩
10	16ZK32		17.83	4163085.413	40589876.766	153.323	20.31	4163085.757	40589876.474	150.884	花岗闪长岩
11	16ZK32		20.31	4163085.757	40589876.474	150.884	22.25	4163086.020	40589876.244	148.976	煌斑岩
12	16ZK32		22.25	4163086.020	40589876.244	148.976	31.50	4163087.168	40589875.113	139.867	花岗闪长岩
13	16ZK32		31.50	4163087.168	40589875.113	139.867	32.10	4163087.242	40589875.039	139.276	石英闪长玢岩
14	16ZK32		32.10	4163087.242	40589875.039	139.276	34.70	4163087.561	40589874.720	136.716	花岗闪长岩
15	16ZK32		34.70	4163087.561	40589874.720	136.716	38.41	4163088.017	40589874.264	133.062	煌斑岩
16	16ZK32		38.41	4163088.017	40589874.264	133.062	39.97	4163088.208	40589874.073	131.526	花岗闪长岩
17	16ZK32		39.97	4163088.208	40589874.073	131.526	40.69	4163088.296	40589873.984	130.817	绢英岩
18	16ZK32		40.69	4163088.296	40589873.984	130.817	42.35	4163088.500	40589873.780	129.182	绢英岩
19	16ZK32		42.35	4163088.500	40589873.780	129.182	47.05	4163089.077	40589873.203	124.554	绢英岩
20	16ZK32		47.05	4163089.077	40589873.203	124.554	48.60	4163089.268	40589873.013	123.027	煌斑岩
21	16ZK32		48.60	4163089.268	40589873.013	123.027	54.05	4163089.940	40589872.345	117.660	花岗闪长岩
22	16ZK32		54.05	4163089.940	40589872.345	117.660	54.85	4163090.039	40589872.247	116.872	煌斑岩
23	16ZK32		54.85	4163090.039	40589872.247	116.872	63.95	4163091.185	40589871.139	107.913	花岗闪长岩
24	16ZK32		63.95	4163091.185	40589871.139	107.913	64.20	4163091.217	40589871.109	107.667	伟晶岩
25	16ZK32		64.20	4163091.217	40589871.109	107.667	64.95	4163091.313	40589871.018	106.929	煌斑岩

1 of 3

执行 取消

图 3-23　庵口矿区岩性表部分数据

数据表-化验表

	hole_id	samp_id	depth_from	y_from	x_from	z_from	depth_to	y_to	x_to	z_to	au	样柱
1	14ZK39	H1	121.80	4162979.850	40589884.549	38.766	122.90	4162980.003	40589884.379	37.690	0.72	白
2	14ZK39	H2	122.90	4162980.003	40589884.379	37.690	123.60	4162980.101	40589884.271	37.005	0.13	黑
3	14ZK39	H3	123.60	4162980.101	40589884.271	37.005	124.60	4162980.240	40589884.116	36.027	1.17	白
4	16ZK32	H1	39.25	4163088.120	40589874.161	132.235	39.97	4163088.208	40589874.073	131.526	0.19	黑
5	16ZK32	H2	39.97	4163088.208	40589874.073	131.526	40.69	4163088.296	40589873.984	130.817	0.19	白
6	16ZK32	H3	40.69	4163088.296	40589873.984	130.817	41.09	4163088.346	40589873.935	130.423	0.00	黑
7	16ZK32	H4	41.09	4163088.346	40589873.935	130.423	41.55	4163088.402	40589873.879	129.970	0.57	白
8	16ZK32	H5	41.55	4163088.402	40589873.879	129.970	42.35	4163088.500	40589873.780	129.182	0.93	黑
9	16ZK32	H6	42.35	4163088.500	40589873.780	129.182	42.80	4163088.556	40589873.725	128.739	0.25	白
10	16ZK32	H7	42.80	4163088.556	40589873.725	128.739	43.90	4163088.691	40589873.590	127.656	0.00	黑
11	16ZK32	H8	43.90	4163088.691	40589873.590	127.656	45.00	4163088.826	40589873.455	126.572	0.00	白
12	16ZK32	H9	45.00	4163088.826	40589873.455	126.572	46.05	4163088.955	40589873.326	125.538	0.38	黑
13	16ZK32	H10	46.05	4163088.955	40589873.326	125.538	47.05	4163089.077	40589873.203	124.554	1.31	白
14	16ZK35	H1	98.70	4163052.695	40589921.730	62.309	99.60	4163052.803	40589921.617	61.423	0.83	黑
15	16ZK35	H2	99.60	4163052.803	40589921.617	61.423	100.25	4163052.881	40589921.535	60.783	0.59	白
16	16ZK35	H3	100.25	4163052.881	40589921.535	60.783	100.85	4163052.953	40589921.460	60.192	0.52	黑
17	16ZK35	H4	119.04	4163055.184	40589919.150	42.288	120.17	4163055.325	40589919.003	41.176	12.23	白
18	16ZK35	H5	121.20	4163055.455	40589918.870	40.163	121.83	4163055.534	40589918.788	39.543	0.62	黑
19	16ZK41	H1	26.90	4162978.024	40590009.967	118.489	27.90	4162978.131	40590009.830	117.504	0.20	黑
20	16ZK41	H2	47.90	4162980.270	40590007.092	97.808	48.55	4162980.340	40590007.003	97.168	0.00	白
21	16ZK41	H3	57.50	4162981.310	40590005.760	88.358	58.00	4162981.365	40590005.690	87.866	0.10	黑
22	16ZK41	H4	228.70	4163001.248	40589980.241	-79.750	229.30	4163001.319	40589980.150	-80.339	0.00	白
23	16ZK41	H5	229.30	4163001.319	40589980.150	-80.339	229.80	4163001.378	40589980.075	-80.830	0.32	黑
24	16ZK41	H6	229.80	4163001.378	40589980.075	-80.830	230.65	4163001.477	40589979.947	-81.664	0.98	白
25	16ZK49	H1	161.60	4163023.665	40589951.231	-8.048	162.60	4163023.703	40589951.093	-9.037	1.23	白

1 of 3

执行 取消

图 3-24　庵口矿区化验表部分数据

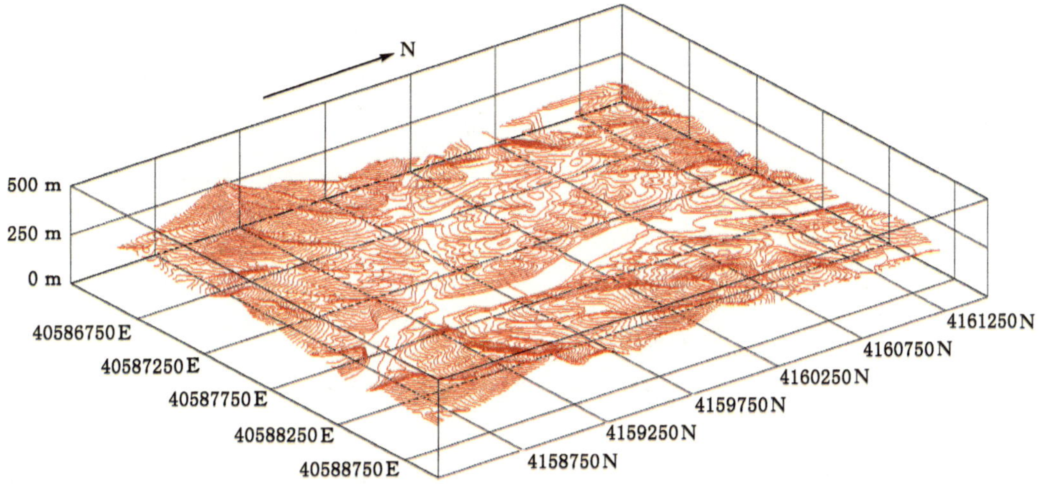

图 3-25　等高线串导入 Surpac 软件

地质模型。此外，平面地质图数据还对地表模型的建立提供可靠的信息依据。

本次收集到的平面地质图都为.jpg 格式，要建立三维模型，需要对平面地质图进行矢量化，采用 MapGIS 软件处理。在对平面地质图进行矢量化前，要通过 MapGIS 软件图像处理→图像分析→文件输入功能将其转换为.msi 格式，然后再通过镶嵌融合→添加控制点功能，选取四个点位置对平面地质图进行校正，最后对校正后的平面地质图根据图中脉岩、矿体、断裂等不同地质体进行矢量化。由于 Surpac 软件不能直接识别在 MapGIS 软件中矢量化的数据，需要以.SHP 格式作为过渡格式将矢量化后的数据装入 Surpac 软件中。本次建模过程中矢量化的平面地质图主要是黑岚沟、庵口等矿区地形地质图，依据三维建模的需要，本次建模过程没有对地形线数据进行矢量化。

(4) 勘探线地质剖面图和解译广域电磁剖面图

在本次建模过程中，黑岚沟、庵口两个矿区的矿体模型主要基于钻孔剖面解译的方式开展的，局部钻孔较稀的部位则通过勘探线地质剖面图进行补充完善，而其他大部分矿区的矿体模型都是通过勘探线地质剖面图完成的。为建立矿田尺度三维地质模型，对广域电磁测深剖面(三维建模约束剖面)的测量数据进行了二次处理，对 GY1-GY8 广域电磁测深剖面进行了地质解译工作，如图 3-26 所示。GY4 线广域电磁测深测量成果地质解译剖面重点刻画了矿化蚀变带、岩体、脉岩及断裂，还切制了 20 条加密地质剖面(三维建模加密地质剖面)，根据此 28 条剖面作为数据源建立矿田尺度三维地质模型，因此地质剖面图在三维地质建模中起着至关重要的作用。

在收集和整理勘探线地质剖面图资料以及解译广域电磁剖面图过程中，只有解译的广域电磁剖面以及少部分矿区的剖面图为矢量数据，大部分矿区的剖面图为.jpg 格式，因此要完成矿区三维地质模型，需要对矿区的勘探线地质剖面图进行矢量化，采用 MapGIS 软件进行处理。在对勘探线地质剖面图进行矢量化之前，要通过 MapGIS 软件图像处理→图像分析→文件输入功能将其转换为.msi 格式，然后根据勘探线地质剖面图中脉岩、矿体、断裂等不同地质体进行矢量化。

Surpac 软件不能直接识别在 MapGIS 软件中矢量化后的图形资料，因此在建模资料处

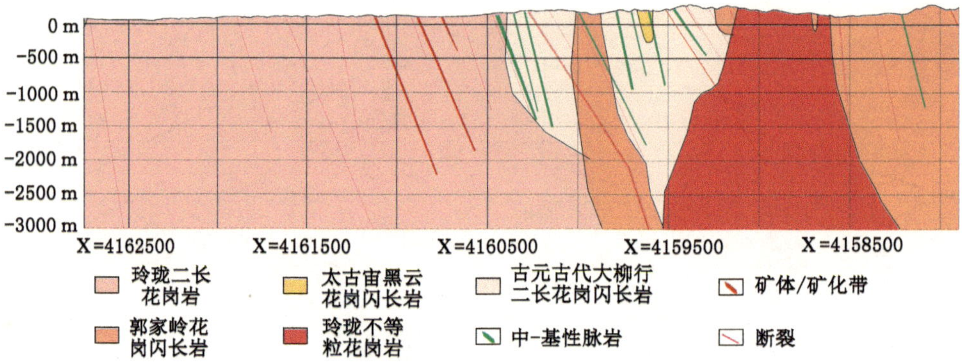

图 3-26　GY4 线广域电磁测深测量成果地质解译剖面

理时，采用.SHP 格式作为过渡格式进行图形格式转换和线文件提取。下面以庵口矿区劈口坡矿段 3 号勘探线剖面图为例，说明勘探线剖面图的 MapGIS 处理及其转换为.SHP 格式的过程，勘探线剖面图与解译的广域电磁剖面图处理与转换格式的过程一致。

打开 MapGIS 软件，选择"图形处理"模块里的"文件转换"，打开窗口，如图 3-27 所示。装入 3 号勘探线剖面，根据创建不同地质体三维模型的需要可选择以线文件或区文件形式装入文件转换功能中，选择"输出"里的"输出 SHAPE 文件"，打开后如图 3-28 所示。输入转换后的文件名称，单机"保存(S)"完成文件的转换，并把输出的 SHP 格式文件存放在原目录下。

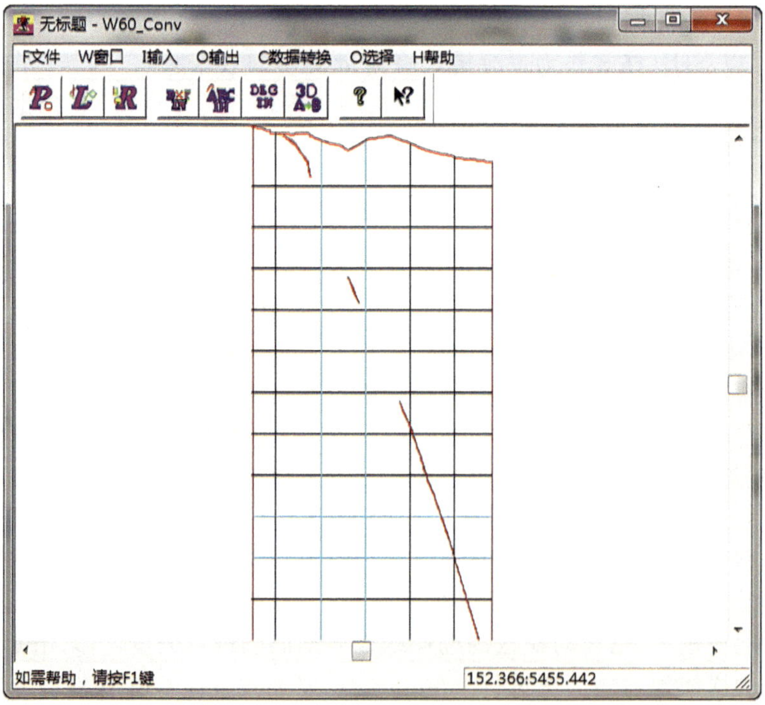

图 3-27　文件转换窗口

图 3-28　文件保存窗口

将矢量化的剖面图转化为.SHP 格式后导入到 Surpac 软件中，由于 Surpac 软件中用图形格式显示的文件是以线串文件格式保存的，可以保存为纯文本格式，这种格式便于图形参数修改，因此需要将.SHP 格式文件转换为 Surpac 软件的.str 文件。

在 Surpac 图形环境下打开“文件”菜单，打开“线/DTM”文件功能，找到庵口矿区劈口坡矿段文件夹，打开名为 3 号线的 .SHP 格式文件，选择所用文件菜单下的“另存为”弹出对话框，如图 3-29 所示。单击“执行”按钮，即可将文件名称为 3 号线的 .SHP 格式文件转换为.str 格式线性文件。采用上述方法完成全部勘探线剖面图和解译的广域电磁剖面图以及平面地质剖面图 .SHP 文件的格式转换。如图 3-30 所示为矢量化后的剖面图导入 Surpac 软件中的显示效果。

本次建模过程中收集和整理得到的勘探线地质剖面图有 476 幅，根据建模需要，通过 MapGIS 软件矢量化典型矿床勘探线地质剖面图 110 幅。

3.3.1.3　错误检查与修改

在地质数据整理和录入过程中，会无法避免地出现一些错误，特别是数据表中有大量的数据时，通过人为查看的方法来检查和修改错误是一件耗时耗力的事情。因此，我们可以在数据导入 Surpac 软件的数据库后，根据系统出现关于导入数据库信息的报告，来对错误进行修改。也可以根据 Surpac 软件中对数据库进行审核的功能，来对数据库进行合理性、一致性检查。当软件检查出错误的位置和内容后，可以轻易定位到相应的位置进行修改。通过 Surpac 软件的审核功能检查出的错误共有 9 种，在此基础上基于本次建立矿田和矿床数据库的信息报告中检查出的错误有 10 种，现分述如下。

(1) Collar(孔口表)超出最大深度

这个错误提示的是孔口表的最大深度值(max depth)小于其他表的某一深度值。例如，

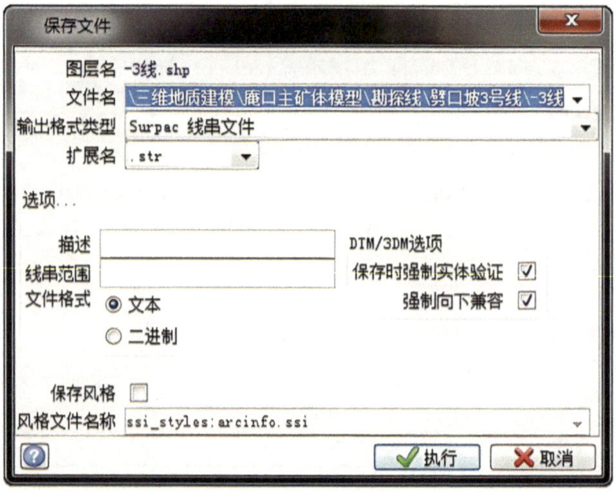

图 3-29　格式转换

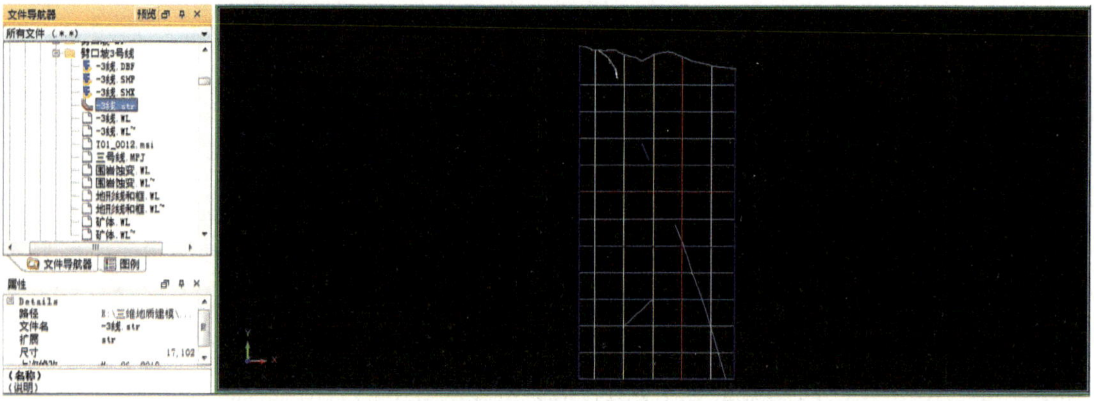

图 3-30　在 Surpac 中的剖面图

collar 的 hole-id 为 14ZK39 的最大深度值(max depth)为 148.6，当岩性表中 hole-id 为 14ZK39 的某一深度值(depth from 或者 depth to)大于 148.6 时，系统将提示错误，如图 3-31 所示。

图 3-31　Collar(孔口表)超出最大深度

(2) 检验样品重叠

样品重叠是样品中的某些字段的数值出现数字顺序上的排列错误，造成样品中另外一些字段数值重叠的错误。比如，岩性表中 hole-idZK6 中的 depth-from 为 63.4，depth-to 为 69.3，造成了样本自 63.9～66.75 重叠了其他的样本的错误，如图 3-32 所示。

图 3-32　检验样品重叠

(3) Survey 超出最大深度

"Survey 超出最大深度"表示最大测斜深度值小于其他表的最大深度值，其代表超出的最大测斜深度的其他深度沿用现有的最大测斜深度的参数值。如图 3-33 所示，数据库中 hole-id ZK25 的钻孔最大深度为 336.35 m，经过 Surpac 软件的数据检查功能测出岩性表和化验表都有部分记录超过 Survey 表中最大测斜深度值 330 m，但是这并不是错误，钻孔仍能正常显示，显示的轨迹线长度是 336.35 m。之所以 Survey 表最大深度是 330 m，是因为钻探工程采集的测斜信息到 300 m 深度或者 330 m 之后深度的测斜信息跟 330 m 一样。

图 3-33　Survey 超出最大深度

(4) 检查孔 ID 前/后的空白

检查孔 ID 前/后的空白是 Surpac 软件提供的一个用于检查数据库中 Collar 表中孔号(hole-id)的开头或结尾是否包含空格。如图 3-34 所示，数据库中原本 hole-id 为 ZK19，却被录入为"　ZK19"或者"　ZK19　"这种前后带空格的字符，会造成 Collar 无法关联岩性表等其他数据表，从而造成 ZK19 没有下钻孔测量错误，其最终结果就是钻孔 ZK19 无法进行三维显示，造成地质数据导入失败。由于 Surpac 软件允许 hole-id 字段输入的字符是空格，使用 Surpac 软件检查孔 ID 前/后的空白的功能能快速查找错误。

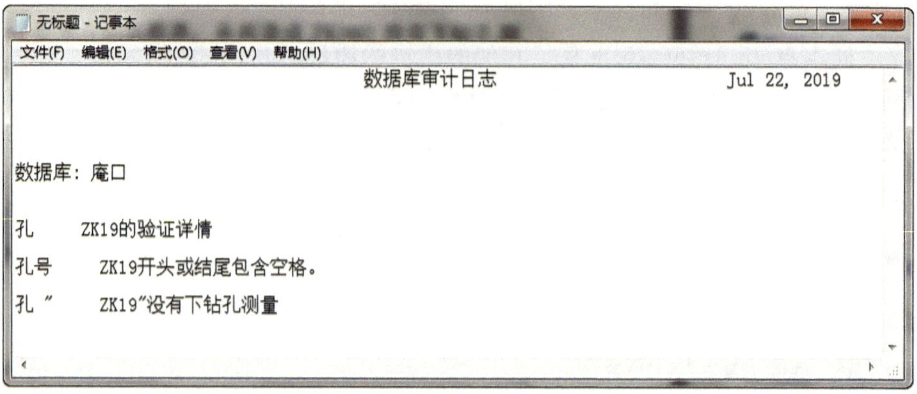

图 3-34　检查孔 ID 前/后的空白

(5) 检查所有表中孔号的有效性

检查所有表中孔号的有效性是检查数据库中所有数据表关联的完整性，hole-id 字段一般被用来关联数据库中的每个数据表。如果一个数据表 hole-id 出现错误，该数据表将关联不到各个不同的数据表。如图 3-35 所示，数据表 Collar 中孔号为 ZK4 的钻孔信息输入时，将 hole-id 输入为“ZK44”等错误形式，导致 Collar 无法关联测斜、化验和岩性表，在三维空间显示为一个点。

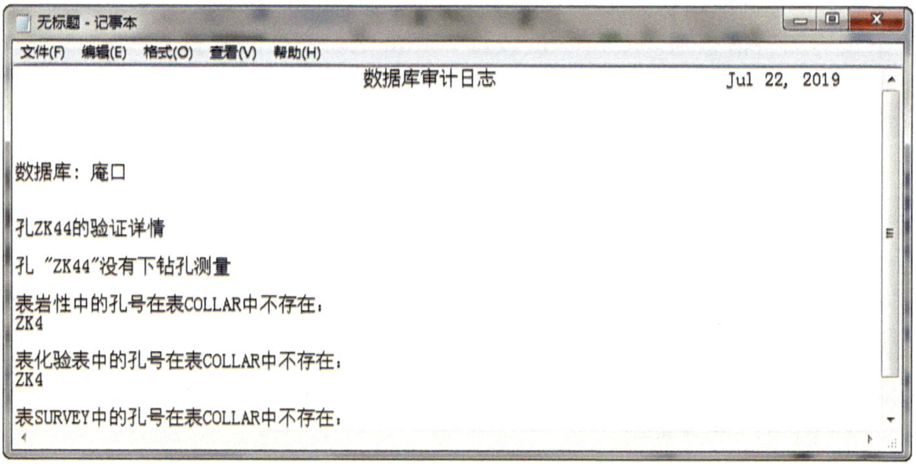

图 3-35　检查所有表中孔号的有效性

(6) 检查缺失的间隔

检查缺失的间隔是查找数据表中起始深度值 0 至最大深度值之间的记录是否完整的情况，并记录下来缺失数据的 dept-from、dept-to 和相应缺失的字段值，如图 3-36 所示。这种检查一般用于辅助检查数据录入数据表中时是否遗漏数据。

(7) 数据录入重复

通过给数据表设置主键来解决数据重复录入的问题。一旦在数据表中设置了某一个或

图 3-36　检查缺失的间隔

者多个字段为主键，数据表将不允许有重复输入，从而可以有效地避免数据的重复录入问题。

(8) 显示异常

显示异常一般有两种情况：一是坐标错误造成的，具有多个数量钻孔的数据库在三维空间中仅显示 1 个或者少量的钻孔；二是在三维空间中所有钻孔孔迹线出现“向上”延伸的形态。对于由坐标错误造成的显示异常，只要将错误钻孔的坐标进行修改就能正常显示。而造成所有钻孔孔迹线出现“向上”延伸的形态的原因是 Survey 表 dip 字段值的输入错误，dip 是某一段长度钻孔进尺方向与水平面的夹角，钻孔向下的 dip 取值在 0～－90 之间。所以在三维空间中，如果钻孔孔迹线显示方向向上，则需要修改 dip 取值的正负号。

(9) 没有下钻孔测量

由于数据库中某个钻孔没有 Survey 表造成没有下钻孔测量这一错误，需要在 Survey 表中给该钻孔添加相应的测斜信息。但是必须注意的是，当在 Collar 表中输入错误的 hold-id(钻孔号)，也会提示该钻孔号没有下钻孔测量，所以一般先检查 Collar 表输入的钻孔信息是否有误，再决定是否给 Survey 表添加测斜信息。如图 3-37 所示，当在 Collar 表中误把 hole-id ZK4 输入成“ZK44”，造成原本在 Survey 表有测斜的信息却出现错误。这是因为 ZK44 在 Surpac 软件中可以识别它，但该钻孔确实在 Survey 表中没有测斜信息。

(10) 字段 X/Y 超出边界值

字段 X/Y 超出边界值这个错误，是因为在 Surpac 软件中创建数据库表格结构时，在 Collar 表强制字段中 X/Y 字段的上下限没有与钻孔数据的 X/Y 坐标值的长度位数相对应，而且由于这个错误会造成部分孔号插值错误，使 Collar 表缺失部分孔号而导致 Survey、岩性表等数据表出现孔 ID 在孔口表不存在的错误，如图 3-38 所示。字段 X/Y 超出边界值的错误以及其引起后续的一系列错误可以通过在设置结构表时将 Collar 表强制字段的 X/Y 字段上下限进行更改便可解决。

3.3.1.4　三维空间显示钻孔

成功建立地质数据库之后，利用 Surpac 软件将数据库中的海量地质信息形象直观地呈

无标题 - 记事本

文件(F) 编辑(E) 格式(O) 查看(V) 帮助(H)

数据库审计日志 Jul 22, 2019

数据库：庵口

孔ZK44的验证详情

孔"ZK44"没有下钻孔测量

图 3-37 没有下钻孔测量

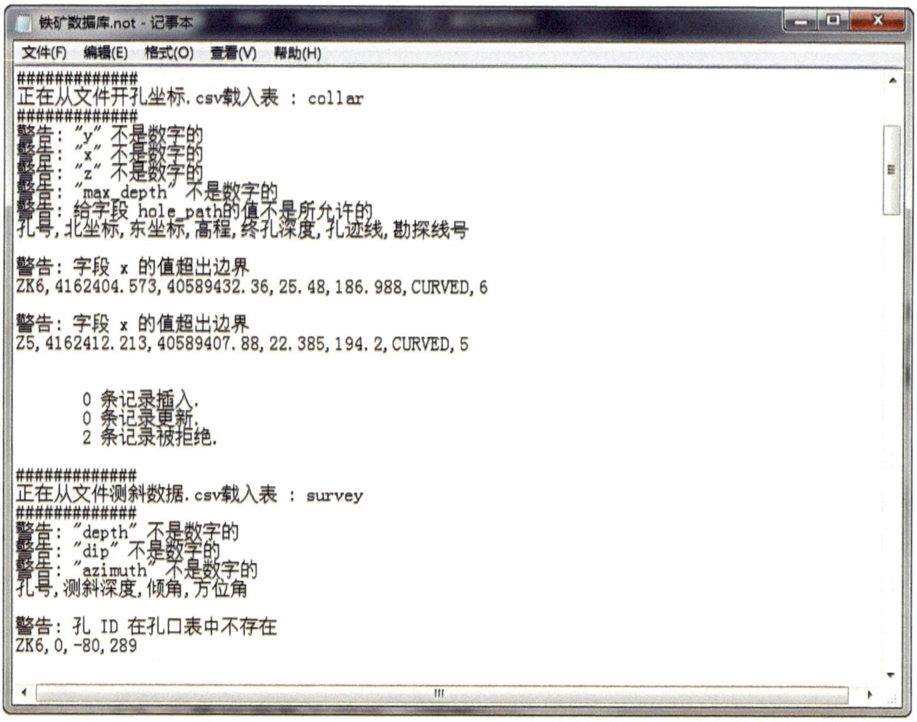

铁矿数据库.not - 记事本

文件(F) 编辑(E) 格式(O) 查看(V) 帮助(H)

```
#############
正在从文件开孔坐标.csv载入表 : collar
#############
警告: "y" 不是数字的
警告: "x" 不是数字的
警告: "z" 不是数字的
警告: "max_depth" 不是数字的
警告: 给字段 hole_path的值不是所允许的
孔号,北坐标,东坐标,高程,终孔深度,孔迹线,勘探线号

警告: 字段 x 的值超出边界
ZK6,4162404.573,40589432.36,25.48,186.988,CURVED,6

警告: 字段 x 的值超出边界
Z5,4162412.213,40589407.88,22.385,194.2,CURVED,5

        0 条记录插入.
        0 条记录更新.
        2 条记录被拒绝.

#############
正在从文件测斜数据.csv载入表 : survey
#############
警告: "depth" 不是数字的
警告: "dip" 不是数字的
警告: "azimuth" 不是数字的
孔号,测斜深度,倾角,方位角

警告: 孔 ID 在孔口表中不存在
ZK6,0,-80,289
```

图 3-38 字段 X/Y 超出边界值

现出来，其中所有的地质信息都可以以字符、图表、图案方式在图形窗口进行显示，包括钻孔轨迹线、岩性、品位等地质数据。在工作窗口，可以显示钻孔的三维空间分布、矿山各种矿物元素的品位分布，通过"缩放"功能可以看到每个钻孔样品的品位值，可以对三维空间分布图进行任意方向的剖切，显示用户关心区域的各种信息。总之，Surpac 软件在地质数据库处理方面拥有特别强大的功能，下面将形象客观地展示庵口矿区钻孔数据库中的一些地质信息。

（1）设置钻孔显示风格

通过设置钻孔显示风格，设定钻孔多种不同的显示效果，如沿着钻孔方向对不同的岩性着不同的颜色、不同的品位区间显示不同风格等，可以更加形象直观地描述品位的分布情况。此外，在显示钻孔操作中可以设置很多效果，比如以 Au 品位为例进行研究，其步骤如下：

① 在状态栏点击《庵口数据库》，显示钻孔风格，如图 3-39 所示。

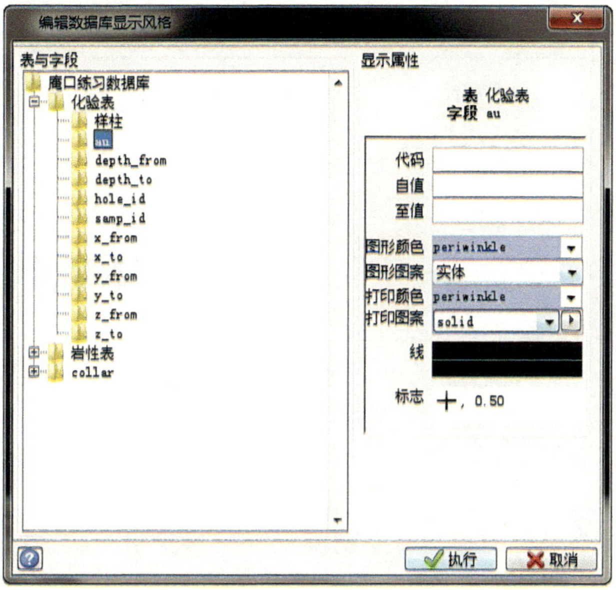

图 3-39　钻孔显示风格设置

② 在文件夹处点击右键，点击“获取最小-最大范围”，从而得到品位的范围，如图 3-40 所示。

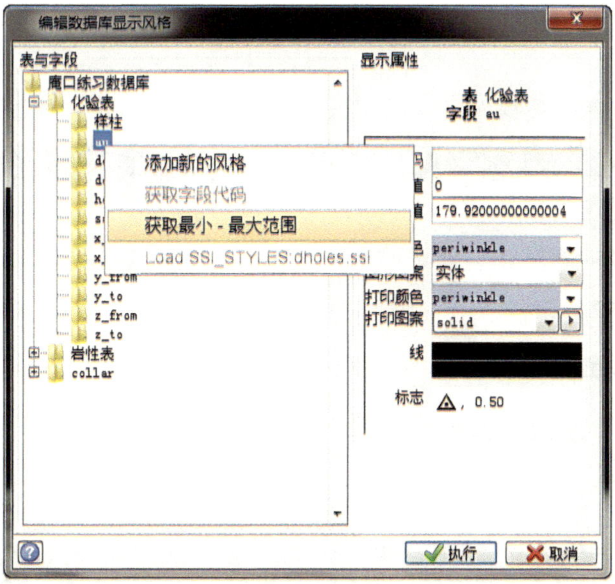

图 3-40　获取品位的最小-最大范围

③ 在不同的品位区间设置不同的颜色，品位区间的确定以项目的工业指标为参考，比如边界品位、块段品位、矿区品位等指标。Au 品位区间的颜色设置如图 3-41 所示，0—1 灰色，1—3 粉色，3—5 红色，5—999 紫色。

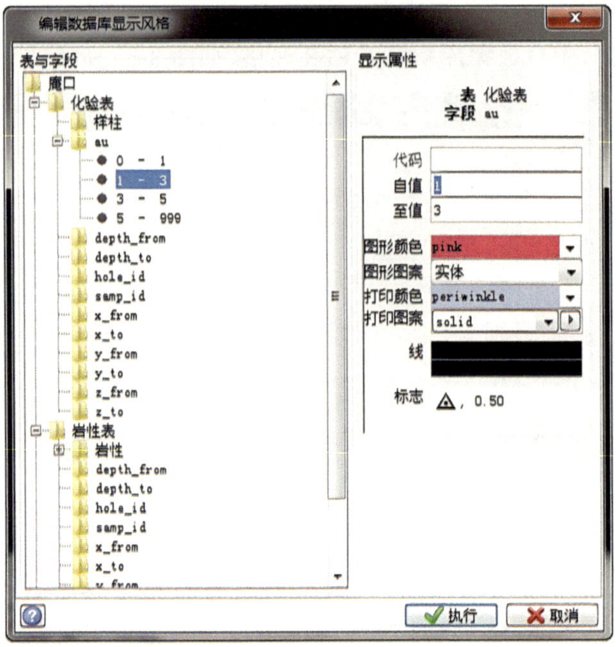

图 3-41　品位区间设置不同颜色

（2）钻孔显示

在地质数据库中，钻孔的显示效果有很多种，比如钻孔根据品位的不同以圆柱体的形态显示钻孔轨迹，也可以根据岩性的不同来显示钻孔轨迹，将孔号和终孔深度等孔口表中的信息显示到钻孔上，在孔轨迹线左侧显示岩性图案，标注任意数据库中的部分数据，等等。对钻孔显示的介绍如下：

① 点击状态栏《庵口数据库》显示钻孔，在孔迹线风格里，进行如图 3-42 所示设置。

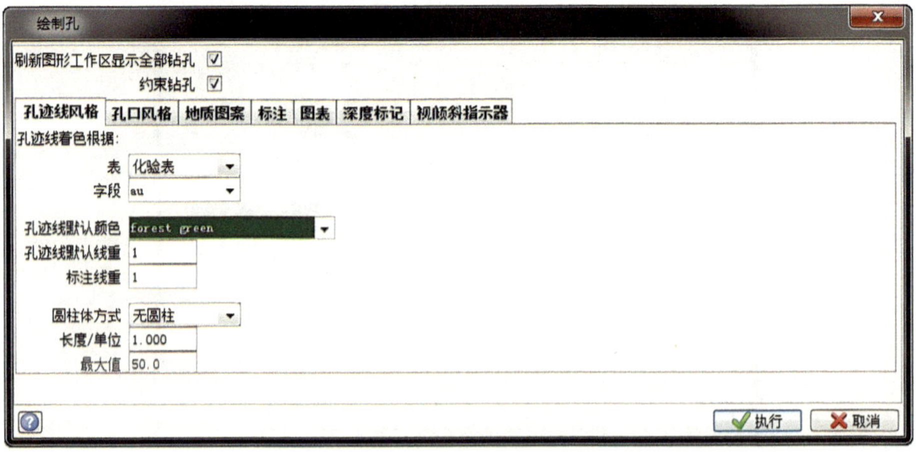

图 3-42　钻孔轨迹风格设置

② 在孔口风格里，选择 hole_id，以在孔口位置标注孔号，如图 3-43 所示。

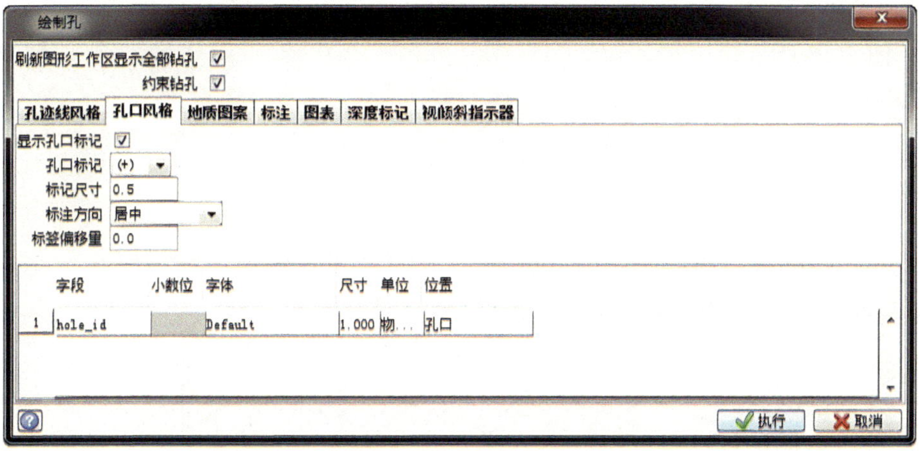

图 3-43　孔口风格设置

③ 在地质图案中按图 3-44 所示进行设置。

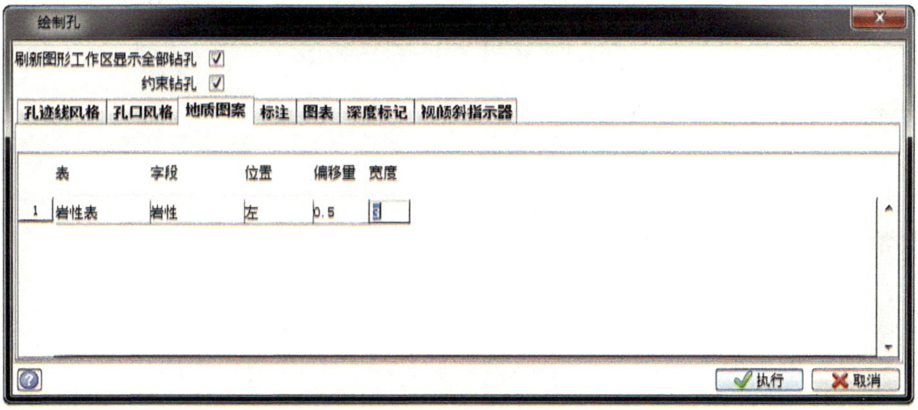

图 3-44　设置地质图案

④ 在标注栏中按图 3-45 所示进行设置。

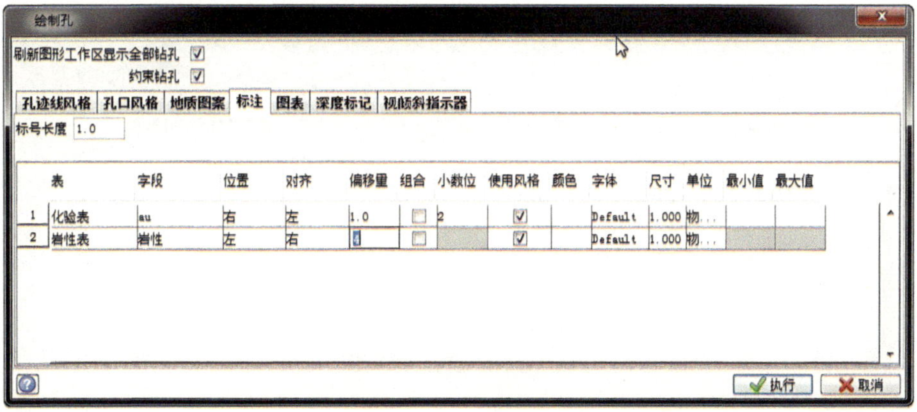

图 3-45　设置标注

(3) 图形展示

在 Surpac 中,对黑岚沟-大柳行矿田和黑岚沟、庵口矿区的钻孔进行三维可视化,如图 3-46~图 3-48 所示。

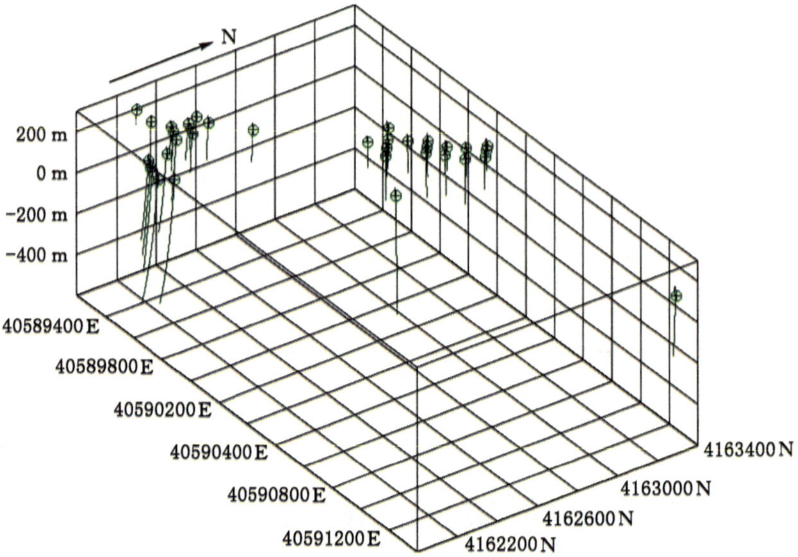

图 3-46　庵口矿区数据库钻孔三维分布图

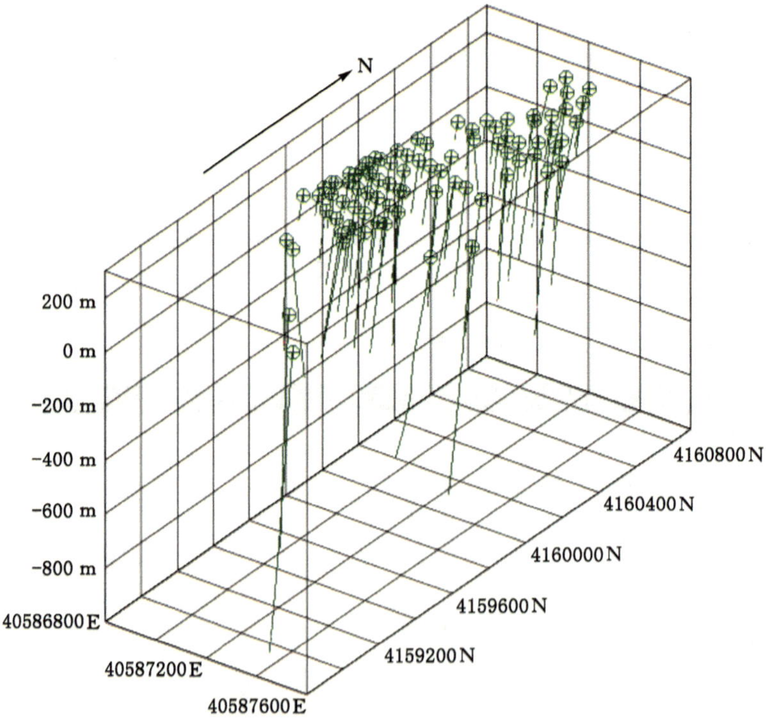

图 3-47　黑岚沟矿区数据库钻孔三维分布图

在三维显示状态下,Surpac 中的图形可随意地旋转、缩放,并在已经显示的钻孔三维分

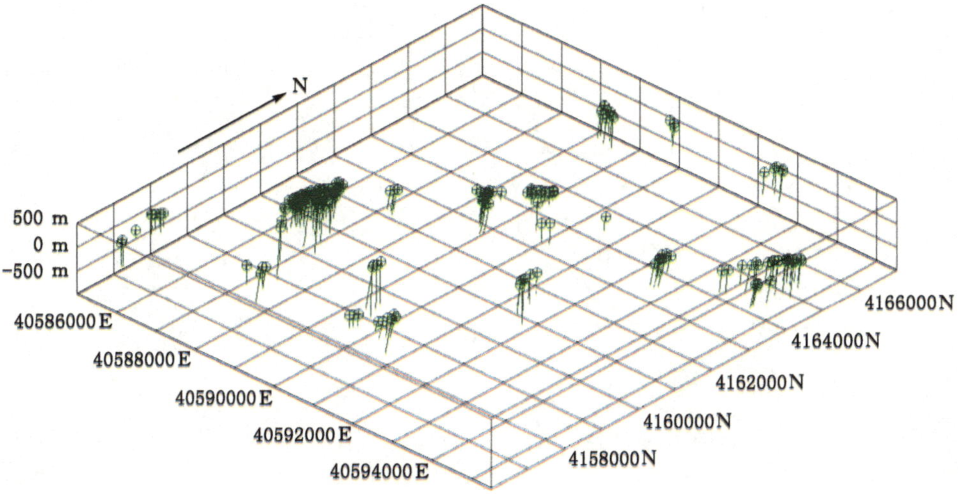

图 3-48　黑岚沟-大柳行矿田数据库钻孔三维维分布图

布图中通过缩放功能可以得到钻孔局部信息，例如岩性、品位等信息，如图 3-49、图 3-50 所示。

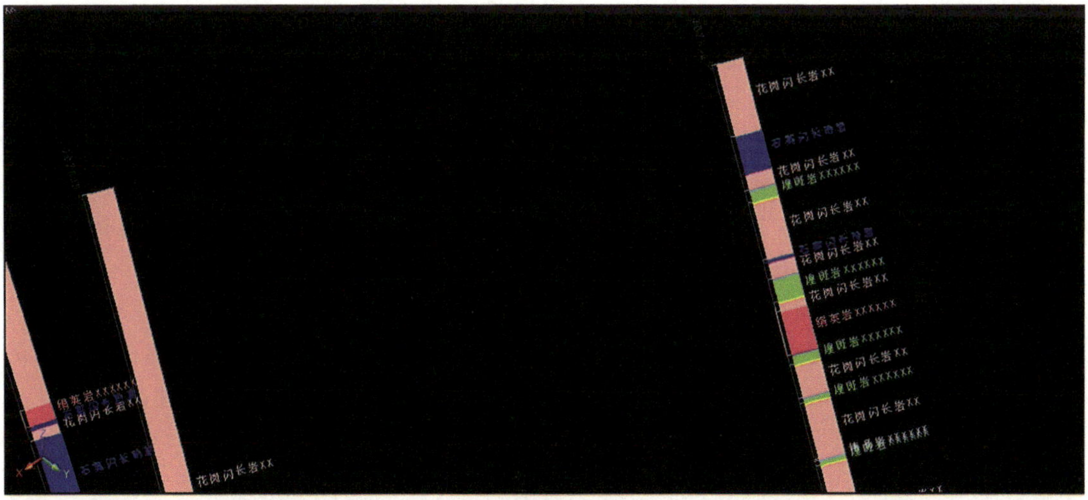

图 3-49　庵口矿区数据库局部岩性信息显示

3.3.1.5　数据库分析

以钻孔柱状图资料为基础，依托 Surpac 软件强大的数据处理和三维显示功能，建立黑岚沟-大柳行矿田、黑岚沟、庵口矿区地质数据库，并展示矿田和矿区范围内的钻孔。根据 Surpac 软件三维显示功能对数据库进行分析。

从庵口矿区钻孔三维显示与地形地质图以及地质工程位置平面图对比可知，钻孔分布在三个区域，分别为落花沟矿段、母猪沟矿段和劈口坡矿段。劈口坡矿段钻孔孔口标高（地面标高）在＋150～＋250 m 左右，钻孔孔深在 80～300 m 不等，部分钻孔孔深达 800 m 左右。－5ZK54、－3ZK55、－5ZK56、－5ZK57、－3ZK58 为见矿孔，在劈口坡勘探线西北部的

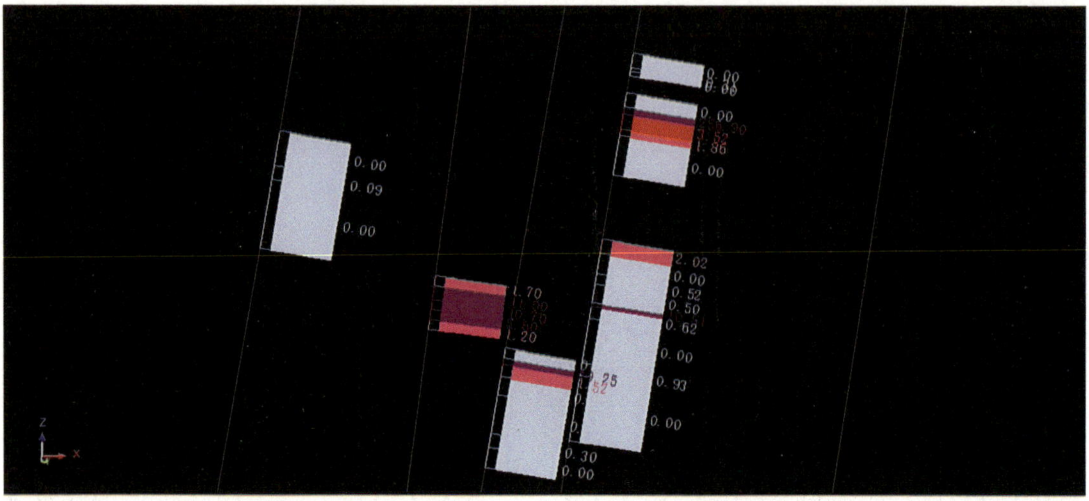

图 3-50　黑岚沟矿区数据库局部品位信息显示

钻孔主要揭露的岩性为花岗闪长岩，而东南部的钻孔主要揭露的岩性为黑云二长花岗岩。落花沟矿段钻孔孔口标高（地面标高）在＋115～＋160 m 左右，钻孔孔深在 90～250 m 左右，部分钻孔达到 680 m。26ZK44、24ZK42、22ZK36、20ZK34、16ZK35、16ZK49 为见矿孔。落花沟矿段钻孔所揭露的岩性主要为花岗闪长岩，只有部分分布在东南部的钻孔揭露的岩性为黑云二长花岗岩。由于所收集到的资料不足，在母猪沟矿段的钻孔资料只有 4ZK101 见矿钻孔，其所揭露的岩性主要为黑云二长花岗岩。

从黑岚沟矿区钻孔三维显示与矿区地形地质图可知，钻孔主要集中分布在黑岚沟矿段和仙人脚-槐树庄矿段内。钻孔孔口标高（地面标高）在＋160～＋220 m 左右，钻孔孔深在 70～470 m 不等，部分钻孔孔深达 600～900 m。其中，0ZK1、0ZK4、0ZK46、0ZK61、ZK38-1、2ZK15、2ZK18、3ZK14、3ZK50、3ZK52、3ZK66、3ZK902、4ZK54、7ZK63 等钻孔为见矿孔，钻孔主要揭露岩性为花岗闪长岩，仅有东南部的 ZK31-2、ZK39-4 钻孔上部为黑云斜长角闪片麻岩，下部为黑云母二长花岗岩，而 ZK3-2、ZK3-4 钻孔主要为黑云母二长花岗岩。沿 12 号勘探线分布的钻孔，在 50～250 m 内有较高品位出现，在 12ZK16 钻孔的 51～51.65 m 范围内品位最高值为 565.64。沿 8 号勘探线分布的钻孔，其品位在24.9～25.7 m范围内出现较高值为 9.02，而 ZK8-1 钻孔所揭露矿体的品位最高，最高值为 22.85。沿 4 号勘探线分布的钻孔，在 410～415 m 范围内所揭露矿体品位较高，为 15。

根据已收集的矿田钻孔资料，对钻孔进行三维可视化。已知矿床内钻孔孔口标高（地面标高）在＋70～＋220 m 左右，大部分钻孔孔深在 150～600 m 不等，部分钻孔孔深在 100 m 以下，小部分钻孔孔深达 900 m 以上。分布在矿田北部的钻孔主要揭露黑云二长花岗岩，部分钻孔揭露二长花岗岩和黑云母斜长片麻岩；南部的钻孔主要揭露花岗闪长岩；西南部的钻孔主要揭露二长花岗岩和花岗闪长岩。

3.3.2　三维地质模型的构建

黑岚沟-大柳行金矿田三维模型的构建主要分为实体模型的构建和表面模型的构建。

本次构建的三维地质模型中，断裂模型以及岩性分界面模型属于表面模型，而矿体模型、矿化蚀变带模型、岩体模型以及脉岩模型属于实体模型，其中断裂、岩性分界面模型的建模方法与数据来源和矿化蚀变带、脉岩模型等实体模型的建模方法与数据来源一致。矿田尺度地表模型的构建主要依据 16 个 1∶1万的高精度地形数据。

建立矿田尺度的实体模型是基于钻孔数据、剖面数据的剖面线法，其中矿田内的主要矿体模型是通过基于钻孔数据的剖面线建模方法，其余大部分矿体模型通过剖面数据的剖面线建模方法，其剖面数据来源于勘探线剖面数据。矿田内的矿化蚀变带模型、脉岩模型等实体模型以及断裂模型和岩体分界面模型等表面模型建模方法主要为基于剖面数据的剖面线建模方法，其剖面数据主要来源于解译的广域电磁剖面图。如图 3-51 所示是构建矿田尺度实体模型流程图。

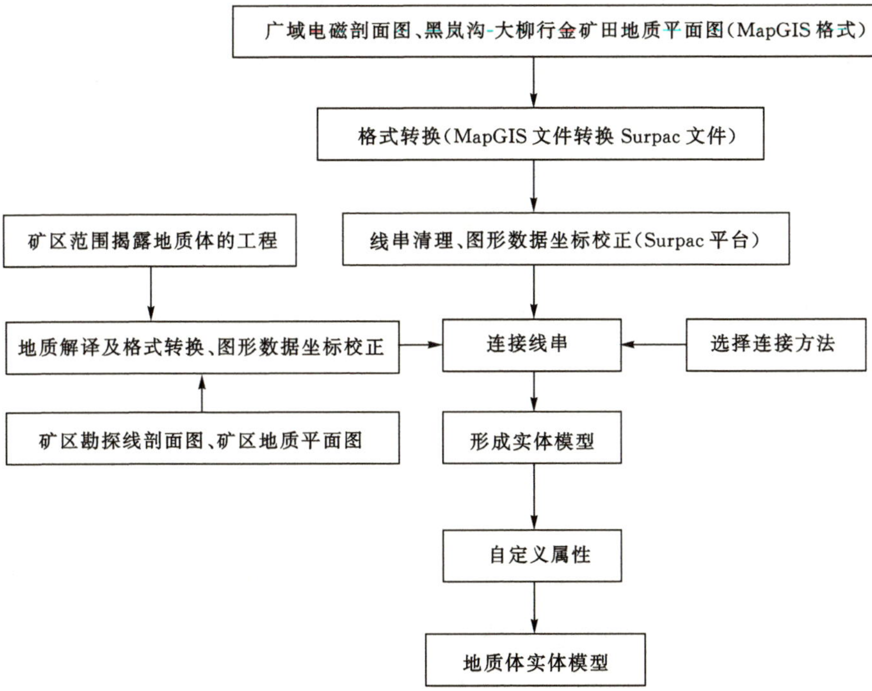

图 3-51　构建矿田尺度实体模型流程图

为确保完成的黑岚沟-大柳行金矿田尺度三维地质模型的完整性和准确性，对 GY1-GY8 广域电磁测深剖面进行了地质解译工作，重点刻画了矿化构造蚀变带、脉岩、断裂以及岩体，还切制了 22 条三维建模加密地质剖面。此外，在构建岩体分界面模型时还需要使用黑岚沟-大柳行矿田地质平面图作为平面数据，构建部分复杂部位的岩体分界面模型。

数据格式转换(MapGIS 文件转换 Surpac 文件)的过程，已经在图形资料处理的章节中介绍，其中矿田尺度解译的广域电磁剖面图数据同矿区尺度勘探线剖面图数据的处理与格式转换过程一致。本次主要介绍解译的广域电磁剖面 Surpac 平台的坐标转换。

Surpac 软件拥有“线文件 2D 转换”和“图层运算”功能，其可以有效地进行剖面文件在三维空间内进行坐标转换及校正。剖面图文件进行坐标转换操作包括三个步骤：剖面图的

Y 坐标值与 Z 标高转换、X 与 Y 坐标的 2D 转换和 Z 值校正。由于本次建模中的广域电磁剖面图和加密剖面图是按照真实坐标切制而成的，导入 Surpac 软件中后其 Y 坐标(剖面图的 Y 坐标值为三维空间的 Z 坐标值)仍然是等比例的真实值，所以不需要进行 Z 值校正这一操作。勘探线剖面图的 Y 坐标值与 Z 坐标值交换采用 Surpac 软件中的“图层运算”功能来实现，而 X 与 Y 坐标的 2D 转换采用 Surpac 软件中的“线文件 2D 转换”功能来实现。剖面图的 Y 坐标值与 Z 坐标值交换，是因为在三维空间中剖面图的 Y 坐标值是 Z 坐标值，表示的是深度，所以需要将剖面图的 Y 坐标值与 Z 坐标值进行交换，采用的运算公式是“Y=Z”与“Z=Y”。当完成了以上两个步骤后，采用 Surpac 软件的查询功能查询剖面图中已有真实坐标的两个端点，发现三维坐标中 Z 值为真实值，X、Y 坐标不是真实值，所以需要进行 X 与 Y 坐标的 2D 转换。X 与 Y 坐标的 2D 转换是在 Surpac 软件中采用“线文件 2D 转换”功能将剖面图上的两个点的 X、Y 坐标值与已知真实的 X、Y 坐标值进行转换，真实 X、Y 坐标值主要通过黑岚沟-大柳行地质平面图来获取。经过以上三个步骤后，完成了黑岚沟-大柳行金矿田剖面图的坐标转换，最终效果如图 3-52 所示，并且根据不同地质体编成不同颜色的字串，有助于矿体、岩脉、地层、断裂等地质体模型的构建。

剖面图导入 Surpac 软件中完成了格式转换和坐标转换后，接着需要提取地质体的轮廓线串，清除聚结点和重新给线串编号。在 Surpac 软件打开所有经过坐标转换后的剖面图，采用线段编号和画线工具提取地质体的线串。其中，红色线串是矿化蚀变带的轮廓线，绿色线串是脉岩的轮廓线，粉色线条是断裂的线串，白色线串是岩体的分界线。

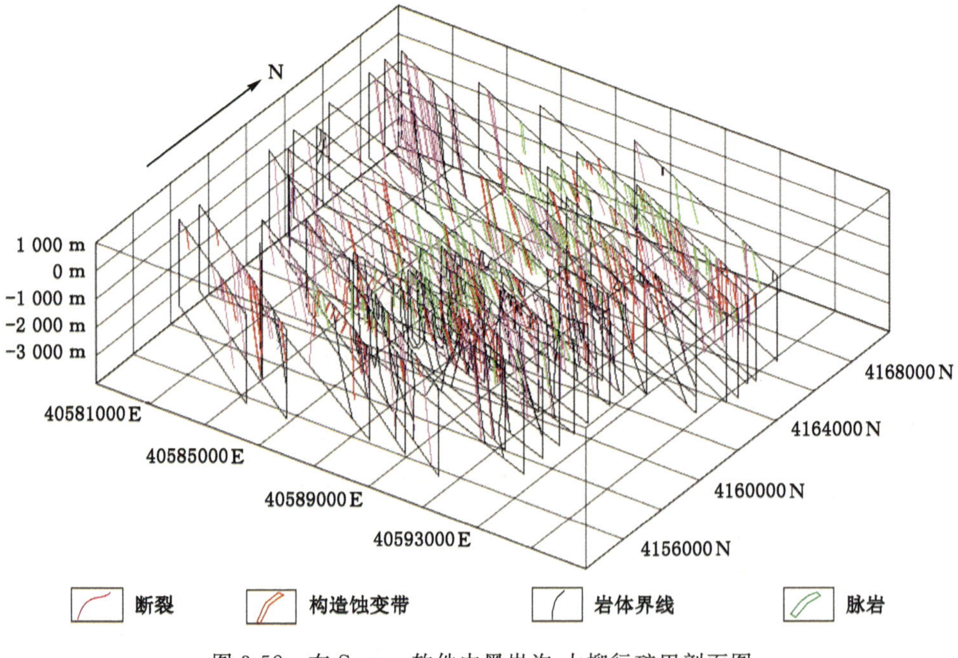

图 3-52 在 Surpac 软件中黑岚沟-大柳行矿田剖面图

3.3.2.1 地表模型

地表模型(数字地形模型，DTM)一般是用来虚拟地形和地表面的形态，通常由许多地形线构成。地表模型实际上是将所有的地形线连接成一系列相邻的三角面，形成一个随着地面起伏变化的单一模型。地表模型一般通过等高线生成。Surpac 软件建立地表模型主要有两种方法，一种是由散点生成地表模型，另一种方法是由线条（地形线）生成地表模型。

本次共收集 16 个 1∶1万高精度地形数据，据此完成 1 个矿田尺度的高精度地形 DTM，部分操作在整理地形数据章节进行详细介绍，在此不再叙述。在完成地形数据导入到 Surpac 后，利用 Surpac 软件 DTM 工具“由当前层创建 DTM”功能建立地表模型，如果没有成功生成地表模型，软件会自动给出错误，按照软件指定错误对线文件进行改正，再次建立地表模型。为了在视觉上得到更加良好的效果，利用“显示”功能，以高程值为区分层次，为 DTM 着色。本次研究地表模型高程差值较小，因此选择三种颜色进行着色。如图 3-53 所示为黑岚沟-大柳行矿田地表模型。

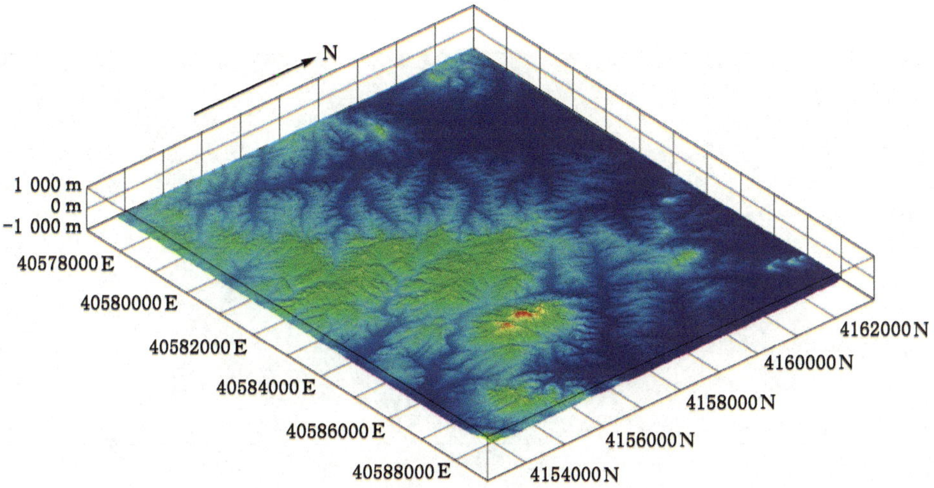

图 3-53　黑岚沟-大柳行矿田地表模型

黑岚沟-大柳行矿田地表模型的建立，能够逼真地反映矿区地表形态特征。相对于传统的二维地质图件，其拥有可视化程度高、便于存储查询等优点。

3.3.2.2　矿体模型

从建模数据来源来说，矿体建模的方法有很多种，有基于钻孔数据、基于剖面数据等平行剖面的建模方法。

相对于基于剖面数据的剖面建模方法，基于钻孔数据的剖面建模方法具有建模的灵活性，可以随着钻探工程的推进而适时增加和更新，只需要在数据库中录入新钻孔数据就可以进行增加和更新建模工作。而采用基于剖面数据的建模方法即便新的钻探工程已经完成，但只要勘探线剖面图没有制作出来，就不可以进行建模，所以建模周期相对较长。由于本次矿田内地质资料丰富且完整，因此黑岚沟-大柳行金矿田内的大部分矿区矿体主要基于勘探线地质剖面数据完成，而黑岚沟与庵口金矿床的矿体模型主要是基于钻孔数据构建的矿体实体模型，局部钻孔较稀的部位则主要利用勘探线地质剖面数据建模法进行补充完善。

相邻两个勘探线剖面图中矿体是相对应的，在建立实体模型时，将勘探线剖面图的剖面线放入 Surpac 软件的三维空间，然后按照矿体的趋势在相邻勘探线同一矿体的线圈之间连接三角网，最后在矿体的两端封闭起来，就形成了矿体的实体模型，如图 3-54 所示。

图 3-54　平行剖面线法

利用剖面数据的剖面线法建立矿体模型与建立矿区尺度的其余地质体实体模型方法一致，只是所需要的剖面数据不同，创建矿体模型需要勘探线剖面数据。前面已经介绍了勘探线剖面数据资料的处理和导入 Surpac 软件过程，在此不再过多赘述。下面以道头矿区矿体为例，介绍基于剖面数据的剖面线法创建矿体实体模型过程。如图 3-55 所示为导入到 Surpac 软件中的道头矿区 10 号勘探线剖面图，其中白色线条代表 X、Y 轴和 Z 轴网格线，红色线圈代表矿体轮廓线。

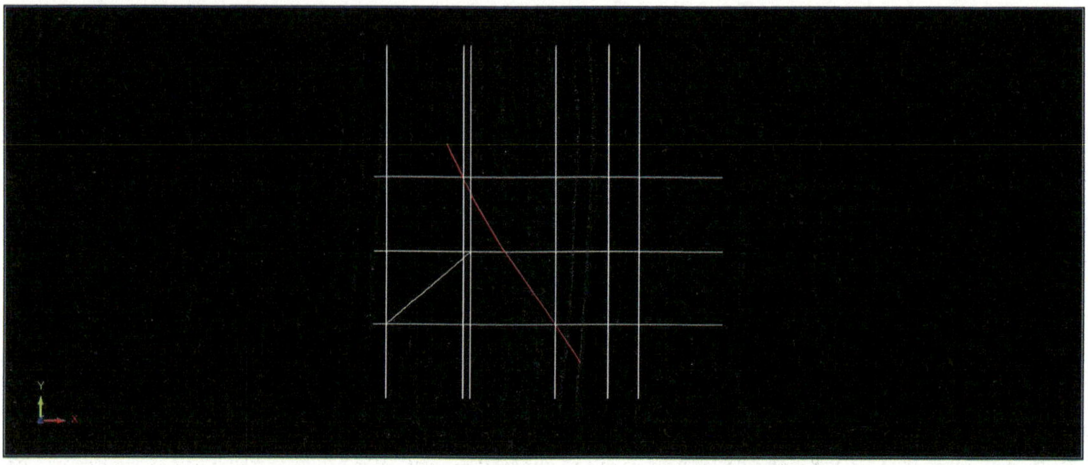

图 3-55　在 Surpac 软件中道头矿区 10 号勘探线剖面图

将勘探线剖面数据导入 Surpac 软件中后要进行坐标转换校正，Surpac 软件提供的“线文件 2D 转换”和“图层运算”功能可以有效地将剖面文件的二维坐标转换成真实的三维坐标。对剖面图文件进行坐标转换操作一般包括三个步骤：剖面图的 Y 坐标值与 Z 坐标值交换、X 与 Y 坐标的 2D 转换和 Z 值校正。

由于本次建立矿体模型的勘探线剖面图是根据.jpg 格式在 MapGIS 软件中矢量化的，因此导入 Surpac 软件后其 Y 坐标（剖面图的 Y 坐标值为三维空间的 Z 坐标值）虽然是等比例的但不是真实值，因此需要进行 Z 值校正这一操作。先通过“新建点”功能创建 X、Y 轴与 Z 轴的交点，通过查询按钮可知两个点的坐标，其中 Y 值代表剖面图的 Z 坐标值，但由于其不是真实值，因此可通过查看图片格式剖面图得到该点 Y 的真实坐标值后，再通过“线文件 2D 转换”功能将剖面图的 Y 值转换为真实值。

Y 坐标值与 Z 坐标值进行交换是采用 Surpac 软件中的“图层运算”功能来实现的，而 X 与 Y 坐标的 2D 转换是采用 Surpac 软件中的“线文件 2D 转换”功能来实现的。因为在三维空间中剖面图的 Y 坐标值是 Z 坐标值，表示的是深度，所以需要将剖面图的 Y 坐标值与 Z 坐标值进行交换，采用的运算公式是“$Y=Z$”与“$Z=Y$”。

当完成了以上两个步骤后，采用 Surpac 软件的查询功能查询剖面图中刚刚创建的两个点，发现三维坐标中 Z 值为真实值，X、Y 坐标不是真实值，需要进行 X 与 Y 坐标的 2D 转换。X 与 Y 坐标的 2D 转换，是在 Surpac 软件中采用“线文件 2D 转换”功能将剖面图上的两个点的 X、Y 坐标值与已知真实的 X、Y 坐标值进行转换，真实 X、Y 坐标值主要通过道头矿区地质平面图来获取。

经过以上三个步骤后，完成了道头矿区 10 号勘探线剖面图的坐标转换。道头矿区共有 9 条勘探线剖面，所以仍需要采用上述创建 10 号勘探线剖面图相同的方式将其余的 8 条剖面进行坐标转换，并删除 X、Y 轴与 Z 轴的网格线。9 条勘探线剖面图最终效果如图 3-56 所示。

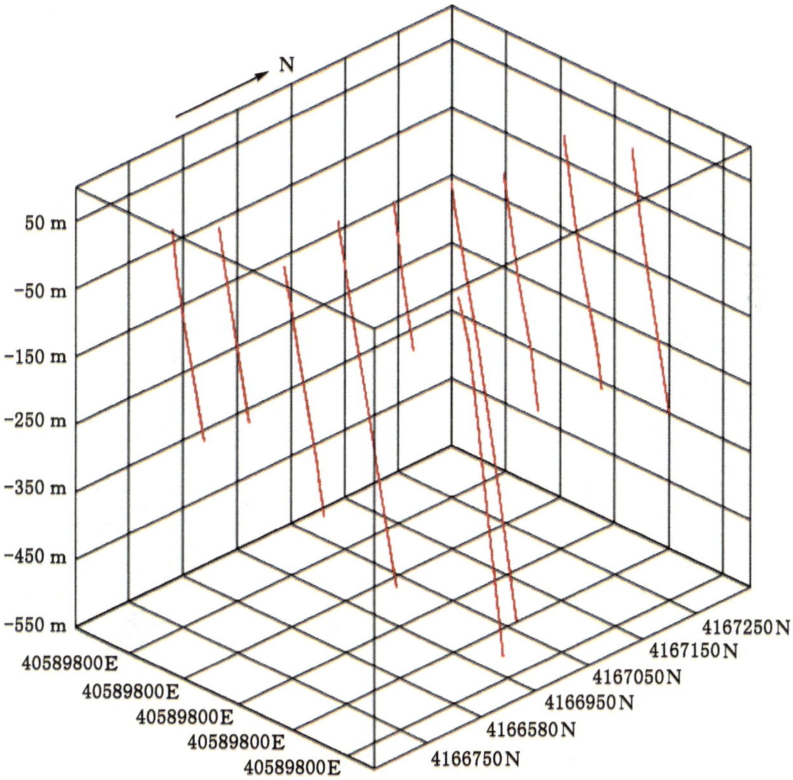

图 3-56　道头矿体轮廓线

经过勘探线剖面图坐标转换以及删除 X、Y 轴与 Z 轴的坐标网格后，得到矿体轮廓线，从而进行矿体实体连接。在矿体轮廓线圈之间用三角形在两个段内连接成三角面，并在矿体轮廓线的两端用三角网在一个段内进行连接，最终形成矿体实体。

两个段之间连接三角网是指 Surpac 软件自动在用户指定的两个线圈中创建三角网，本书在连接经勘探线剖面图坐标转换后两个勘探线剖面间的矿体轮廓线圈采用了该方式。首先，在 Surpac 软件中选取一条勘探线上的一个矿体轮廓线圈，然后选取与该线圈对应的另外一个勘探线上的线圈，Surpac 软件将在选定的线圈之间创建三角面，使两线圈连接成三角网，如图 3-57 所示。

在一个段内连接，是指 Surpac 软件自动在用户指定的一个线圈中连接三角网，常用于闭合矿体实体模型。在建立矿体模型过程中，当完成了线圈的两两相连之后，接着就需要对

图 3-57　两个段之间的连接示意图

矿体进行封闭处理。Surpac 软件的在一个段内点的处理方式能完成矿体的封闭，如图 3-58 所示。

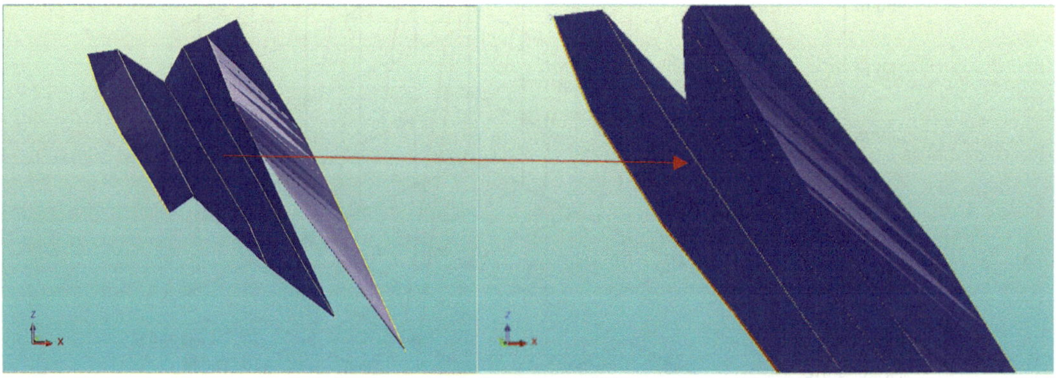

图 3-58　在一个段内连接示意图

上述主要以道头矿体为例介绍基于勘探线剖面数据的方法建立矿体模型，道头矿体模型如图 3-59 所示。由于所收集的勘探线剖面资料较为丰富，因此在西石硼、虎路线、燕山-上岚子、侯格庄等矿区以及黑岚沟、庵口矿区的局部钻孔数据较稀疏的部分使用基于勘探线剖面数据的方法建立矿体模型。在建立道头矿区矿体模型后，其他 15 个矿区也是通过上述两种实体连接方式将导入 Surpac 软件中的勘探线剖面图上的矿体线圈连接成三角网面，重复相同的操作，直到所有相邻的勘探线剖面上的矿体都已经连接成三角网面后，在矿体应该封闭的地方采用在一个段内连接方式封闭矿体。如图 3-60 所示为基于勘探线剖面数据的建模方法的矿体模型。最后再参考各个矿区矿体垂直纵投影图，检查所建立的矿体模型的精确性和完整性。

基于钻孔数据的剖面线方法的工作流程图如图 3-61 所示。构建钻孔地质数据库和三维空间显示钻孔等操作已在前一章节中叙述，在此就不再赘述。需要注意的是，下一步创建剖面以及进行地质解译步骤，需要按照一定的解译原则进行矿体地质解译。

由于钻探工程中钻孔是按照勘探线来布置的，所以同一条勘探线上的钻孔在剖面上是

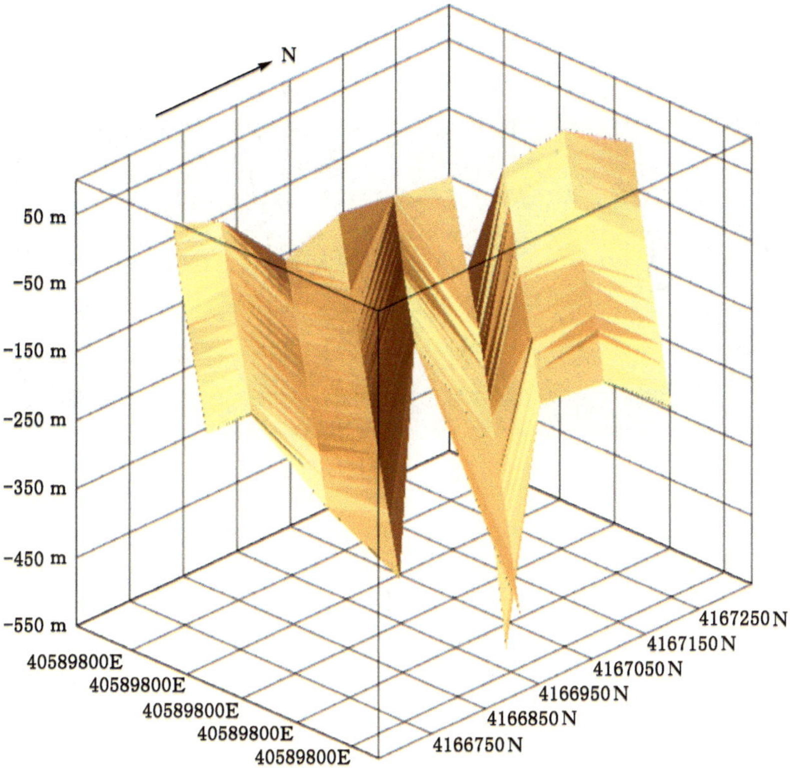

图 3-59　道头矿体实体模型

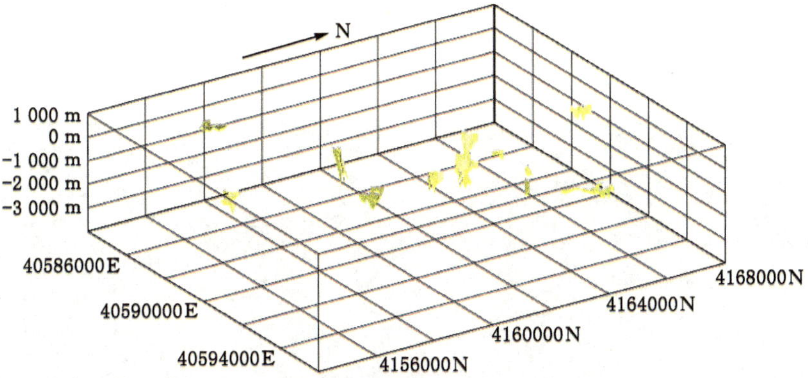

图 3-60　基于勘探线剖面数据的建模方法的矿体模型

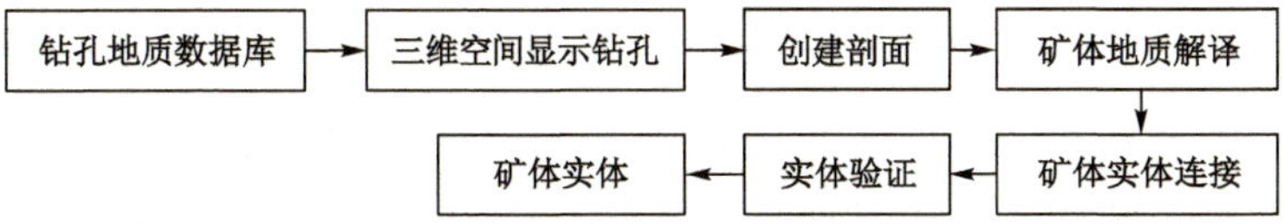

图 3-61　基于钻孔数据构建矿体实体模型的工作流程

同一个面。在 Surpac 软件中，沿着勘探线创建剖面是基于钻孔数据创建矿体实体模型的一个重要步骤，利用切剖面工具，沿着勘探线创建剖面，结果如图 3-62 所示。该图是黑岚沟矿区中的12号勘探线剖面图，是本书所创建的剖面中的其中一个剖面，以该勘探线剖面线为例介绍基于钻孔数据构建矿体模型。从图中可以看出，在三维空间中，钻孔上显示了金品位值和黄铁绢英岩岩性，而且根据设定的品位范围(即轮廓品位)显示了颜色。

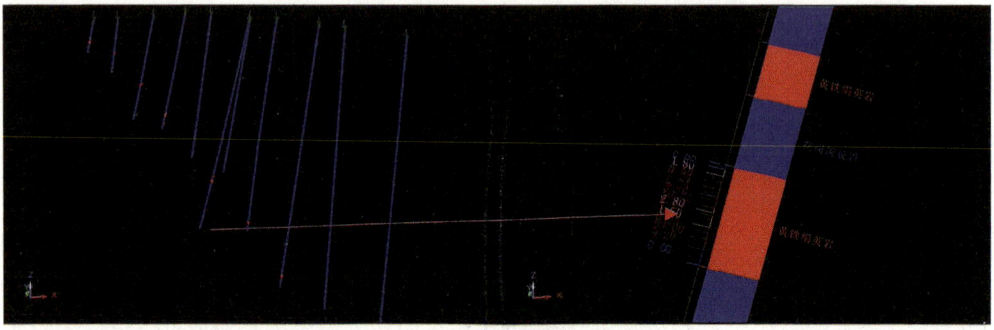

图3-62　12号勘探线剖面图

矿体地质解译就是在勘探线剖面上圈定矿体轮廓。在三维空间中，沿着勘探线建立一系列剖面，在各剖面内圈定矿体轮廓有一定的原则。一般地，矿体圈定与连接工作应根据工程控制情况，结合矿床地质特征、矿化规律、控矿因素及物化探异常进行。在进行矿体解译时，工程间推定的矿体厚度不应大于相邻两工程实际见矿的最大厚度。矿体做推断时，应按勘探网度控制矿体在工程间距的1/2处进行尖推或在工程间距的1/4处进行平推。若轮廓工程品位大于轮廓品位的1/2时，则可在工程间距的2/3处做尖推或在工程间距的1/3处做平推。当矿体长度与厚度是正相关关系时，在有系统论据的情况下，可科学地确定外推长度。当无规律可遵循时，一般按勘探网度的1/2尖推或1/4平推。

根据矿体圈定原则，在Surpac软件的三维勘探线剖面上采用连线工具绘制矿体的轮廓线圈，如图3-63所示。

图3-63　圈定矿体

前述已经完成了黑岚沟矿区12号勘探线的矿体轮廓圈定工作，但本次建立矿体模型所用的大多数为剖面数据的方法，基于钻孔数据的方法只在庵口矿区和黑岚沟矿区使用，而且仅在钻孔较密集部位使用。因此，本次建模在黑岚沟矿区只需要圈定17条勘探线矿体轮廓，包括0、1、3、4、7、8、12号勘探线等；在庵口矿区需要圈定10条勘探线矿体轮廓，包括1、3、5、14、16、18勘探线等。为此，在Surpac软件的三维工作区中，采用相同的矿体地质解译原则圈定了其余各个剖面的矿体轮廓。如图3-64所示，显示了庵口矿区和黑岚沟矿区勘探线剖面的所有矿体轮廓线，其中红色的线圈是庵口矿区矿体轮廓线，白色的线圈是黑岚沟矿区矿体轮廓线。

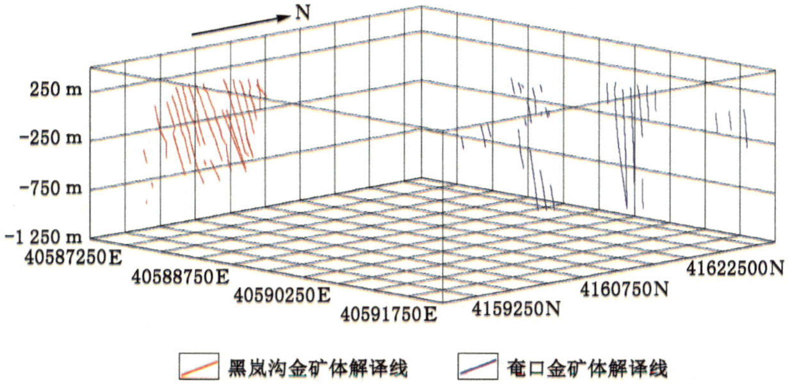

图 3-64　矿体地质解译结果

经过矿体的地质解译工作后，矿体的轮廓形态已经圈定出来，为了保持矿体的完整性和精确性，使矿体能够按照设计者的需求进行连接和模型更好地反映矿体的实际形态，对相隔线圈连接了辅助线。在矿体轮廓线圈之间用三角形连接成三角面，并在矿体轮廓线的两端用三角网进行尖灭处理就可以形成矿体实体。Surpac 软件提供了多种实体连接方式，如两个段之间、在一个段内、段到一个点、多个段之间、单个三角形、从一个段到两个段、从一个段到多个段等。本书主要采用两个段之间、从一个段到两个段、在一个段内这三种 Surpac 软件提供的连接方式进行相邻勘探之间矿体轮廓线圈的连接。

两个段之间连接是指 Surpac 软件自动在用户指定的两个线圈中创建三角网，本书在连接经矿体地质解译后两个勘探线剖面间的矿体轮廓线圈时采用了该方式。首先，在 Surpac 软件中选取一条勘探线上的一个矿体轮廓线圈，然后选取与该线圈对应的另外一个勘探线上的线圈，Surpac 软件将在选定的线圈之间创建三角网，使两线圈连接成三角网，如图 3-65 所示。

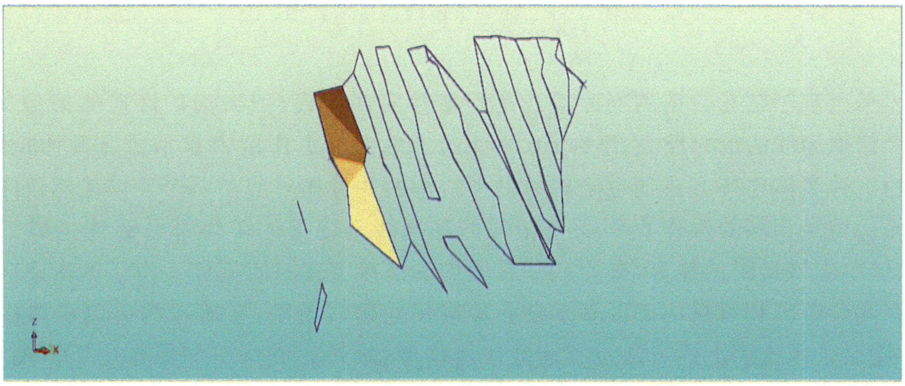

图 3-65　两个段之间连接示意图

从一个段到两个段连接是把一个勘探线剖面的线圈设定为母段，把另外一个勘探线剖面的两个线圈设定为子段，两个子段线圈与一个母段线圈连接成三角网。Surpac 软件提供的这种连接线圈的方式能灵活地处理矿体或者其他地质体产生分支形态的实体模型，如图 3-66 所示。

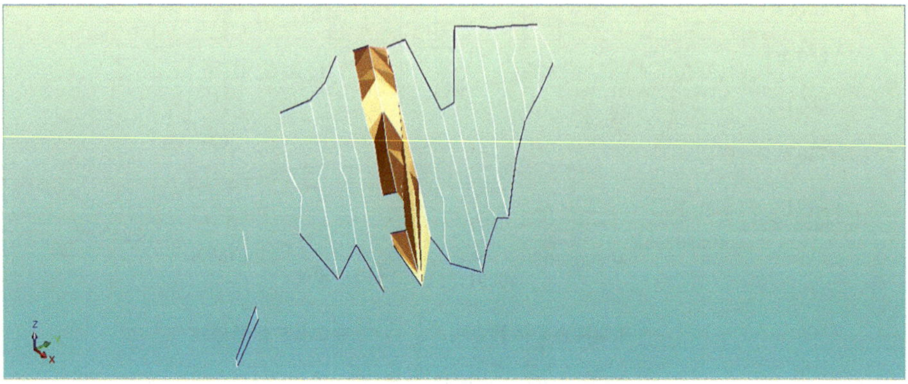

图 3-66　从一个段到两个段连接示意图

在一个段内连接是指 Surpac 软件自动在用户指定的一个线圈中连接三角网，常用于闭合矿体实体模型。矿体建模过程中关于矿体模型两端封闭的问题，在建立矿体模型过程中，当完成了线圈的两两相连之后，接着就需要对矿体进行封闭处理，Surpac 软件的在一个段内点的处理方式能完成矿体的封闭，如图 3-67 所示。

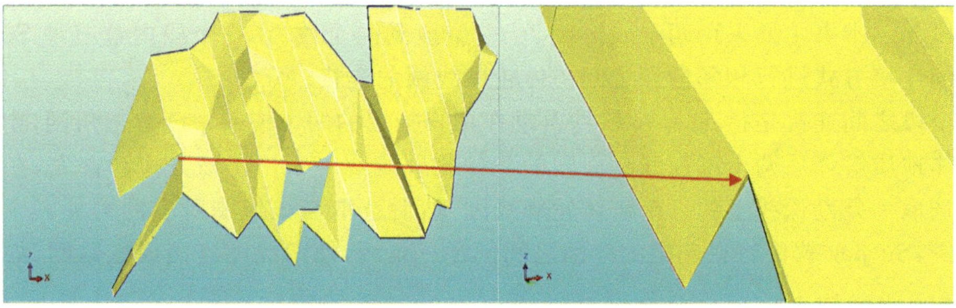

图 3-67　在一个段内连接示意图

上述采用基于钻孔数据的剖面线法进行矿体实体建模，黑岚沟矿区矿体模型如图3-68所示。根据剖面线法的思路，在 Surpac 软件的三维图形工作区中显示所有矿体轮廓线圈，用上述的三种实体连接方式把位于相邻勘探线剖面并且相对应的两个矿体轮廓线圈连接成三角网面。重复相同的操作直到所有相邻的勘探线剖面上的矿体都已经连接成三角网面后，在矿体本应该封闭的地方，采用在一个段内的连接方式封闭矿体。由于本次建立矿体模型中只有庵口矿区和黑岚沟矿区基于钻孔数据建立矿体模型，在黑岚沟矿区矿体模型建立完成后，庵口矿区依照上述方法过程建立矿体模型，最终完成庵口和黑岚沟矿体模型，如图 3-69 所示。

通过上述的基于钻孔数据和基于勘探线剖面图数据两种建模方法，建立了黑岚沟-大柳行金矿田尺度的矿体模型，如图 3-70 所示。

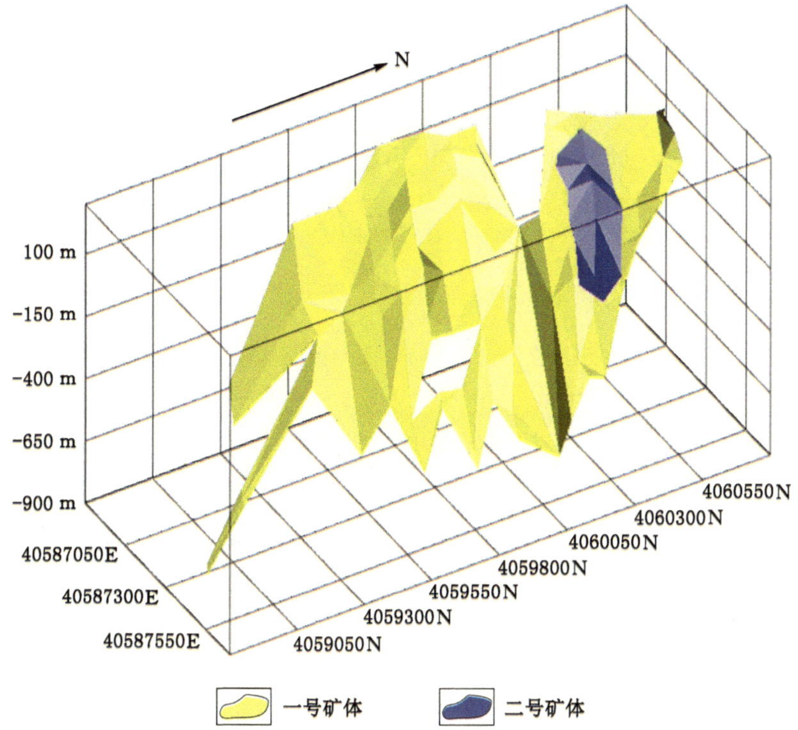

图 3-68　黑岚沟矿区矿体模型

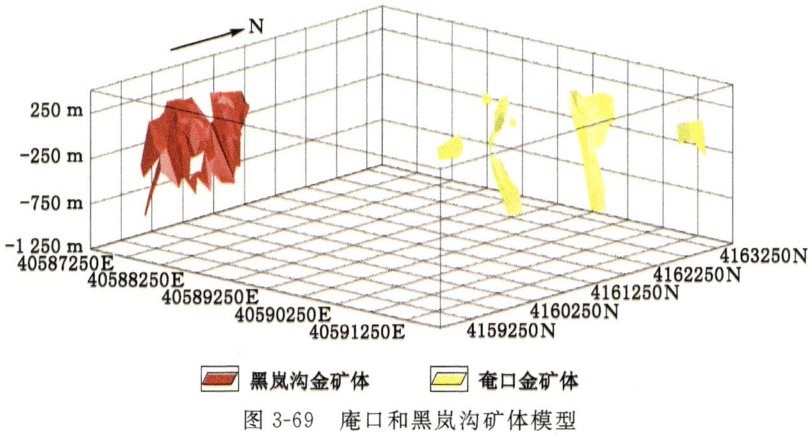

图 3-69　奄口和黑岚沟矿体模型

3.3.2.3　断裂模型

断裂模型是矿床三维地质模型的重要内容，断裂模型的建立直观地展示断层与矿体之间的空间关系，对分析矿床成因、勘探工程布置及矿山开采都具有非常重要的意义。需要注意的是，由于在整个矿田尺度内的断裂宽度较小，且含矿断裂中的矿体宽度为 1 m 左右，因此在解译广域电磁剖面时，以单独的线条表示断裂，而并不是以地质体轮廓线来表示，从而本次在构建断裂模型时，将断裂模型以表面模型的形式展现出来。

上文中已经提到构建断裂、岩体的表面模型和构建实体模型的方法和数据源一致，因此建立断裂模型方法同样是从上一步在导入 Surpac 软件中进行坐标转换后解译的广域电磁

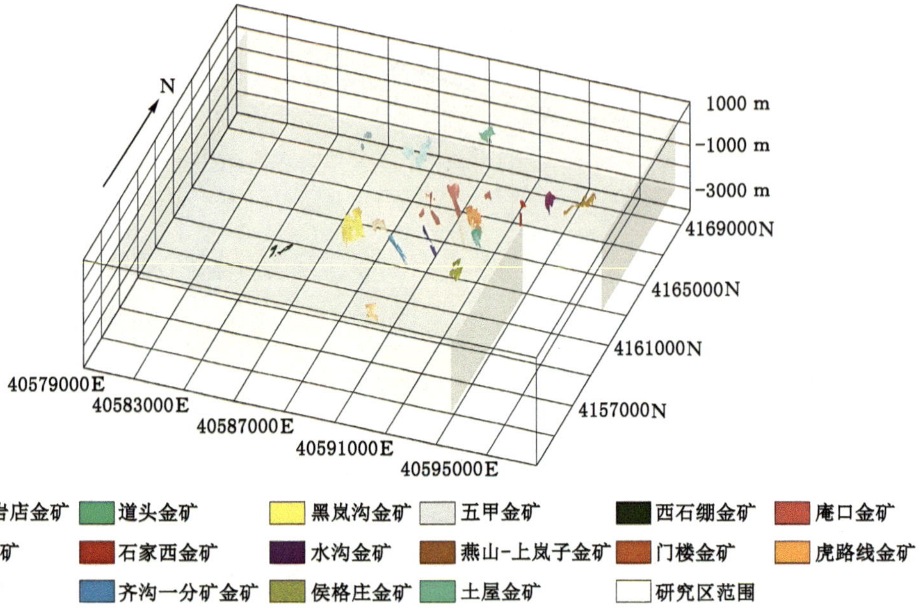

图 3-70　黑岚沟-大柳行矿田尺度金矿体模型

剖面和加密剖面中提取矿田的断裂线串。由于矿田范围内断裂较多且 NE 与 NNE 方向的断裂交叉部位的线条较多难以区分，因此在 Surpac 软件中将不同的断裂线串赋予不同的编号。在 Surpac 软件中，不同的线编号其线颜色也不同，从而将不同的断裂加以区分，最后以断裂命名，保存至同一个图层内，如图 3-71 所示。

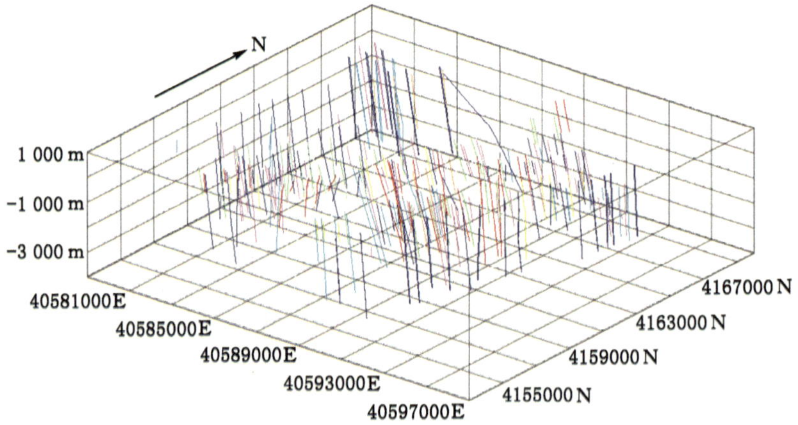

图 3-71　断裂线模型

由于断裂并不和矿带、脉岩带、矿化蚀变带等一样是一种拥有体积的地质体，它仅仅是一个表面，因此在连接断裂线时，只需要“两个段之间”功能，不需要使用“在一个段内”将断裂封闭，局部断裂线较复杂的地方使用三角网化工具，选点将两条相邻断裂线用三角网连接起来，并且参考黑岚沟-大柳行金矿田地质图，对建立的断裂模型进行检查和修正，最终得到断裂三维模型如图 3-72 所示。

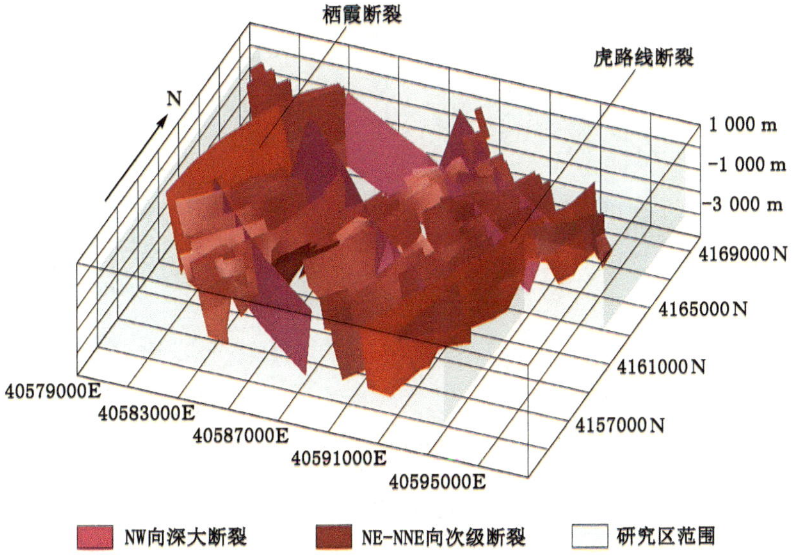

图 3-72　断裂三维模型

3.3.2.4　矿化蚀变带模型

矿化蚀变带模型不仅把矿化蚀变带的空间位置、形态展示出来，而且可以进一步从立体角度观察矿化蚀变与矿体关系。矿化蚀变带模型主要基于剖面数据的剖面线法构建，其数据源来自解译的广域电磁剖面。

同断裂模型创建过程一致，从解译的广域电磁剖面图中把矿化蚀变带的轮廓线分别单独提取出来保存，如图 3-73 所示，同时要先对线段进行检查和修正，确保线串闭合且方向同为顺时针，保存到同一图层下，以矿化蚀变带命名。

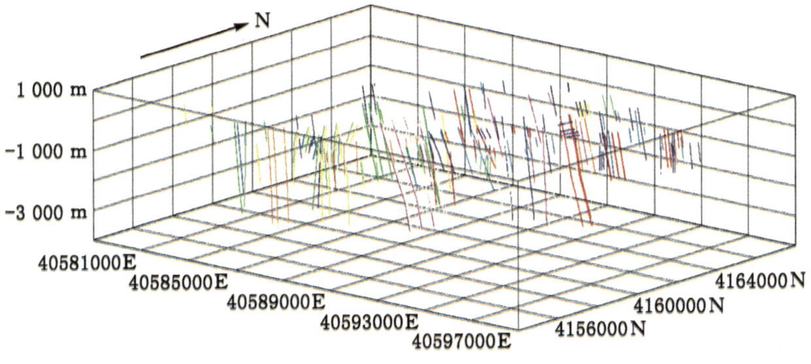

图 3-73　矿化蚀变带轮廓线模型

最后，在相邻的两两矿化蚀变线间建立三角网，形成实体模型，构建矿田尺度矿化蚀变带模型。本次研究的矿化矿化蚀变带轮廓比较简单，所以在实体建模的过程中使用了“两个段之间”“在一个段内”功能进行建模，并且参考黑岚沟-大柳行金矿田地质图，对建立的矿化蚀变带模型进行检查和修正。矿化蚀变带的三维模型如图 3-74 所示。

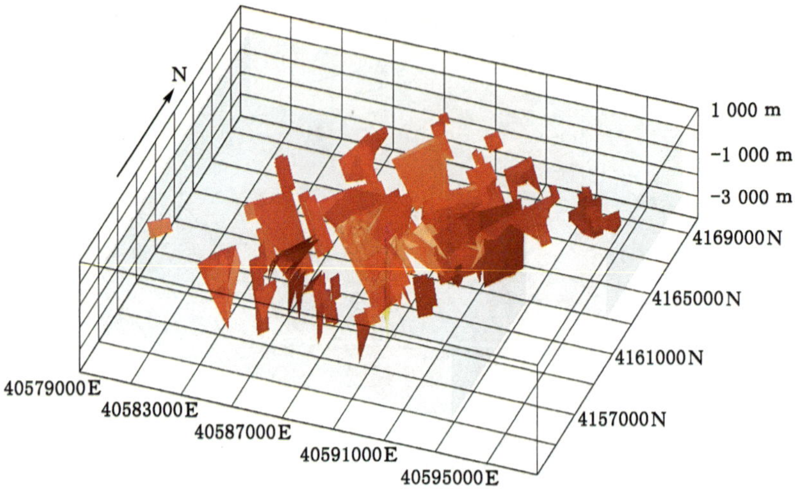

图 3-74　黑岚沟-大柳行矿田尺度矿化蚀变带模型

3.3.2.5　脉岩模型

建立脉岩模型与建立矿化蚀变带模型的方法一致，同样是把上一步解译的广域电磁剖面图以及加密剖面图中的脉岩线串和脉岩编号提取出来保存，如图 3-75 所示，同时要先对线段进行检查和修正，确保线串闭合且方向同为顺时针，保存到同一图层下，以脉岩带命名。

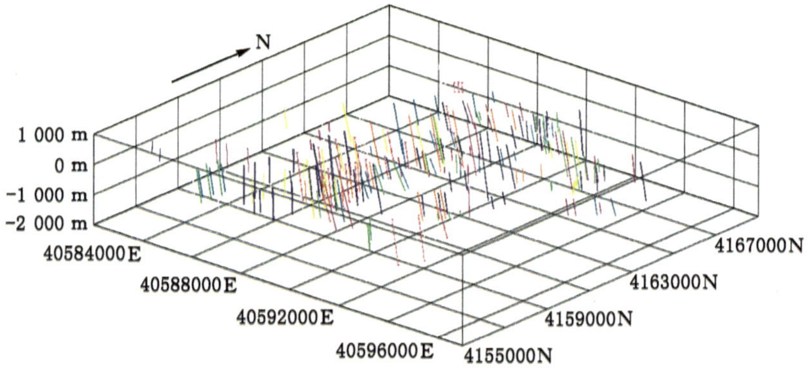

图 3-75　脉岩轮廓线模型

参照矿化蚀变带轮廓线的连接方法，如"两个段之间""在一个段内"，并且参考黑岚沟-大柳行金矿田地质图，对建立的矿化蚀变带模型进行检查和修正，即可得到脉岩三维模型，如图 3-76 所示。

3.3.2.6　岩体分界面模型

由于矿田内的岩浆岩分布广泛，且岩体分界线复杂，为了使三维模型更准确和直观地反映岩体之间相互接触的实际形态结构以及岩体和矿体之间的三维空间分布关系，本次研究分别构建了岩体模型和岩性分界面模型。

本次研究区构建岩体分界面模型主要通过相连段法的建模方法，采用从平面地质图中

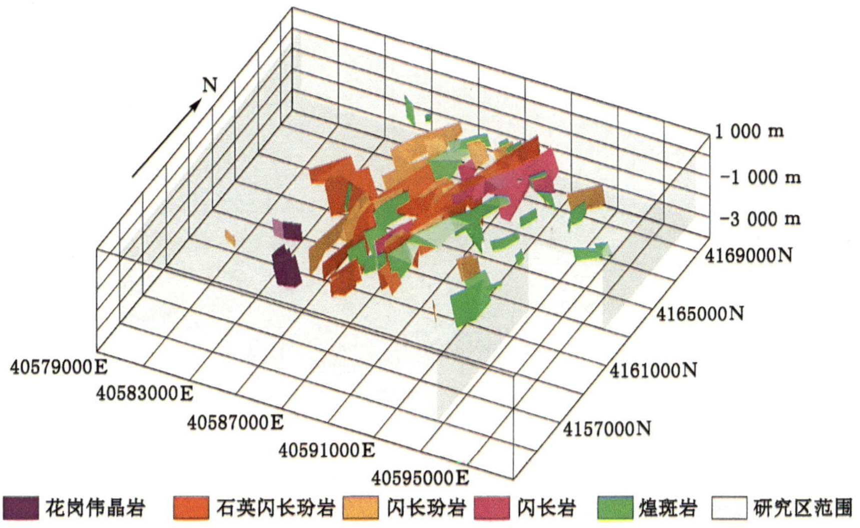

图 3-76　脉岩模型

提取岩体分界线以及剖面图中提取岩体线串并加以一定的辅助线，在线串之间创建三角网，从而得到较为准确的岩体分界面模型。在一些复杂的地质条件下，所要创建的实体模型几何形状及特征属性相对复杂，这种情况下应该首先考虑相连段法创建岩体模型。相连段法构建实体模型流程如图 3-77 所示。

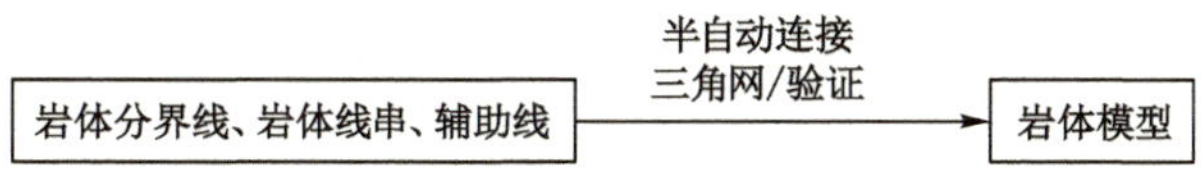

图 3-77　相连段法构建岩体分界面模型

岩体线串的提取同断裂、构造蚀变带线串提取的方式相同，通过在导入 Surpac 软件中进行坐标转换后解译的广域电磁剖面和加密剖面中提取，并且将不同的岩体线串赋予不同的编号，从而将不同岩体线串加以区分，如图 3-78 所示。岩体分界线的获取方式是将黑岚沟-大柳行平面地质图中的岩体界线转换成.SHP 格式，导入 Surpac 软件中，转换为.str 格式，然后校正其空间位置（坐标转换），最后将不同的岩体界线提取出来，并在 Surpac 软件中修改岩体分界线编号，使岩体线串编号与岩体分界线编号相对应，为创建岩体分界面线提供便捷。

在构建岩体分界面线时，基于岩体线串的轮廓和深度位置将平面地质图中岩体界线向深部每隔 500 m 复制一个相似轮廓的岩体界线，并在结构形态复杂的部位创建辅助线，从而建立岩体接触界面线，如图 3-79 所示。

本次建立的岩体分界面模型是表面模型，因此同构建断裂、构造蚀变带模型一致，在连接分界面线时，只需要“两个段之间”功能，不需要使用“在一个段内”将岩体界线模型封闭。局部岩体分界面线较复杂地方使用三角网化工具，选点将两条岩体界线用三角网连接起来，并参考黑岚沟-大柳行金矿田地质图，对建立的岩体界线模型进行检查和修正，最终得到岩体界线三维模型，如图 3-80 所示。

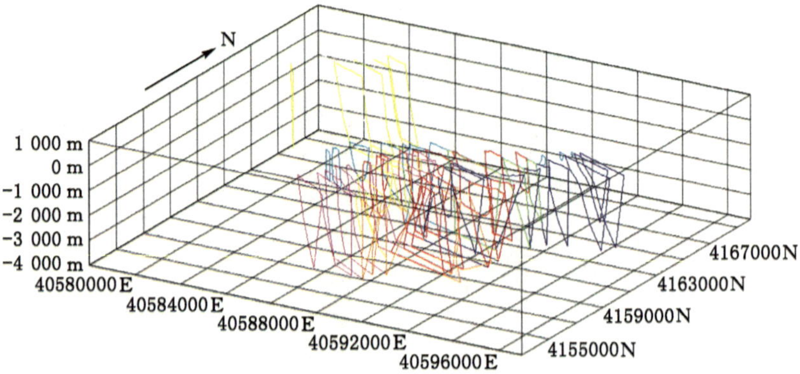

图 3-78　岩体线串模型

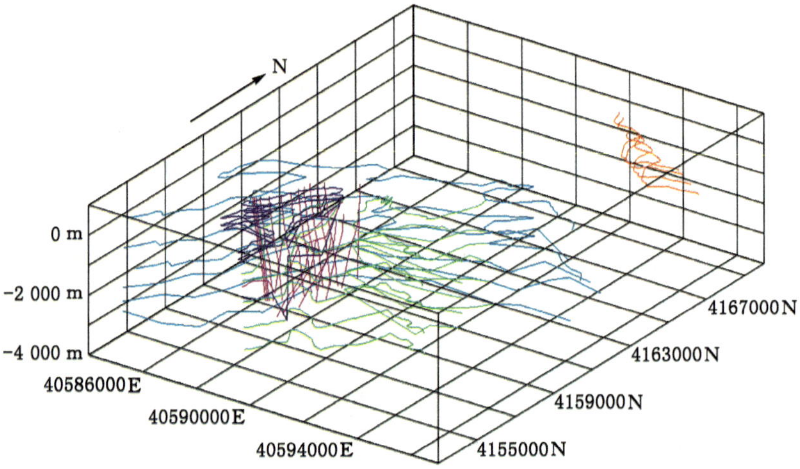

图 3-79　岩体分界面线模型

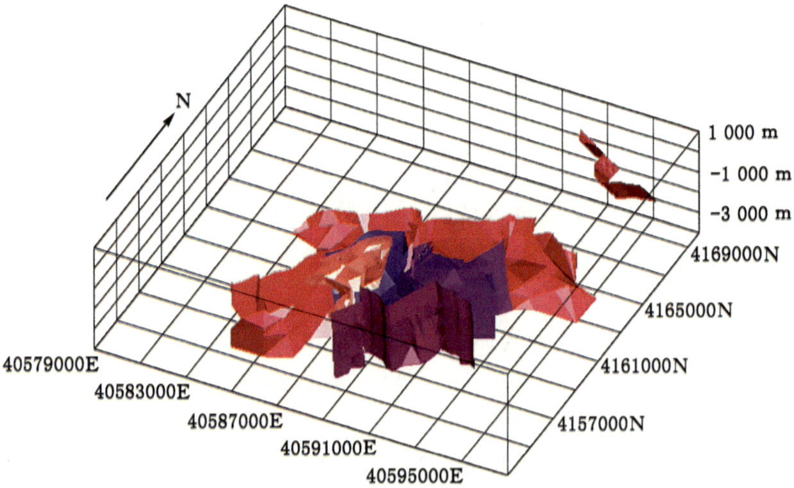

图 3-80　岩体分界面三维模型

为了更加立体直观地展示矿体与岩体之间的空间位置关系，本次研究利用剪切实体建模法构建岩体实体模型。采用剪切实体建模法进行建模能简化建模的过程和提高建模的速度，其建模过程如图 3-81 所示。首先对已构建的岩体分界面线串进行优化和空间插值，使创建的岩体分界面更加平滑，并将其进行相应的延伸，然后创建研究区范围大小的规则形状实体，并进行剪切操作，最终形成岩体模型。在进行剪切操作过程中，采用地质平面图对剪切结果进行多次检验，提高实体模型的准确性。采用该方法建模形成的实体模型，边界面一般都比较平滑、美观，并且工作量相对传统的剖面线等方法要少，操作也相对简单。

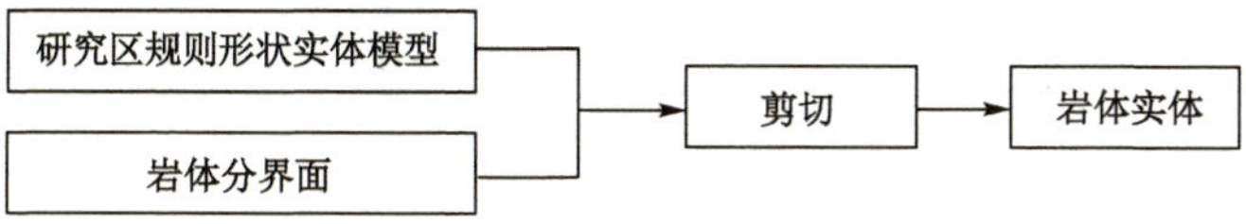

图 3-81　剪切实体建模方法

在 Surpac 软件中将创建的岩体分界面线串做一定的延伸，使其长度超过研究区规则形状实体模型范围大小。采用距离幂次反比法对岩体分界面线串进行空间插值，使所创建的岩体分界面模型更加平滑。研究区范围实体模型是根据黑岚沟-大柳行金矿田平面地质图内研究区范围和广域电磁剖面图的最大深度值来确定的。根据平面地质图和剖面图确定研究区规则实体模型 12 个角的 X、Y、Z 值，并建立相应的 Excel 表格，利用 Surpac 软件从一个文件导入数据和创建三角网功能建立研究区范围规则实体模型。在 Surpac 软件中打开研究区范围规则实体模型和各个岩体分界面模型，采用 Surpac 软件剪切并保留高于 DTM 实体的功能和剪切并保留低于 DTM 实体的功能，建立岩体模型，如图 3-82 所示。

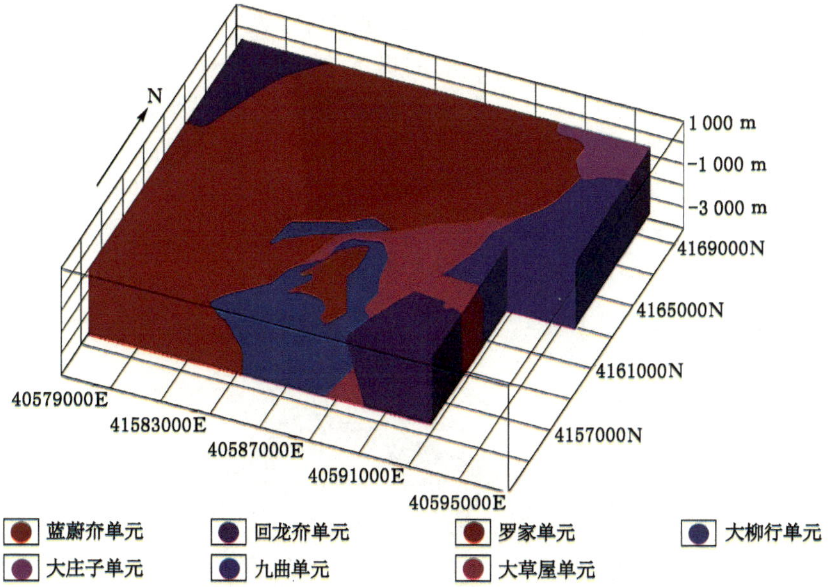

图 3-82　岩体三维模型

第4章　三维找矿信息提取

4.1　预测空间范围

研究区三维预测空间的范围由三维实体模型所限定，矿床三维实体模型是找矿信息综合分析的基础。根据项目任务目的要求，本次研究范围主要是黑岚沟-大柳行金矿田约 200 km^2（平面左下角坐标 40579500，4153800；右上角坐标 40596500，4169800），纵向研究尺度是标高－3 000 m 以上的地段。按照本次三维预测模型的具体要求以及有关预测技术方法的应用条件，构建了该矿田尺度的三维块体模型，以期为后续成矿预测提供必要的资料支撑。三维块体模型主要的构建原则如下：① 实体模型将研究区离散化为大小相同的块体单元，且这些块体单元的总范围要略大于或等于研究区范围。② 块体尺寸大小应在保证矿田三维预测精度与刻画成矿相关地质体规模、形态精度的前提下进行多次对比试验进行确定，块体尺寸设置不能过大，亦不能过小。③ 块体尺寸大小应保证矿床、体以及其他成矿相关地质要素的完整性，即在不损失精度的前提下，应包含较多的成矿地质要素。④ 最小体积最大含矿率的原则。此外，矿田尺度三维地质建模所利用的地质-地球物理剖面与加密地质剖面之间的距离多在 500～1 000 m 之间，而广域电磁测深剖面纵向点距为 50 m。为保证矿田内各个地质要素在三维尺度上的代表性及精度基本相等，块体在平面上的尺寸设置为建模地质剖面间距的 1/4～1/5，而纵向尺度设置为广域电磁测深数据点位的 2 倍。根据上述三维建模基础资料的情况与原则，并参考了相应规范，本次经过多次对比试验，块体尺寸大小设置为 200 m×200 m×100 m 效果最佳，据此完成了研究区三维块体模型的生成（图 4-1），共生成 209 701 个块。

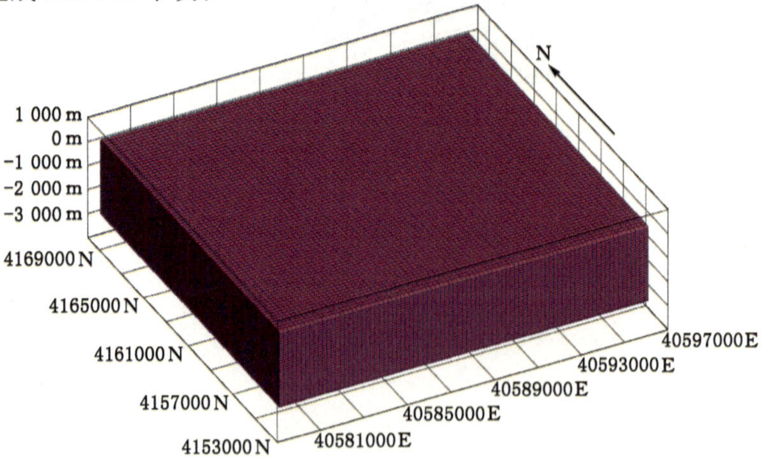

图 4-1　矿田尺度块体模型

4.2　控矿因素模型

以黑岚沟-大柳行金矿田的地质资料为基础，根据对研究区成矿地质背景和成矿规律的总结，结合实际地质情况，建立了黑岚沟-大柳行金矿田控矿因素概念模型(表 4-1)。

表 4-1　黑岚沟-大柳行金矿田控矿因素概念模型

断裂构造	区内主要分布 NW 向和 NNE 向两组断裂，为关键控矿因素，其中 NNE 向是本区构造格架的主体，它既存在控制地质体的区域性大断裂，同时又是密集发育的控矿及赋矿构造，控制了区内蚀变带和金矿体的分布；NW 向断裂主要通过广域电磁测深解译推断而来，不是赋存矿体的构造，属配矿构造
构造蚀变带	研究区内构造蚀变带发育，蚀变带走向呈膨胀夹缩、分支复合的特征，膨胀部位往往是蚀变最强部位，同时也是主要成矿地段；主要蚀变有黄铁绢英岩化、硅化、钾化、绢英岩化等；研究区内金矿多数产于构造蚀变带中
脉岩	研究区内脉岩发育以中生代岩体为主，岩性复杂多样，主要为闪长玢岩脉、石英闪长玢岩脉、煌斑岩脉、花岗斑岩脉和伟晶岩脉，其中石英脉分为含金石英脉和白色不含金石英脉
岩浆岩	区域上岩体主要为中生代侵入岩为主，有玲珑超单元含斑粗中粒、弱片麻状细中粒含石榴二长花岗岩以及郭家岭超单元含黑云母、角闪二长花岗岩；新太古代侵入岩以中细粒变辉长岩和含角闪黑云英云闪长质片麻岩为主，古元古代岩体分布在研究区南部；中生代侵入岩与本研究区金矿成矿有密切关系

4.3　预测要素与矿体空间关系分析

4.3.1　NE 向断裂系与矿体空间关系分析

基于区内地质、地质-地球物理主干剖面以及矿田内具有代表性的大中型金矿床勘探资料，完成了黑岚沟-大柳行金矿田的三维断裂表面模型与 16 处金矿床主矿体的三维实体模型。如图 4-2 所示，根据区内多级别断裂构造与矿体的空间关系可知，矿田内断裂较为发育，规模大小不一，尤其以 NE-NNE 向断裂构造为主，其中 NE 向虎路线断裂与栖霞深大断裂奠定了矿田构造格架的基本面貌，是区内重要的导岩、导矿构造。研究区主要位于虎路线与栖霞断裂之间，二者联合控制与形成了区内重要的 NE-NNE 向低序次导矿与赋矿构造。

通过系统总结矿田内成矿地质条件及已知矿床点的空间分布规律，初步认为虎路线断裂是区内金成矿的控制轮廓条件，同时也是区内主要的导岩、导矿构造。该断裂以 25°左右沿走向贯穿了整个矿田，且产状整体较陡，大多倾向 SE，局部出现反倾。其控矿作用主要体现在以下几个方面：

① 矿床在空间上具有 NW 成行、NE 呈串的空间分布规律，由虎路线与栖霞断裂共同控制。研究区主体位于虎路线断裂与西侧栖霞断裂带之间，二者之间发育了一系列的低序

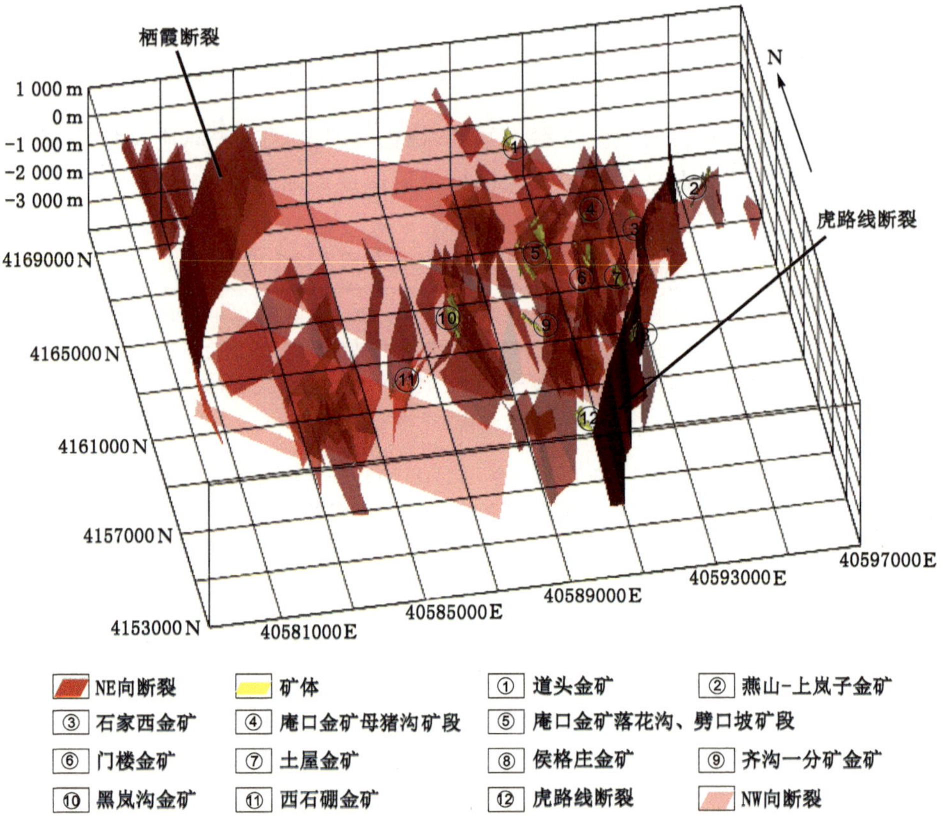

图 4-2　矿田尺度断裂构造与矿体三维空间关系图

次断裂，控制了矿田内主要的矿床点分布，尤其是多组构造的交汇部位及附近，区内成矿地质条件优越。已知矿床点在空间上呈网格状分布，且具有“NW 成行、NE 呈串”的空间分布特征，可将已知矿带划分为“四行四列”，如图 4-3 所示。

② 矿床产出个数、规模及矿化强度等明显受虎路线断裂控制。已有勘探资料显示，矿田内矿床、断裂构造、脉岩及构造蚀变带等均高密度产出于虎路线断裂以西 0～7.5 km 以内，而超出这个距离范围则明显具有变弱的趋势。按照上述“四行四列”的划分，已知矿床的规模及矿化强度随着与虎路线断裂的距离不断增加而呈“强弱相间”的交替变化规律，而矿化下限则呈现“深浅交替”的变化规律。此外，断裂构造、脉岩及矿化蚀变带等规模及密度亦明显变弱。

③ 断裂等密度对于识别成矿有利地段具有明显的指示意义。断裂等密度是指单位面积内断裂长度的加和，其值大小主要受断裂发育的密度、规模及断裂长度控制，因此断裂等密度值大的部位往往也对应断裂高密度产出的部位，代表成矿越有利。本次对矿田内的低序次断裂的长度进行了统计分析(图 4-4)，可知整个矿田内 NNE 向断裂长度多集中在1.0～2.0 km，有 21 条，且在各个金矿内存在与其他长度的断裂集中分布的趋势。小于 1.0 km的断裂个数次之，有 13 条。根据相关地质资料以及三维地质模型，可知矿体赋存于 1.0～2.0 km断裂者居多。

以矿田内－100 m 标高为例，将断裂等密度的异常下限设置为 80 m/km^2，经多次对比

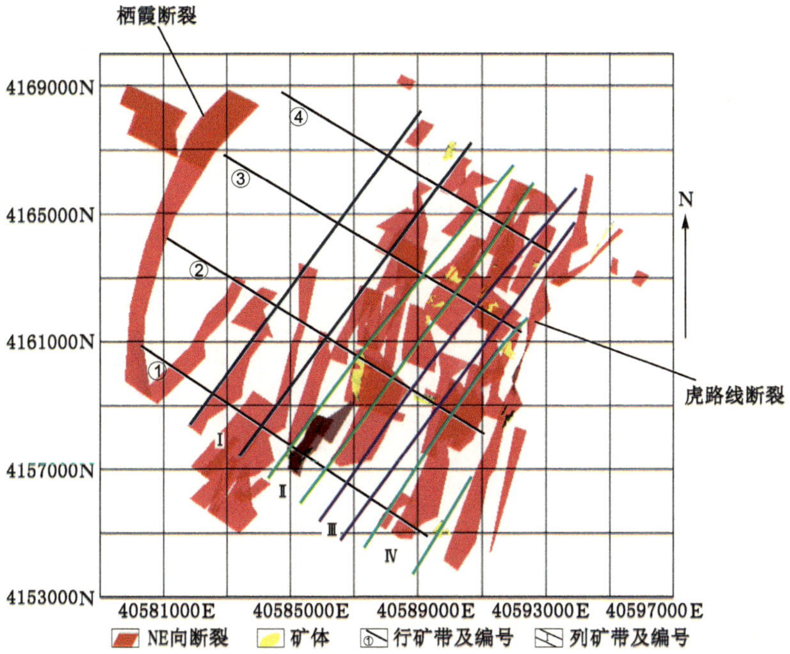

图 4-3　黑岚沟-大柳行金矿田矿床 NW 向呈行、NE 向呈串的空间分布规律图

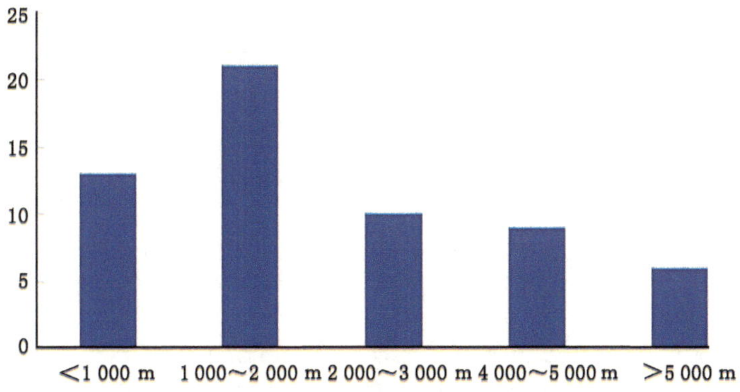

图 4-4　断裂长度分布区间直方图

分析发现，矿田内约 90% 大中型矿床均位于断裂等密度的异常区域内，尤其是 480～560 m/km^2 和 240～320 m/km^2 区间内，如黑岚沟矿体和庵口矿体以及土屋矿体分布于 480～560 m/km^2 区间内，门楼矿体和石家西矿体集中分布于 240～320 m/km^2 区间内（图 4-5）。尽管断裂等密度异常对于后续成矿预测具有较为重要的指示意义，但需要指出的是，断裂等密度图基于断裂构造信息而成，而目前能够掌握的断裂构造信息与人为找矿或开采活动具有天然的内在联系，在应用断裂等密度异常时应注意。

4.3.2　NW 向深大断裂与矿体空间关系分析

结合以往大量的基础地质、勘探地质、多尺度地球物理资料及已知矿床的空间分布规律，本次提出 NW 向断裂对于矿田内金矿床的空间分布具有明显的限制作用。本次共厘定断裂 5

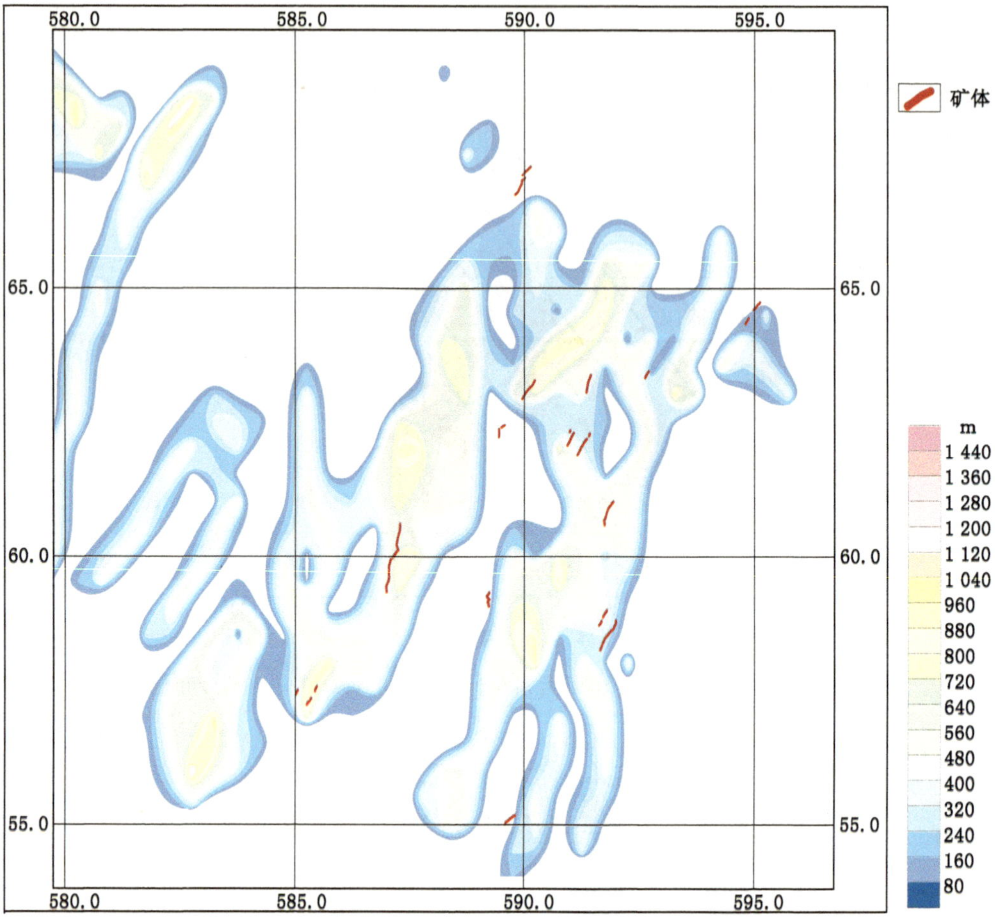

图 4-5　黑岚沟-大柳行金矿田一100 m 标高 NE-NNE 向断裂等密度图

条，其中 4 条见图 4-6 所示，编号分别为①、②、③与④，已完成的 NW 向断裂三维表面模型空间上位于虎路线断裂与栖霞断裂之间，目前未穿过 NE 向深大断裂，可能系二者“早期右行走滑派生”的结果。上述 NW 向断裂与虎路线断裂、栖霞断裂共同奠定了矿田的构造格架，不仅控制了区内的岩浆活动，同时也是区内重要的导岩、导矿构造。上述厘定的 NW 向断裂走向 320°，近平行展布，产状较陡，倾向为 SW 向，局部存在反倾现象，且该组断裂延伸至虎路线断裂与其近垂直斜交。

由已完成的 NW 向断裂与矿床三维实体模型的空间分布关系可知，已知大中型矿床主要分布于 NW 向深大断裂两侧 1 km 左右范围内，矿田内大中型矿床在空间上具有 NW 成行的规律，如区内的黑岚沟-齐家一分矿-侯格庄、庵口-门楼-土屋金矿等均呈 NW 向近等距分布。

根据上述分析以及总结相应规律，建立 NW 向断裂缓冲区并对其进行分析，分析 NW 向断裂缓冲区与已知矿体的空间关系。断裂缓冲区分析是指自动建立其周围一定宽度范围内的缓冲区多边形断裂图层，然后建立该断裂图层与矿体图层的叠加，进行分析而得到所需结果。对此，本次以一100 m 标高为例对矿田内 NW 向断裂做 0～1 km 之内的缓冲区分

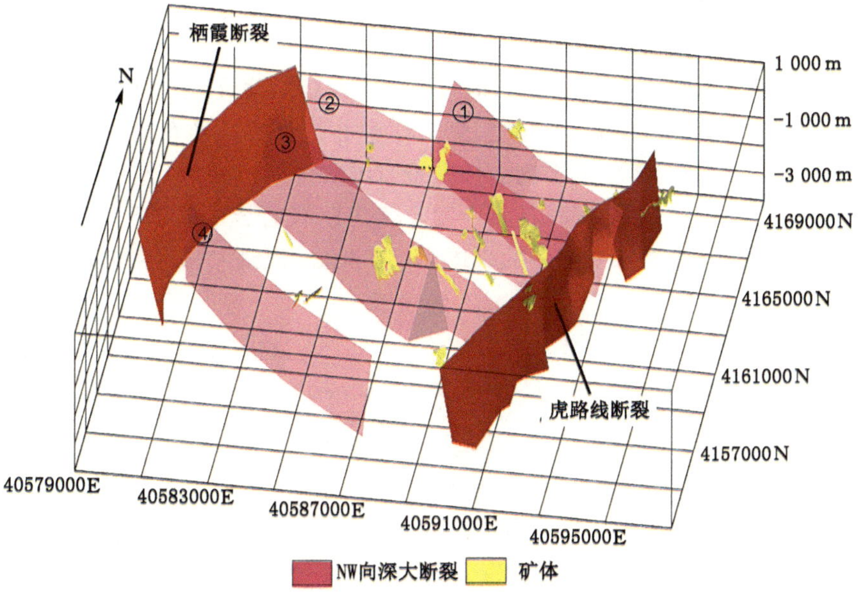

图 4-6　NW 向断裂与矿体三维模型

析，如图 4-7 所示。NW 向断裂缓冲区内基本覆盖了 85％的矿体，其中位于虎路线断裂以东的燕山-上岚子矿体与虎路线断裂以西的虎路线矿体和土屋矿体均未能处于 NW 向断裂缓冲区中；而道头、石家西、西石硼、门楼、齐家沟一分矿、庵口落花沟与母猪沟矿段矿体完整地处于 NW 向缓冲区内，仅黑岚沟、侯格庄矿体、庵口矿区劈口坡矿段主矿体部分走向延伸段处于缓冲区之外。

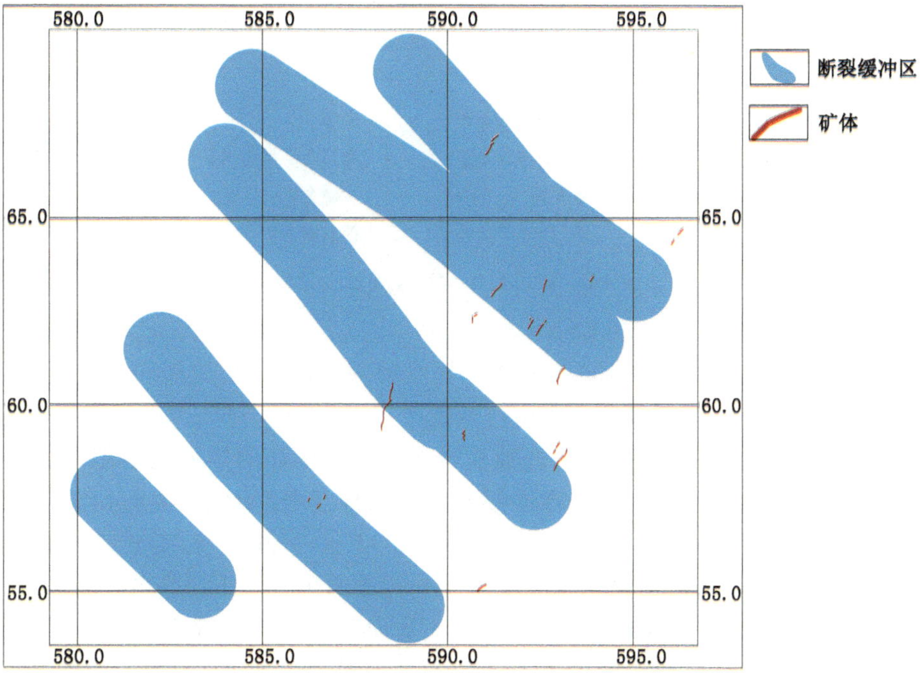

图 4-7　－100 m 标高 NW 向断裂缓冲区与已知矿体分布图

4.3.3 构造蚀变带与矿体空间关系分析

构造蚀变带是黑岚沟-大柳行金矿田内重要的赋矿地质体，因此详细分析与总结区内构造蚀变带的空间分布规律对于后续找矿预测工作具有重要的指导意义。基于此，根据区内勘查地质资料、地球物理资料完成了构造蚀变带三维实体模型图，在空间上构造蚀变带主要发育于虎路线断裂与栖霞断裂之间，且集中发育于虎路线断裂西侧 7.5 km 左右以内，尤其发育在 2.5～5 km 区间构造蚀变带中的矿体不仅矿化好、规模大，而且构造蚀变带向深部均未封闭(图 4-8)。

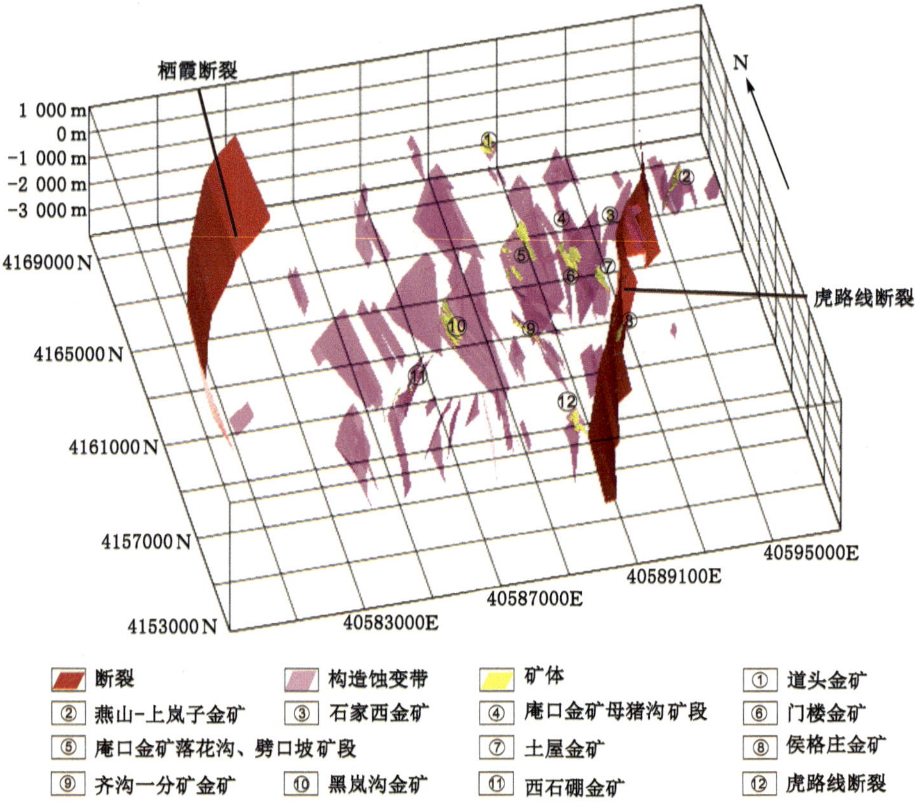

图 4-8 矿田尺度构造蚀变带三维模型

本次三维地质模型共创建 100 余条矿化构造蚀变带，整个矿田内的构造蚀变带按其走向分为 NE 向、NNE 向，其中 NNE 向构造蚀变带居多，占整个矿田范围的 80%，且矿田内的大中型矿床普遍发育于 NNE 向构造蚀变带内。根据解译的广域电磁测深剖面图显示，黑岚沟与庵口等矿区内的构造蚀变带沿倾向向下延伸至－2 500 m 左右，且矿区内的矿体随着构造蚀变带沿倾向延深深度均在－800 m 以下，其中石家西金矿沿倾向延伸有－1 000 m之多；尤其在 NNE 向构造蚀变带呈平行等间距密集排列或出现多组断裂交汇的地段其成矿性较好，易形成较好的工业矿体。NE 向的构造蚀变带主要集中分布于虎路线断裂西侧 0.5 km 左右，其中土屋、侯格庄和虎路线金矿分布于 NE 向含矿构造蚀变带内，空间上呈雁列式分布。矿田内的构造蚀变带按其倾向分为 SE 向和 NW 向，其中倾向为 SE 向的构造蚀变占全区的 90%，仅有西石硼金矿矿体和位于虎路线断裂东侧的侯格庄金矿矿体处于 NW 倾向的构造蚀变带内，其中西石硼矿区发育多条构造蚀变带，近平行等距状分布，且向深部产状变陡。

通过对矿田范围内的金矿地质资料和地质图件的研究，结合构造蚀变带与已知矿体的三维地质模型综合显示，对构造蚀变带的数量和其所形成工业矿体的数量进行统计分析，本次共创建 100 余条构造蚀变带，其中能够形成工业矿体的构造蚀变带共有 40 余条，含矿率达到 40%。剩余构造蚀变带内虽有零星矿化，但部分因勘查程度较低，暂未形成达到工业级别矿体的要求。上述含金矿化构造带主要的蚀变类型为硅化、绢云母化以及黄铁矿化，且矿体主要发育于矿化构造蚀变带中，表明上述厘定的构造蚀变带仍是下一步优先找矿的地段。

4.3.4　脉岩与矿体空间关系分析

依据黑岚沟-大柳行金矿田平面地质图，并详细查阅矿田主要矿区的地质资料，结合广域电磁一维反演，本次共建立脉岩三维模型 70 余条，且其规模相对较小。根据脉岩模型三维空间显示以及黑岚沟-大柳行金矿田平面地质图，研究区内脉岩较发育，岩性复杂多样，中基性脉岩主要有煌斑岩、闪长玢岩、闪长岩、石英闪长岩等；中酸性脉岩主要有花岗伟晶岩等，多呈 NE-NNE 向展布，规模大小不一，长 200～1 000 m，宽 1～20 m，向下延伸 500～1 700 m，如图 4-9 所示。整个矿田范围内呈现出北部脉岩规模相对较大且密集分布，而南部脉岩规模相对较小且零星分布，尤其是分布在矿田西南部的脉岩。由于受 NNE 向低序次断裂控制，矿田内的大部分脉岩走向呈 20°～30°，近于平行等间距分布且部分脉岩具有分支复合的特征。在脉岩密集分布地区形成规模较好的矿体，如庵口矿区劈口坡矿段和强家沟矿区。小部分脉岩走向为近 EW 向以及 NW 向，且与 NE 向脉岩交汇，其交汇部位成矿性较好，该特征在黑岚沟金矿与土屋金矿体现得较为明显。从图中可以看出，该区煌斑岩脉以 NNE-NE 走向为主，也存在少数 NEE 及 NW 走向，NNE-NE 走向煌斑岩脉与矿体平行或近平行产出，同时其向下延伸与矿体近平行产出，这说明煌斑岩脉与矿体具有较好的相关性。研究区内煌斑岩形成时间略早于成矿期，且矿脉会沿煌斑岩脉发育，与矿体接触的煌斑岩脉常发育蚀变或产生褪色效果[56]。因此，煌斑岩可作为该区找矿标志之一，其余中基性和中酸性的脉岩，在矿区分布广泛，在走向上不具统一性，相互之间存在相交现象，与矿体交汇时也存在交切现象。

脉岩虽然在矿田范围内对成矿具有一定的控制作用，但依据勘探工程资料显示，脉岩主要呈高密度产于浅部，深部较稀，尤其是区内煌斑岩、闪长玢岩等规模相对较小的脉岩。此外，在二维平面中脉岩显示与浅部矿体平行产出，但部分脉岩在三维空间中呈互相穿插的关系。更重要的是，目前还无法利用广域电磁测深资料控制区内多种脉岩的深部延伸及规模大小，主要是区内多数脉岩本身规模相对均较小，广域电磁测深的点距远远大于脉岩本身的规模，致使无法精细刻画脉岩的空间解译精度。按照成矿预测原则，为尽量保证－3 000 m 至地表预测要素精度对等，且深部预测信息量的损失较小的原则，本次不将脉岩作为关键的预测要素。

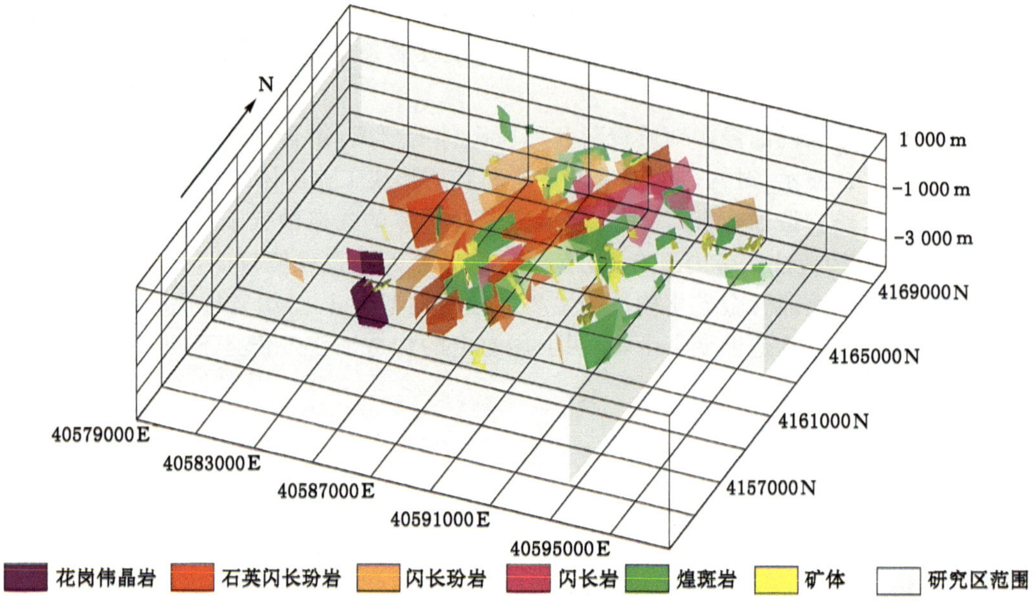

图 4-9　黑岚沟-大柳行矿田脉岩与矿体三维模型

4.3.5　中酸性侵入岩与矿体空间关系分析

研究区内发育有大量的中酸性侵入岩岩体，主要包括新太古代栖霞序列、谭格庄序列、古元古代大柳行序列，中生代玲珑序列、郭家岭序列等。大量的成岩成矿以及高精度的年代学研究均表明，以郭家岭序列为代表的这些侵入岩体在时间上与矿体的形成具有密切的联系。

由于研究区内发育的侵入岩体较多，地质现象较为复杂，为了能够清楚地观察已知矿体与各侵入岩体的空间关系，建模过程中，只对发育面积较大且与已知矿体具有密切联系的岩体接触带进行三维表面模型的构建，共完成了 7 条主要侵入接触带三维表面模型，如图4-10所示。岩体接触带是一种典型的界面形式，近年来“界面成矿”已受到部分学者的重视。岩体接触带控矿常见于接触交代型矿床中，受断裂构造控制的热液金矿床，一般很少受岩体接触带界面形态、产状变化的影响，不过近年来有研究表明，金矿产出部位和岩体的变形强度间存在着一定的关系。

尽管区内不同期次、不同岩性接触界面在空间上对成矿具有一定的控制作用，但多集中于矿体浅部。三维岩体模型显示，岩体侵入接触界面在空间上具有复杂的形态，甚至部分与矿体在三维空间上呈现相互穿插的关系，亦有矿体纵向上斜切侵入接触界面的现象。统计分析发现，区内典型矿床在空间上与上述侵入界面的距离大小不一。此外，区内广域电磁成果还无法精确厘定不同岩性之间（尤其是具有相似电阻率的岩体之间）的界面，为保证在纵向上预测精度尽量对等性的要求，并考虑区内岩浆岩与成矿之间的时空关系，本次暂未将不同期次、不同岩性之间的侵入接触界面作为关键的预测要素。

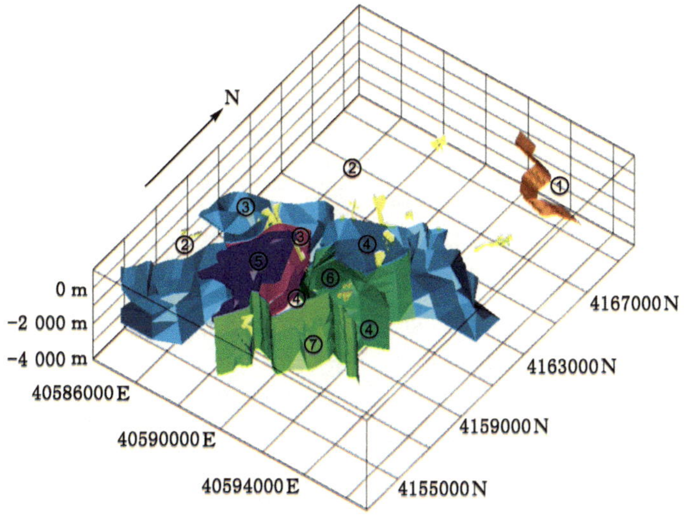

图 4-10　黑岚沟-大柳行金矿田侵入岩体轮廓模型

4.4　广域电磁测深异常与矿体空间关系分析

4.4.1　广域电磁测深一维反演电阻率异常特征

区内共开展广域电磁测深剖面 8 条(自南向北依次为 GY1～GY8),剖面测量方向 NWW-SEE 向,与区内主干构造线基本垂直,GY1～GY8 广域电磁测深剖面测试有效深度在 3 km 以上,测量剖面间距多在 1～2 km,空间上略呈等距性,且各剖面多穿越了区内已知大中型金矿床的主要矿带(如区内 GY1～GY2 横穿了黑金顶矿区,GY3 穿越了强家沟、虎路线金矿区,GY4 穿越了黑岚沟与齐沟一分矿金矿区等),本次重点完成了上述 8 条剖面的地质内容切制,如图 4-11 所示。

区内主要发育构造脉型金矿,且关键控矿因素以线性断裂为主,对 8 条广域测深剖面进行了一维反演,有效反演深度在 3 km 以上,主要作用是突出区内含矿断裂构造。以 GY4 线广域测深测量剖面为例,如图 4-12 所示,该剖面视电阻率在纵向上呈明显的二分层结构,以视电阻率 3.0(lg Ω · m)为界,分层标高在－1 500 m 左右,但也有局部高电阻率异常呈“穿刺状”向上延伸或低电阻率异常向下延伸,且高-低电阻率过渡梯度带部位及附近多对应了规模较大的构造蚀变带等,其中二分层结构的浅部 250～950 测点间分布有大量低电阻率区,其内常常分布有大量小面积的“孤立椭圆形”高阻异常[多大于 3.0(lg Ω · m)],推断是断裂之间的夹盘地质体,由于受多级别导矿、储矿构造影响较小,致使本身矿化蚀变较弱,导致视电阻率相对较高所引起。而浅部大面积的低阻异常区[多小于 3.0(lg Ω · m)]多对应密集的构造蚀变带与部分近矿中基性脉岩群,尤其包括主要含矿构造带,如黑岚沟 1 号主矿体及次级平行矿脉与齐家一分矿 Ⅸ 号金矿脉及次级平行矿脉等,此外与矿体接触的脉岩多

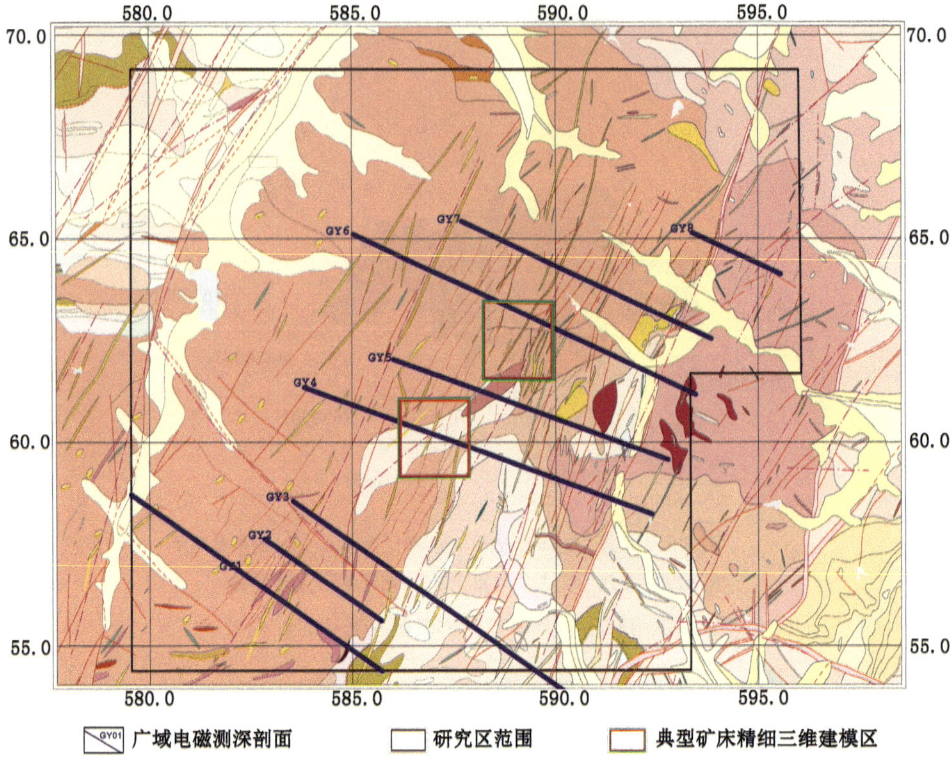

图 4-11　大柳行-黑岚沟金矿田广域电磁测深剖面布置图

伴随着不等程度的蚀变，常见弱绿泥石化、绢云母化以及星点状黄铁矿。其岩石电阻率与极化率等多呈低电阻率与高极化率特征。

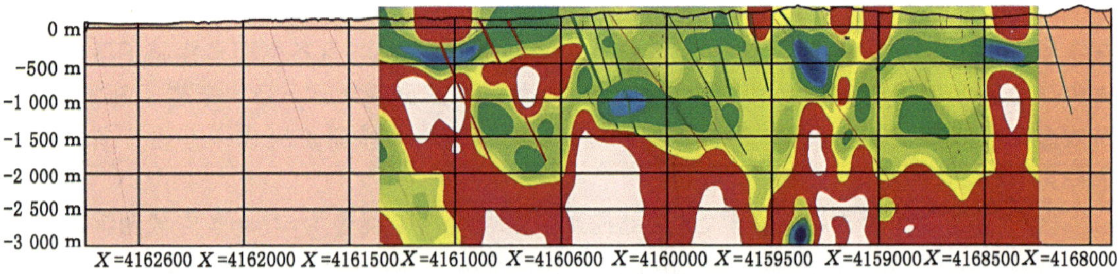

图 4-12　GY4 广域电磁测深剖面地质解译图

矿田尺度内完成的 8 条广域电磁测深剖面在三维空间内呈现相似的纵向电性组构，即在纵向上均呈现明显的二分层电性组构(图 4-13)。本次以视电阻率 3.0(lg Ω · m)为界，并参考视电阻率异常的规模，初步厘定了上述 8 条广域电磁测深剖面纵向二分层界面的形态及位置，自北向南而言，纵向上高、低电性组构二分层界面具有北高南低波状起伏变化特征，波谷的位置往往对应区内重要的大中型金矿床(图 4-14)。

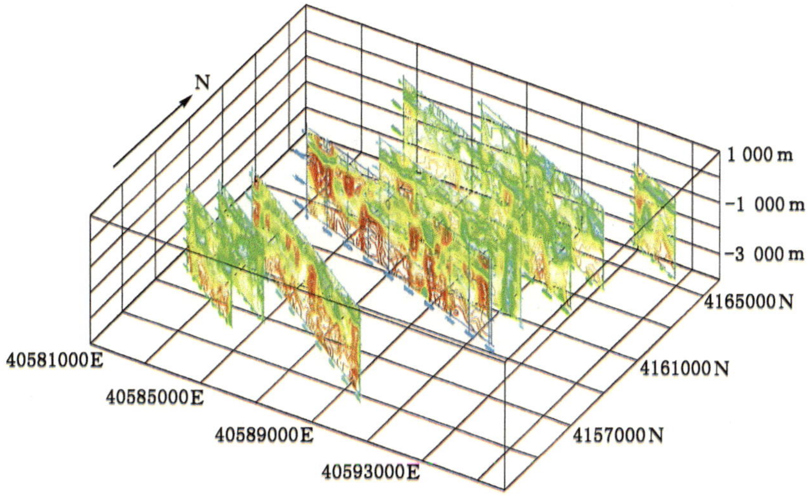

图 4-13　矿田广域电磁测深剖面三维显示图

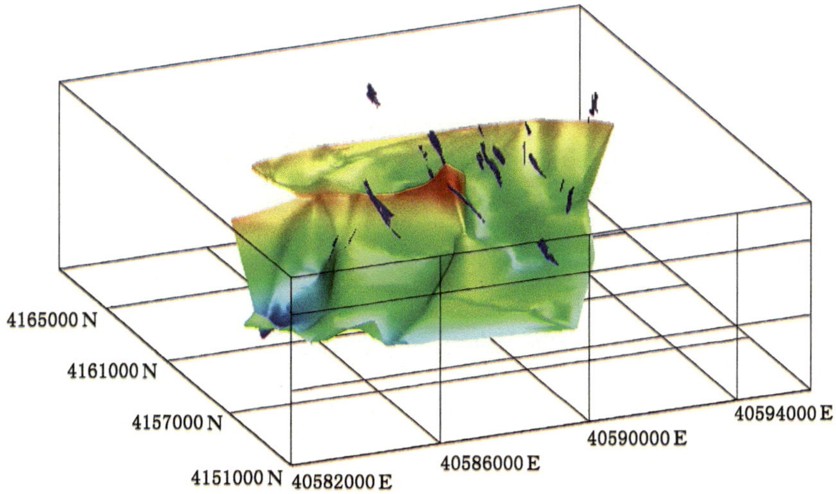

图 4-14　矿田纵向二分层电性组构界面与已知矿体三维空间分布图

4.4.2　广域电磁测深一维反演电阻率三维异常特征

区内开展的 8 条广域电磁测深剖面(GY1～GY8)在空间上平均距为 1～2 km 不等，基本上覆盖了矿田约 80%的面积，仅西侧靠近栖霞断裂带下盘 4 km 的范围缺少限制，为进一步详细挖掘矿田尺度内三维空间地质组构信息，本次对上述 8 条广域电磁测深剖面的一维反演数据进行了二次开发，并进行了三维空间插值与分析。

① 生成研究对象范围的块体模型：根据研究区范围以及研究深度要求，本次将研究区约 200 km^2范围(左下角坐标 40579600，4153800；右上角坐标 40596000，4169000)及深度－3 000 m 以上地块进行了块体划分。考虑到研究区东西长度约 16 km，南北宽约15 km，深度仅 3 km，存在着明显的长宽高比差异，本次主要按照尺寸大小为 200 m×200 m×100 m

的块体对研究区进行划分，且广域电磁测深测量点距约为 50 m，纵向点距为 50 m，完全满足刻画地质体规模、形态以及地球物理异常的精度要求。本次研究区内共生成 112 860 个块体。

② 按照要求对生成块体进行插值前处理，主要对区内生成块体进行属性编辑。本次地球物理参数主要是电阻率，因此对块体进行了电阻率属性的增加。

③ 按照空间形态对区内块体进行三维空间插值。本次使用的空间插值数据源为广域电磁测深一维反演数据源，由前述内容可知，GY1～GY8 线的线距基本上在 1～2 km，而单一剖面测量点距为 50 m，纵向点距为 50 m，数据源为空间不均匀性，为尽量保证空间插值异常形态的真实性，本次插值使用的是距离幂次反比法。

根据矿田广域电磁测深电阻率块体模型图（图 4-15、图 4-16）可知，区内电阻率整体上具有二分层结构，整体位于标高－1 200 m 左右，其中浅部高电阻率异常[多小于 3.5(lg Ω·m)]呈陡立 NE-NNE 向狭窄条带状（图 4-15），自 NW 向 SE 方向可见 5 条明显的电阻率异常带；深部高电阻率异常同样呈 NE-NNE 向狭窄条带状，尤其在狭窄条带状高、低阻异常过渡带常与区内主要的含矿构造及构造蚀变带走向基本一致（图 4-16），表明区内部分 NE-NNE 向含矿构造在纵向尺度上延深较大。此外，区内还存在 NE-NNE 向条带状高低电阻异常带常被错断，推断为 NW-NNW 断裂带，这在区内广域电磁测深剖面上表现较为明显。

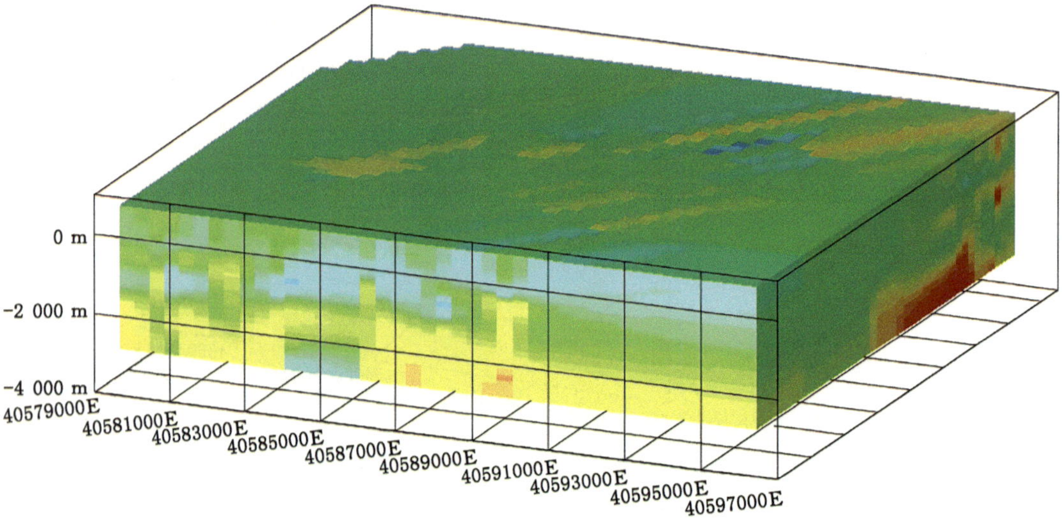

图 4-15　广域电磁测深电阻率块体模型图（顶面）

4.4.3　组合方向导数方法有效性研究

由电阻率块体模型可知，电阻率异常基本上与区内构造蚀变带一致，呈 NE-NNE 向狭窄条带状，在纵向上亦表现如此。为进一步增强和提取线状异常信息，本次在广域电磁测深一维反演的基础上，对纵向上不同标高尺度的数据进行水平方向导数的求取，求取水平方向导数的目的是突出线性构造在电阻率异常中的反应。通常异常导数极值点的连线位置大概对应了线性构造的位置，这种数据处理方法在重磁数据处理中应用较为成熟及广泛，且大多取得了较好的实际应用效果。关于微积分中的一阶方向导数的计算原理如下。

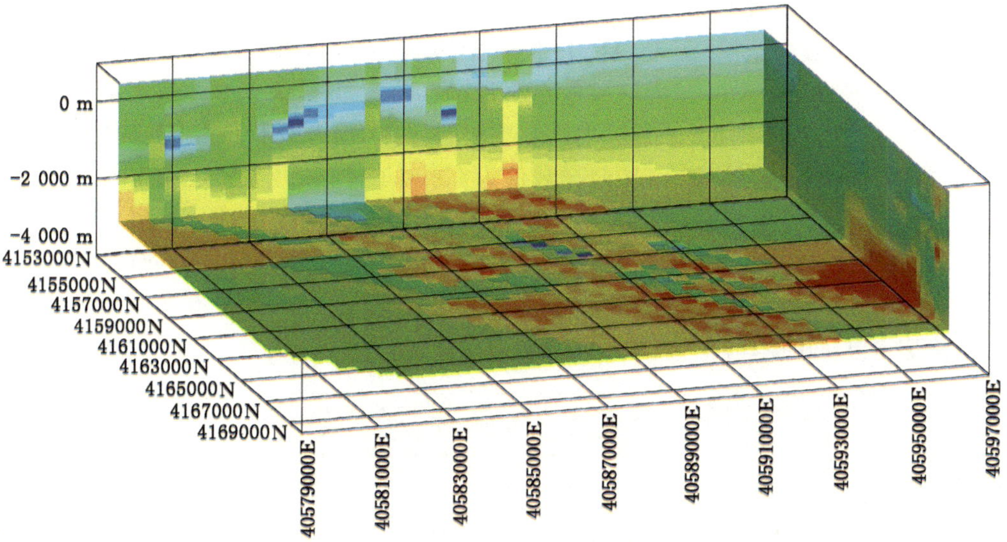

图 4-16　广域电磁测深电阻率块体模型图(底面)

本次是基于 Surfer 软件开展方向一阶导数计算的，其方向一阶导数与方向导数的定义基本相同。Surfer 使用一个网格文件来代替我们可以计算的已知函数“$z(x,y)$”曲面某点处的矢量极限值，因此使用差分方程来近似方向导数。在地球物理场面的一个点的方向导数等于梯度向量和指定方向上的单位向量之间的点积，其具体计算公式如下：

$$\begin{aligned}\frac{\mathrm{d}f}{\mathrm{d}s}&=\vec{g}\cdot\begin{bmatrix}\cos\alpha\\\sin\alpha\end{bmatrix}\\&=\begin{bmatrix}\frac{\mathrm{d}f}{\mathrm{d}x},\frac{\mathrm{d}f}{\mathrm{d}y}\end{bmatrix}\cdot\begin{bmatrix}\cos\alpha\\\sin\alpha\end{bmatrix}\\&=\frac{\mathrm{d}f}{\mathrm{d}x}\cdot\cos\alpha+\frac{\mathrm{d}f}{\mathrm{d}y}\cdot\sin\alpha\end{aligned}$$

式中，f 代表地球物理场；α 代表指定的方向角度(Surfer 中正东方向为 0°，正北方向为 90°)。

由上述内容可知，黑岚沟-大柳行金矿田中主要构造行迹以 NE-NNE(15°～45°)、NWW(320°)向为主，其中 NE-NNE 向构造系是以栖霞断裂带、虎路线断裂带为主干构造，并与夹盘内派生出的多序次含矿构造共同构成。矿田内主要的含矿构造及蚀变带在电性参数上与新鲜围岩具有较大差别，尽管区内矿体厚度较小，但区内含矿构造蚀变带规模相对较大，因此，由此引起的电阻率异常带具有一定的宽度。上述电阻率异常形态表明区内高、低阻异常呈明显的狭长窄带状，这表明对区内电阻率异常开展水平方向导数的计算具有可行性。

本次选取－500 m 标高广域电磁测深成果的水平切面进行微积分水平一阶导数求取，即分别提取 8 条广域电磁测深剖面中－500 m 标高的一维反演数据，首先对－500 m 的一维反演数据进行插值处理，并利用距离幂次反比法生成网格化数据(.grd)，并利用 Surfer 软件中的微积分一阶水平导数功能求取电阻率的梯度率或变化率。考虑到区内主要的构造产状，并根据多次实验对比分析，本次优先选取了 130°与 220°方位开展水平一阶导数的计算，其中 130°方位水平一阶导数主要是提取 NE-NNE 向构造蚀变带(图 4-17)，而 220°方位主要提取 NW-NWW 向方位构造(图 4-18)。基于此,将这两个水平方向一阶导数进行求和,计算得出了组合一阶导数的结果(图 4-19),上述组合导数在一定程度上考虑了区内主要的两组断裂构造。由上述结果可知,区内广域电磁测深−500 m 电阻率 130°方位水平一阶导数图刻画了区内 NE-NNE 向构造,尤其区内已知重要的含矿构造,基本上与 NE-NNE 向狭长带状的导数极高或极低值基本吻合,按照导数值为 0.000 1 进行圈定,与已知矿带吻合率高达 60%以上,其中包括黑岚沟、庵口、西石硼以及虎路线等矿区的主矿体。而区内广域电磁测深−500 m 电阻率 220°方位水平一阶导数图主要反映了区内主要的 NW 向构造体系(图 4-18),但结果显示高导数值异常区大多依旧呈近 SN-NNE 向,且沿走向方向常出现错断或扭折现象,表明 NW 向断裂的存在,且部分矿体与高值区套合。

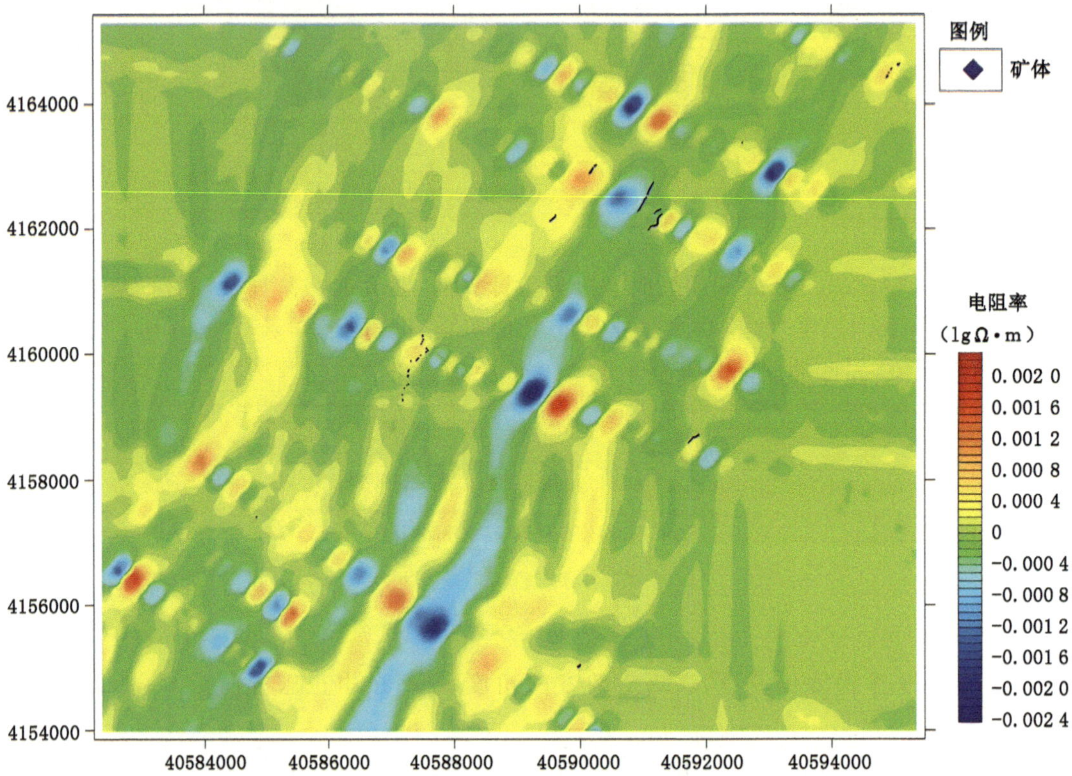

图 4-17　广域电磁测深−500 m 电阻率 130°方位水平一阶导数图

区内广域电磁测深−500 m 电阻率组合水平一阶导数图是区内 130°与 220°两个方向水平一阶导数的矢量和的结果(图 4-19),图中显示,区内高值异常带主体呈 NE-NNE 向,且东侧异常带清晰反映出了虎路线主干断裂,低值区呈现串珠状,与正高值异常区的扭折带共同反映了区内 NW 向的深大断裂,而区内正高值异常区基本上与矿田内已知主要矿带相吻合。以 0.000 1 进行异常圈定,发现异常区与−500 m 的燕山-上岚子、黑岚沟、庵口、门楼、侯格庄、西石硼、虎路线等矿体基本套合,吻合率达 85%以上,表明了组合导数对于区内多序次、多产状控矿构造指示的有效性。

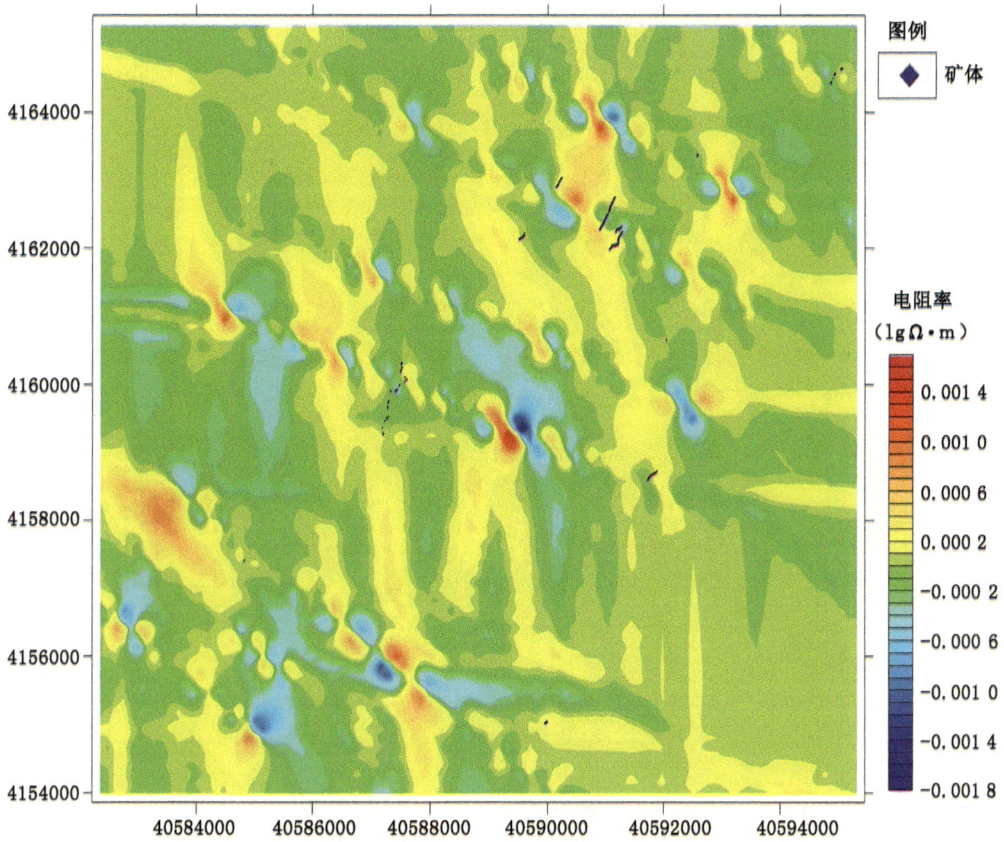

图 4-18　广域电磁测深－500 m 电阻率 220°方位水平一阶导数图

4.4.4　广域电磁测深组合水平方向导数三维异常特征

为详细查明矿田尺度内组合水平方向导数异常在三维空间的特征，本次对上述 8 条广域电磁测深剖面的一维反演数据进行了二次开发，并对不同水平切面的组合水平方向导数值进行了三维空间插值与分析。

① 按照纵向 100 m 的间距，从地表至－3 000 m 的深度依次提取广域电磁测深一维反演数据。首先对各个水平切面的广域电磁测深一维反演数据进行网格化(.grd)处理，并应用 Surfer 软件按照组合水平一阶导数的计算方法求取组合水平方向导数，为后续三维空间插值提供数据源。

② 生成研究对象范围的块体模型，与广域电磁测深一维反演电阻率块体模型基本一致，按照尺寸大小为 200 m×200 m×100 m 的块体对研究区进行了划分，共生成 112 860 个块体。

③ 按照要求对生成块体进行插值前处理，主要对区内生成块体进行属性编辑。本次地球物理参数主要是导数，因此对块体进行了导数属性的增加。

④ 按照空间形态对区内块体进行三维空间插值。本次使用的空间插值数据源为广域电磁测深一维反演数据源，由前述内容可知 GY1～GY8 线的线距基本上在 1～2 km，而单一剖面测量点距为 50 m，纵向点距为 50 m，数据源为空间不均匀性。为尽量保证空间插值

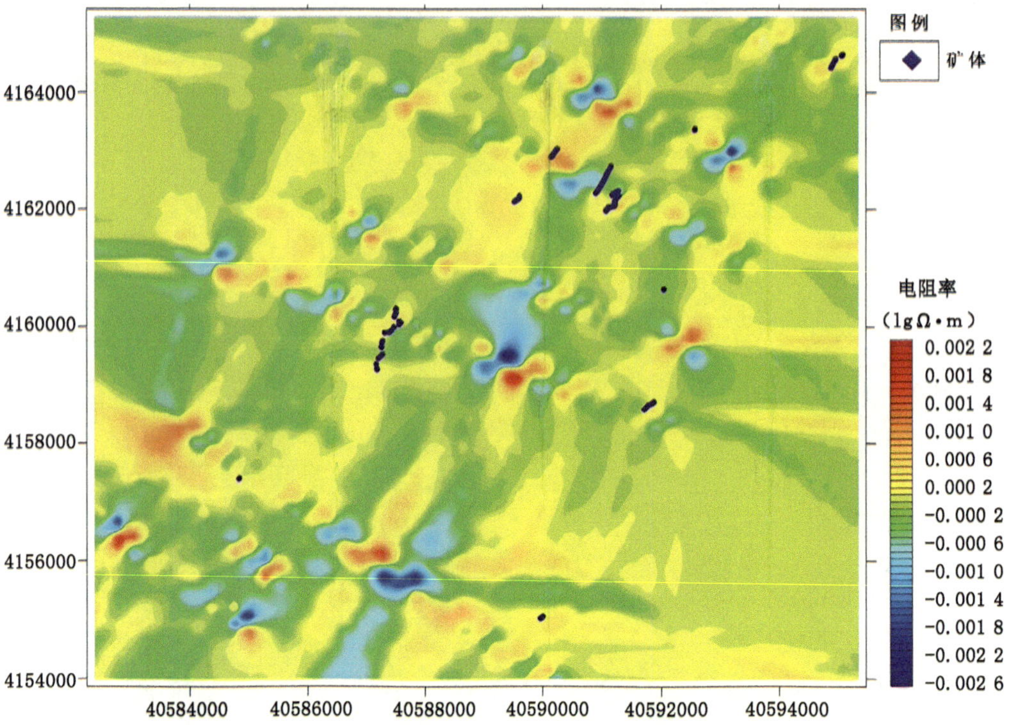

图 4-19 广域电磁测深－500 m 电阻率组合水平一阶导数图

异常形态的真实性，本次插值使用的是距离幂次反比法。

由矿田广域电磁测深组合水平方向导数块体模型图(图 4-20)可知，区内组合水平方向导数与电阻率值三维异常图具有很大不同，主要体现在异常的空间分布规律上。

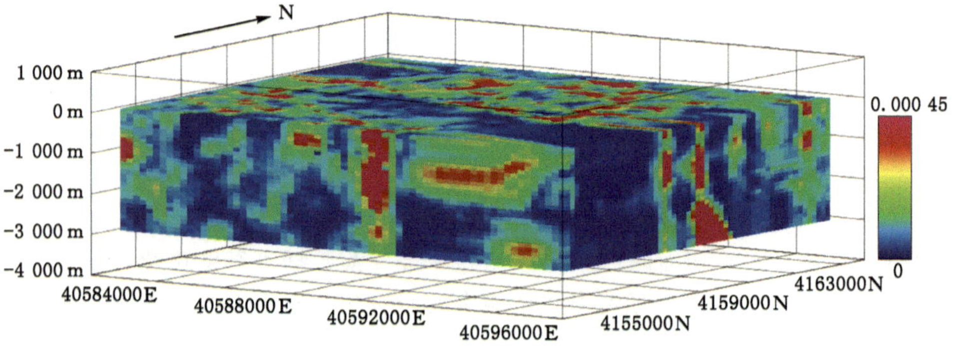

图 4-20 广域电磁测深电阻率方向导数块体模型图

如前所述，电阻率块体模型在纵向上具有明显的电性二分层组构特征，且地表电阻率异常呈明显的带状，主体以 NE-NNE 向狭长带状为主，尽管异常带与地表 NE-NNE 向(含矿)断裂系基本对应，但由于向深部随着电阻率的整体升高，对应断裂带的纵向分辨率或者异常带向深部延伸趋势不明显，尽管在深部高阻异常中会出现狭长低阻带，但对应构造带(尤其是含有热液蚀变的含矿构造带)的高低阻之间变化强度会相对变低，甚至消失。此外，NW向断裂构造带的异常不明显，而对于 NW 向断裂控矿的重要性在矿田内虎路线金矿、西石硼金矿与齐家沟金矿、侯格庄金矿、黑岚沟金矿等在空间分布特征上可略见一斑(即 NE 成行、NW 呈串,具有明显的网格状对应性)。为进一步增强由致矿地质体引起的电阻率异常,本次在广域电磁测深一维反演数据的基础上,利用组合水平方向导数创建了三维块体模型,并以此探讨了区内成矿地质体的空间分布规律。由图 4-20 可知,区内组合水平方向导数值高值区整体呈串珠状分布。由于矿田内虎路线深大断裂带是重要的主干断裂及导矿、运矿构造,因此,本次以虎路线深大断裂为界,将矿田分为三块分别介绍。

① 虎路线断裂:是区内规模较大的导矿与运矿断裂,其组合水平方向导数值偏高,且整体呈 NE 向窄带状、串珠状等分布,断裂与组合水平方向导数高值区基本套合。由组合水平方向导数块体模型图剖面可知,虎路线断裂带延深较大,可达 −3 000 m 标高以下,且虎路线断裂产状上整体较陡,在倾向上局部存在反倾。断裂带两侧存在雁列式高值区,空间上可能类似于上岚子金矿含矿构造与虎路线断裂之间的空间关系,同时也表明组合水平方向导数高值区可能为多组构造共同引起,说明在虎路线断裂两侧具有一定的找矿潜力。

② 虎路线断裂以东地段:构造相对发育,主要发育两组构造,走向分别为 NEE60°与 NNE30°,其中 NEE60°断裂构造序次高于 NNE30°,二者互为派生关系,这一点认识由燕山-上岚子金矿表现得较为明显。该地段位于虎路线与肖古家深大断裂之间,成矿地质背景较为有利,自北向南依次发育有燕山-上岚子金矿区、肖古家、侯格庄金矿区及黑石-宁家金矿区。由组合水平方向导数三维块体模型可知,虎路线断裂以东组合水平方向导数高值异常具有“侧列式”特征,以燕山-上岚子、侯格庄金矿区等较为明显,高值异常呈 NEE 向 50°～60°带状,延伸约 1 km。值得注意的是,在上述两金矿区之间还存在两处类似形态的高值区,分别位于土屋东与燕子夼东,自北向南依次等距排列,距离为 1.4～1.6 km,表明上述两地段可能具有一定的找矿潜力。在纵向上,组合水平方向导数高值区规模较大,产状陡立,且在形态上具有“树杈状”的结构特征,如上岚子金矿、侯格庄、侯格庄西、虎路线金矿床主含矿构造与虎路线断裂之间的关系。如前所述,虎路线断裂带位置组合水平方向导数高值异常可能为多组构造共同引起,但整体上而言,紧邻虎路线断裂的低序次含矿构造多相交于虎路线断裂,在规模上相对较小。

③ 虎路线断裂以西地段:位于虎路线断裂与西侧栖霞断裂带之间,发育了一系列的低序次断裂,控制了矿田内主要的矿床点分布,尤其是多组构造的交汇部位及附近,表明区内成矿地质条件优越。组合水平方向导数高值异常在空间上呈网格状,具有“NW 成行、NE 呈串”的空间分布特征。参考区内已知矿带,可将组合水平方向导数高值异常划分为“四行四列”,空间上与区内已知矿带基本对应一致,其中行方位为 NW-SE、列方向为 NE-SW,空间上矿行与矿列基本呈等距分布,其中矿行间距为 1～2 km、矿列距离为 1.5～2.0 km。上述“四行”自南向北依次为西石硼-强家沟-虎路线矿行、黑岚沟-齐家沟-侯格庄西矿行、庵口-门楼矿行以及石家西-觅鹿夼-大柳行矿行等。而“四列”自西向东依次为道头-大齐家-护驾沟矿列(Ⅰ)、觅鹿夼-庵口-黑岚沟-西石硼矿列(Ⅱ)、荆子夼-石家西-门楼-齐家一分矿矿列(Ⅲ)与燕子夼-东石硼矿列(Ⅳ)等四条矿带。矿行与矿列交汇部位多出现组合水平方向导数高值区,成矿较为有利,目前约 70%的矿体模型在空间上位于高值异常区(图 4-20)。在纵向上,部分异常带延深较大,且沿走向方向明显发育六个组合水平方向导数高值异常带,结合实际地质情况推断可能与上述四条矿列含矿构造矿带相对应。尽管部分构造蚀变带在倾向延深上存在不连续的情况,但上述解译的构造延深深度均较大(图 4-21～图 4-24),如

按照组合水平方向导数异常特征，区内已知黑岚沟金矿在纵向上可延深至少－2 500 m 标高。

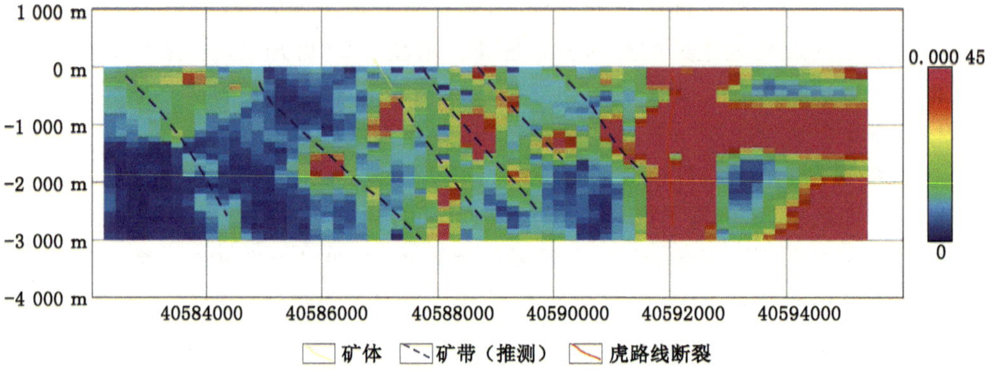

图 4-21　广域电磁测深组合水平方向导数 Y＝4159800 切面图

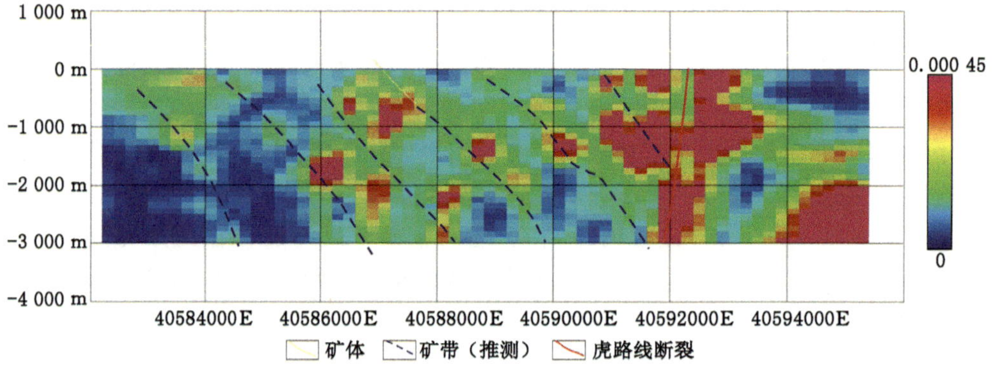

图 4-22　广域电磁测深组合水平方向导数 Y＝4160000 切面图

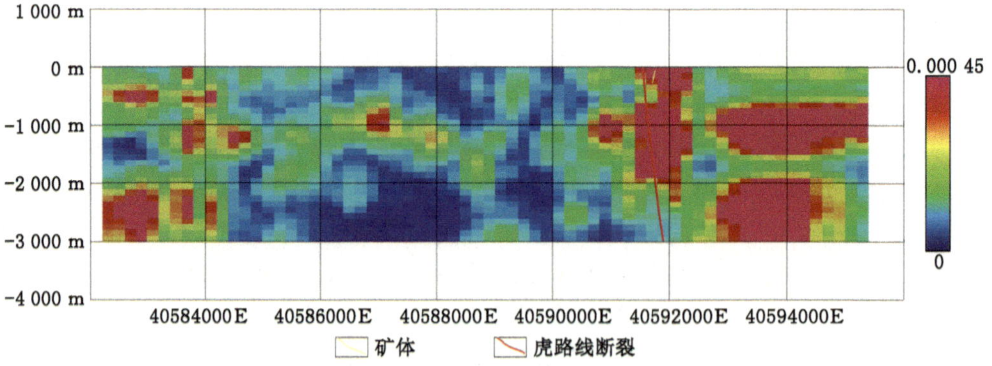

图 4-23　广域电磁测深组合水平方向导数 Y＝4158500 切面图

4.4.5　组合水平方向导数三维异常与矿体空间对应关系

本次矿田尺度三维地质建模工作共完成了 16 处大中型金矿床的精细矿体模型，为详细

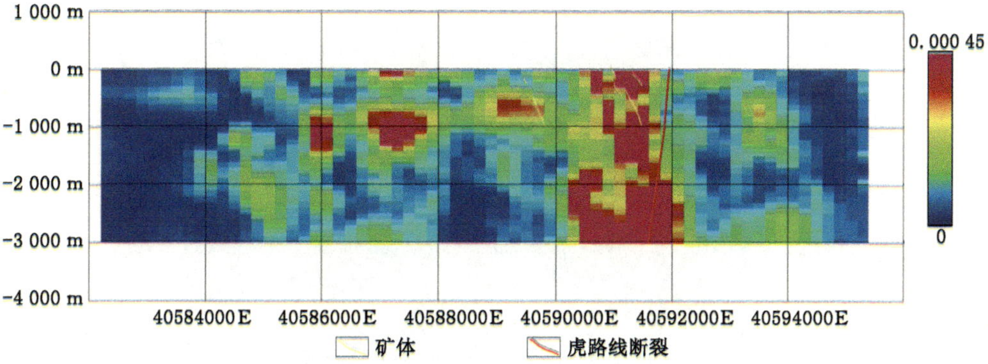

图 4-24　广域电磁测深组合水平方向导数 $Y=4162200$ 切面图

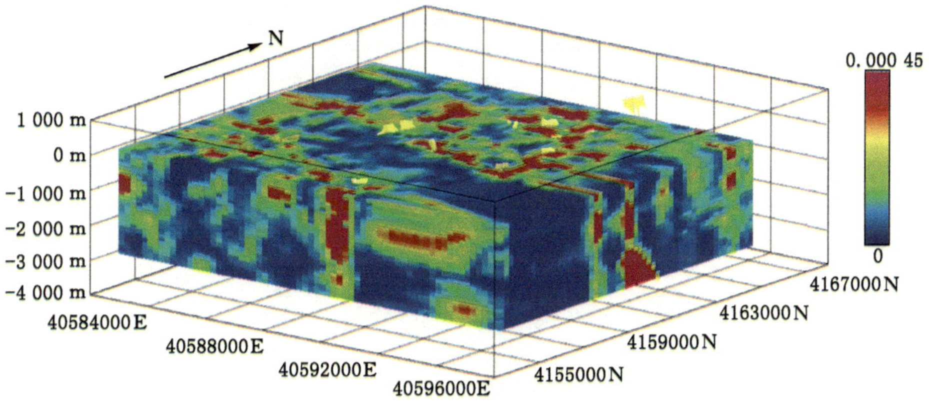

图 4-25　广域电磁测深电阻率方向导数异常与矿体对应关系图

分析组合水平方向导数异常与金矿床、矿体的空间关系，本次将创建的 16 处金矿床精细三维矿体实体模型与组合水平方向导数块体模型进行了空间的叠合。由图 4-25 可知，本次完成的 16 处金矿床的三维精细矿体实体模型主要包括黑岚沟、燕山-上岚子、庵口（落花沟、劈口坡与母猪沟）、侯格庄、石家西、虎路线、西石硼、道头、门楼、齐家沟及强家沟等金矿床，是区内具有代表性的大中型金矿床，同时也代表了区内主要的成矿特征及成矿类型，按照电阻率、组合水平方向导数及实际成矿地质条件等内容，矿田内具有“NW 成行、NE 呈串”的“四行四列”的分布格局（图 4-26）。根据目前的勘探深度大于－800 m 以下的金矿床主要有黑岚沟金矿、门楼金矿、石家西金矿、庵口（落花沟与劈口坡）金矿以及齐家一分矿等，值得注意的是，上述矿床均属于觅鹿夼-庵口-黑岚沟-西石硼与荆子夼-石家西-门楼-齐家一分矿两个矿列，空间上位于虎路线断裂西侧 2.5～5.0 km 范围内（应属于矿田内矿化强带区间），且上述矿带与虎路线断裂存在 15°左右的夹角。因此，按照 NE-NNE 向矿带（矿列）而言，可能存在“两深两浅”的规律，且构建的 16 处金矿床的矿体三维精细实体模型在空间上约 70％均位于组合水平导数高值异常区，局部标高吻合率高达 90％，这表明组合水平方向导数对于识别矿田内有利的成矿构造带具有较为明显的指示作用。

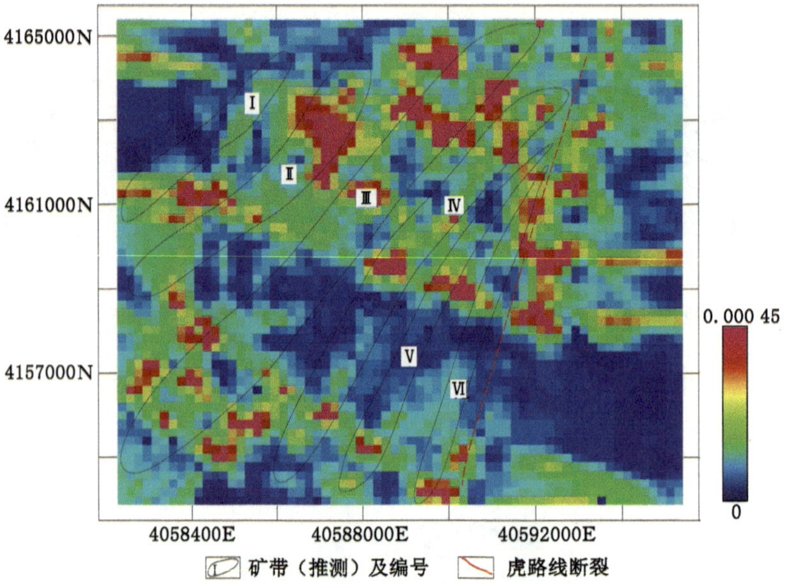

图 4-26　广域电磁测深视电阻率方向导数异常与金成矿带对应关系图

4.5　预测要素的选择

根据前面所述对包括 NE-NNE 向断裂、NW 向深大断裂、构造矿化蚀变带、脉岩及岩浆岩等控矿因素与已知矿床、体、点的空间分析，本次优选了 4 个变量，主要包括 NE-NNE 向构造系、NW 向深大断裂、矿化构造蚀变带、广域电磁测深组合水平方向导数异常以及已知矿体，如表 4-2 所示。本书将基于这些变量进行权系数、联系度等特征分析数值的计算，进行靶区圈定等工作，进而达到三维成矿预测的目的。

表 4-2　大柳行-黑岚沟金矿田选取的预测变量

序号	预测变量名称	操作方法	数值范围
1	NE-NNE 向断裂	断裂等密度	＞80 m
2	NW 断裂	断裂缓冲分析	0～1 000 m
3	矿化蚀变带	二值判断	0 或 1
4	广域电磁测深一维反演	组合水平方向导数	＞0.000 1

通过对大柳行-黑岚沟金矿田预测空间范围的确定和控矿因素种类等空间分析的基本要点的确定，详细阐述了基于三维体块体模型进行最终预测的过程。本次主要开展了关键 NW 向控矿断裂的缓冲区分析、NE-NNE 向多序次控矿断裂的构造密度分析、广域电磁测深一维反演组合水平方向导数二值分析以及矿化构造蚀变带二值分析，其中 NW 向断裂与虎路线 NE 向深大断裂共同构成了矿田内的主干断裂，二者可能作为区内重要的导岩、导矿构造，尤其是 NW 向断裂对区内金矿具有明显的控制作用。分析认为，主要区内大中型矿

床主要位于 NW 向断裂两侧 1 km 范围内。如前所述，上述大中型矿床在空间上具有 NW 成行的规律，如区内的黑岚沟与齐家一分矿、庵口、门楼及土屋金矿等均呈 NW 向近等距分布，为此，对区内 NW 向断裂做 0～1 km 之内的缓冲区分析，如－100 m 标高位置 NW 向断裂缓冲区基本覆盖了 85％的矿体。由于 NE-NNE 向断裂系产状较为类似，本次主要提取了研究区内 NE-NNE 向的断裂等密度，对比分析发现，区内已知典型大中型金矿床主要位于大于 80 m 的异常区带内，吻合率高达 80％以上。对于矿田内的构造蚀变带而言，本次共构建蚀变带三维实体模型 100 余条，矿体主要发育于矿化构造蚀变带中，也即具有优先找矿的地段，因此，对矿化构造蚀变带进行二值化分析对于成矿预测信息提取非常关键。广域电磁测深资料为深部关键地质要素的解译提供了重要的依据，本次为进一步强化与挖掘广域电磁资料中可能蕴含的找矿信息，尤其是涉及的关键地质要素的解译部分，对广域电磁测深一维反演数据进行了组合水平方向导数的计算。结果表明，组合水平方向导数对于含矿构造蚀变带具有较好的找矿指示意义。实验表明，区内组合水平方向导数高值区异常(＞0.000 1)与已知矿体具有较高的套合率。为此，对于矿田尺度内不同标高的三维组合水平方向导数进行了二值分析，并作为本次预测的一个关键预测要素。经过以上的空间分析，本书共提取了四个预测变量。尽管中基性脉岩在矿田范围内对成矿具有一定的控制作用，但是由于目前还无法利用广域电磁测深资料限制深部延伸，此外，脉岩本身规模相对较小，广域电磁测深测量远远达不到精细刻画脉岩的空间解译精度。按照成矿预测原则，为尽量保证－3 000 m 至地表预测要素精度对等且深部预测信息量的损失较小的原则，本次不将脉岩作为关键的预测要素。同样，区内规模较大的侵入岩接触带亦不作为本次预测的要素。

第5章 三维成矿预测

5.1 特征分析法理论

基于GIS进行成矿预测，最终完成靶区圈定工作的方法多种多样，常见的有证据权重法[57]、模糊证据权法、找矿信息量法[58]、特征分析法[59]、逻辑回归法[60]、人工神经网络法[61]等。由于黑岚沟-大柳行金矿田内矿床多为隐伏矿床且深部的矿体分布不准确，而证据权重法、找矿信息量法等预测方法要求矿点或矿化有相当的露头、矿点分布比较准确。此外，相对证据权重法、找矿信息量法等，特征分析法具有计算过程相对简单，能充分利用原始地质资料的特点。因此，本书采用特征分析法进行黑岚沟-大柳行金矿田的三维成矿预测。

特征分析法是解译地质、地球物理-化学等多元数据的一种方法。在矿产资源预测工作中，常采用特征分析法进行预测远景区的圈定、变量的优选及预测远景区的排序等工作。特征分析法的基本思想是通过一定的数学方法从已知某一类型的矿床中找到该类型矿床的“总体特征”，然后在未知区寻找具有这种相似“总体特征”的同类型矿床[62]。

设有 m 个变量 $x_j(j=1,2,3,\cdots,m)$，n 个模型单元，第 j 个变量在第 i 个单元的取值为 $x_{ij}(i=1,2,3,\cdots,n;j=1,2,3,\cdots,m)$，原始数据矩阵 $\boldsymbol{X}$ 为：

$$\boldsymbol{X}=\begin{bmatrix} x_{11} & x_{12} & \cdots & x_{1m} \\ x_{21} & x_{22} & \cdots & x_{2m} \\ \vdots & \vdots & & \vdots \\ x_{n1} & x_{n2} & \cdots & x_{nm} \end{bmatrix}$$

① 根据原始数据矩阵计算匹配系数矩阵 $\boldsymbol{E}$：

$$\boldsymbol{E}=\boldsymbol{X}'\boldsymbol{X}=\begin{bmatrix} e_{11} & e_{12} & \cdots & e_{1m} \\ e_{21} & e_{22} & \cdots & e_{2m} \\ \vdots & \vdots & & \vdots \\ e_{n1} & e_{n2} & \cdots & e_{nm} \end{bmatrix}$$

② 变量之间的关联性可用变量之间的匹配系数进行度量。变量与其他变量的关联性越强，变量就越重要。变量 k、j 之间的匹配系 r_{kj} 的计算公式为：

$$r_{kj}=\sum_{i=1}^{n} x_{ik}x_{ij} \quad (k,j=1,2,3,\cdots,m)$$

③ 对每个变量赋予适当的数值 $a_j(j=1,2,3,\cdots,m)$用于表征变量 j 的重要性，称之为权系数 a_j：

$$a_j=\frac{\sqrt{\sum_{j=1}^{m} r_{jk}^2}}{\sum_{j=1}^{m}\sqrt{\sum_{k=1}^{m} r_{jk}^2}} \quad (j=1,2,3,\cdots,m)$$

④ 单元联系度反映了单元与一组模型单元的联系程度。一般认为，预测单元与模型单元联系程度越高，成矿有利度也越大，这样可以通过单元联系度对单元的成矿有利程度做出评价。计算 n 个单元的单元联系度 y_i：

$$y_i = \sum_{k=1}^{m} x_{ik} x_{ij} \quad (i = 1, 2, 3, \cdots, n; j = 1, 2, 3, \cdots, m)$$

⑤ 对预测单元的成矿有利度进行评价。根据单元联系度的计算公式，计算所有预测单元的联系度，之后对预测单元成矿有利度进行排序，从中优选出成矿有利度较大的预测单元作为进一步找矿的靶区。

5.2　预测步骤

三维成矿预测是在三维空间中开展各类地质体空间分析、成矿相关性以及地球物理-化学信息等成矿预测工作，并圈出预测区的过程，其目的是在矿田中预测未知矿床或者在矿床中预测未知矿体。在完成黑岚沟-大柳行金矿田矿体、断裂、矿化蚀变带等三维地质建模、构建找矿地球物理信息三维块体模型以及预测要素提取等步骤后，本书将采用特征分析法进行黑岚沟-大柳行金矿田的三维成矿预测研究，通过完成计算预测变量的权系数和联系度等步骤圈定预测靶区，并评价预测靶区。

简单来说，特征分析法其基本原理是相似类比的原理，即相似的地质条件有相似的矿床分布。通过计算模型单元的预测要素的权系数，查明预测要素之间的内在联系和特征，进一步确定各个预测要素的成矿和找矿意义，建立起某种类型矿区矿种的成矿有利类比模型。然后，将模型应用到预测区，将预测单元与模型单元的各种特征进行类比，用它们的相似程度表示预测单元的成矿有利程度，并据此圈定成矿有利远景区。如图 5-1 所示，应用特征分析法进行黑岚沟-大柳行金矿田三维成矿预测的步骤为：① 三维预测范围的确定；② 预测变量的选择；③ 成矿有利度对比模型的确定；④ 预测变量的权系数值的计算；⑤ 预测单元联系度的计算。

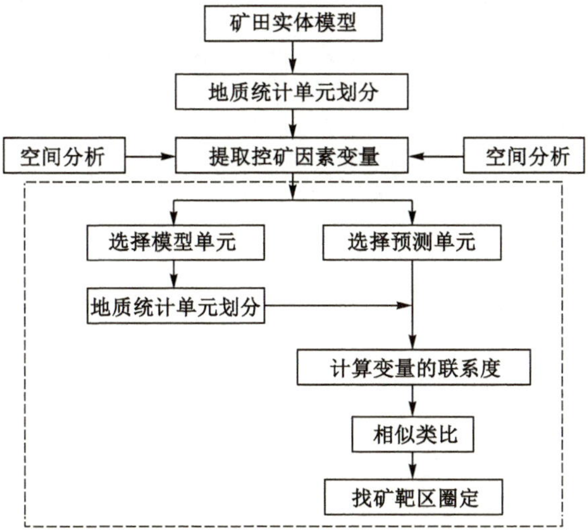

图 5-1　特征值分析法的工作流程图

5.3 成矿有利度对比模型的确定

成矿有利度对比模型中有模型单元和预测单元这两种单元，其中模型单元是已经查明的矿产资源特征，可以直接反映矿产资源特征中各种地质、地球物理-化学参数的单元；而预测单元是资源特征尚未查明，需要通过统计预测来评估其资源位置等信息的单元。

本次在完成黑岚沟-大柳行矿田尺度三维实体地质模型与广域电磁测深组合水平方向导数块体模型的基础上，针对浅部勘探程度高、地质预测要素比较翔实以及广域电磁测深数据精度高的地段进行成矿有利度对比模型的确定。由于矿田内金矿床目前的勘探深度多集中在标高为－500 m 左右的位置，本次优选－100～－500 m 中间段进行提取与计算模型单元的各类预测要素的参数，为进一步的成矿预测做数据准备。三维预测研究区的其他单元作为预测单元，用于计算它们的联系度或成矿有利度（图 5-2），并据此圈定找矿靶区。

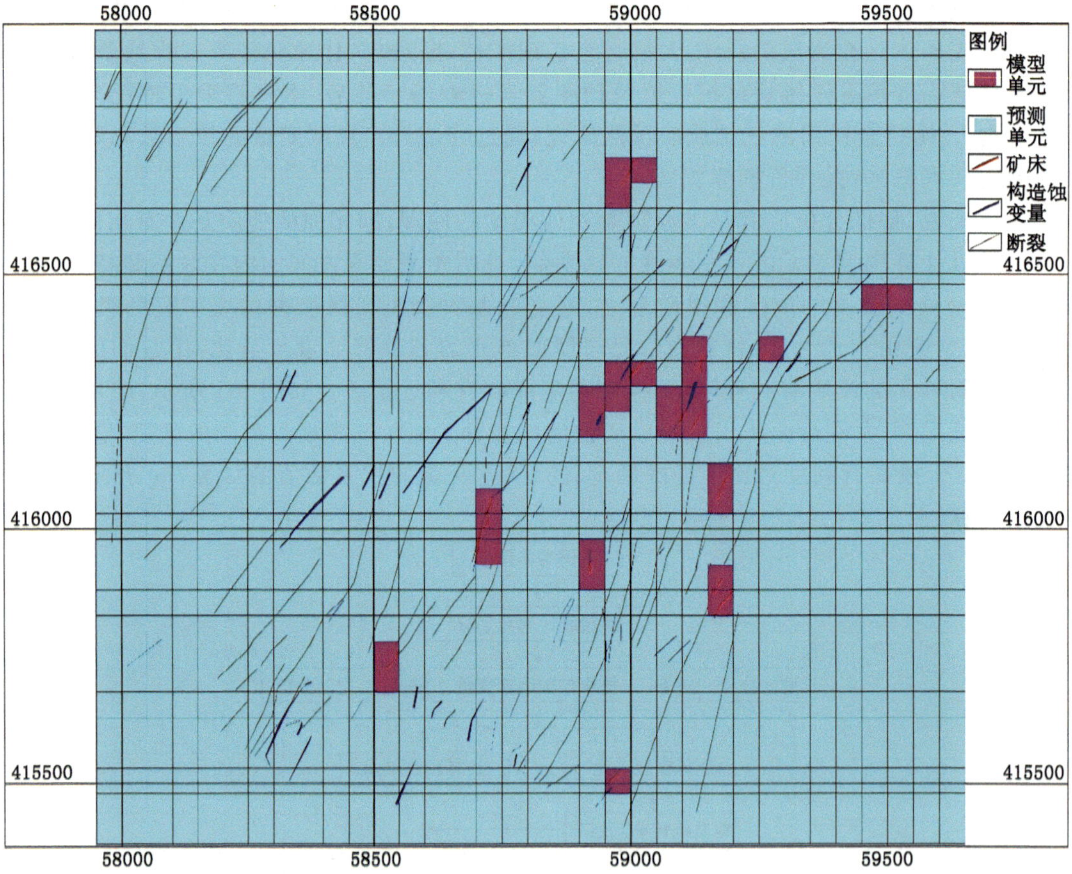

图 5-2　黑岚沟-大柳行矿田－100 m 标高成矿有利度对比模型图

5.4　预测变量权系数的确定

预测变量是进行三维成矿预测的基本要素，是度量预测单元成矿特征和成矿有利度的基本工具。确定变量的权系数是特征分析法中很重要的一个环节，预测变量权系数的大小是表征与其有关的矿化强弱的指标，权系数越大，该预测变量定义的地质因素在成矿过程中的作用越大。在黑岚沟-大柳行金矿田的三维成矿预测过程中，选取的预测变量主要为NE-NNE向构造系、NW向深大断裂、矿化构造蚀变带、广域电磁测深组合水平方向导数异常以及已知矿体等几个变量。首先确定黑岚沟-大柳行矿田 200 km^2 的预测范围（左下角坐标 40579600，4153800；右上角坐标 40596000，4169000），按照特征分析法的要求，并考虑矿田内大多矿床的规模及成矿所需成矿地质要素的完整性，将研究区划分为 500 m×500 m 的网格，也即每个单元格内至少需要包含区内典型金矿床完整的成矿地质条件与广域电磁测深组合水平方向导数异常。在此基础上，将本次完成的 11 处金矿床所在位置的单元格作为模型单元，其余 5 处金矿床验证三维预测模型的准确性，而后对每个模型单元内的预测要素进行二值化处理，即 1 代表模型单元中存在预测要素，0 则代表模型单元中未见预测要素，然后利用 MORPAS 软件按照 100 m 的间隔分别计算－100～－500 m 标高范围内每个预测变量的权系数，最后求取各个变量权系数的平均值，即可代表区内预测要素的权系数。由表 5-1 可见，区内四个预测要素权系数从大到小依次为构造蚀变带（0.269 885）、NE-NNE向断裂（0.266 984）、广域电磁测深组合水平方向导数异常（0.238 721）以及 NW 向断裂（0.224 411），根据上述预测变量和其权系数进行模型的构建。

表 5-1　预测变量权系数

变量序号	预测变量名称	权系数
1	NE-NNE 向断裂	0.266 984
2	NW 向断裂	0.224 411
3	矿化构造蚀变带	0.269 885
4	广域电磁测深组合水平方向导数异常	0.238 721

5.5　预测单元的成矿有利度

在黑岚沟-大柳行三维实体模型及广域电磁测深地球物理模型的基础上，首先将研究区自＋200～－3 000 m 标高范围按照 100 m 进行水平切面的划分，并根据上述预测变量和其权系数的计算结果，采用单元联系度（成矿有利度）计算公式计算各个水平标高范围内每个单元的联系度，该值是已知模型单元与预测单元相似程度的度量值，表示单元的找矿可能性大小。联系度值越大，表明预测单元的成矿特性越接近已知有矿的模型单元，发现矿床或矿体的概率越大。在上述各个水平标高预测单元联系度的基础上，将其作为成矿有利度块体模型的空间数据源，并以此进行预测块体模型的构建。由于黑岚沟-大柳行金矿田预测范围长宽均超过 15 km，而预测深度在－3 000 m，所以在构建块体模型时，为了增加区内各类预测要素地质体在三维空间展布的精度，经多次实验对比分析研究，本次对研究区内块体模型设置立方块体单元的大小为 200 m×200 m×100 m，三维预测研究区有超过 20 万个立方体块体单元，这些立方体单元包含了预测变量值及其他属性值，可用于数学统计计算，如计算三维成矿有利度。本次基于上述各个水平标高成矿有利度的数据源，利用距离幂次反比法进行预测块体成矿有利度属性的估值计算。根据三维预测块体模型中各个块体成矿有利度的大小进行分级设色，得出联系度等级色块图。数值间隔为 0.05，从小到大对应的颜色从蓝至红，颜色越偏向红色，数值越大（图 5-3）。

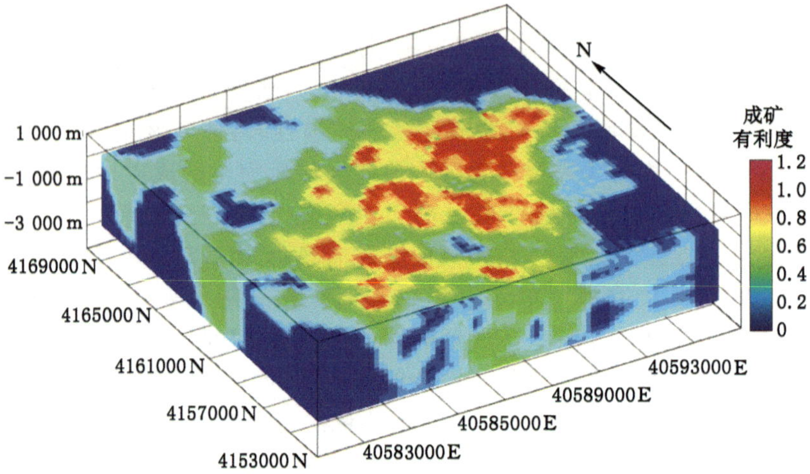

图 5-3　黑岚沟-大柳行金矿田范围三维预测模型图

5.6　三维预测模型规律分析

根据上述对黑岚沟-大柳行金矿田金成矿规律分析，并按照区内主要含矿构造的空间位置、产状、规模及相互之间的空间关系，将目前已揭露的金矿床划分为“四行四列”。矿行是指区内主要的大中型金矿床在空间上具有 NW 向对应等距产出的关系，自北向南具有四行，而矿列则指 NE-NNE 向含矿构造带，自西向东共发育四条。通过对三维成矿有利度预测模型分析可知，平面尺度上区内四条 NE-NNE 向含矿构造带主要与区内成矿有利度高值异常吻合较好，尤其是区内构建的 16 处矿床，均位于成矿有利度大于 0.70 的异常区（图 5-4）。尤其值得注意的是，NW 成行分布的特征（“矿行”），也即尽管 NE-NNE 向矿带具有平行排列分布的规律，但 NE-NNE 向各个矿带内发育的矿床具有 NW 向对应产出的特征，如黑岚沟、齐家一分矿与燕山南金矿，庵口、门楼与土屋金矿，西石硼、强家沟与虎路线金矿，道头、燕子夼与石家北金矿等。上述沿 NW 向矿行中的典型矿床均呈近等距分布，在 2～3 km之间，上述矿行与矿列交汇的部位往往伴随规模较大的成矿有利度高值区异常。

在纵向尺度上，沿矿带走向上，自 SW 向 NE 矿床目前的勘探深度（矿化下限）同样具有类似的变化规律，即矿带走向上矿化下限呈两端浅、中部深的“抛物线”形，如区内Ⅱ、Ⅲ号矿带。值得注意的是，Ⅰ、Ⅲ号矿带内矿床的勘探深度自 SW 向 NE 基本相同，即集中在 −600 m左右（详见表 5-2）。按照同一矿带内成矿构造形成的力学环境、地质条件基本类似，且含矿构造均为同一级别序次，推断应该具有相似的成矿规模，已完成的三维成矿有利度预测模型同样支持这样的观点（图 5-4～图 5-6）。

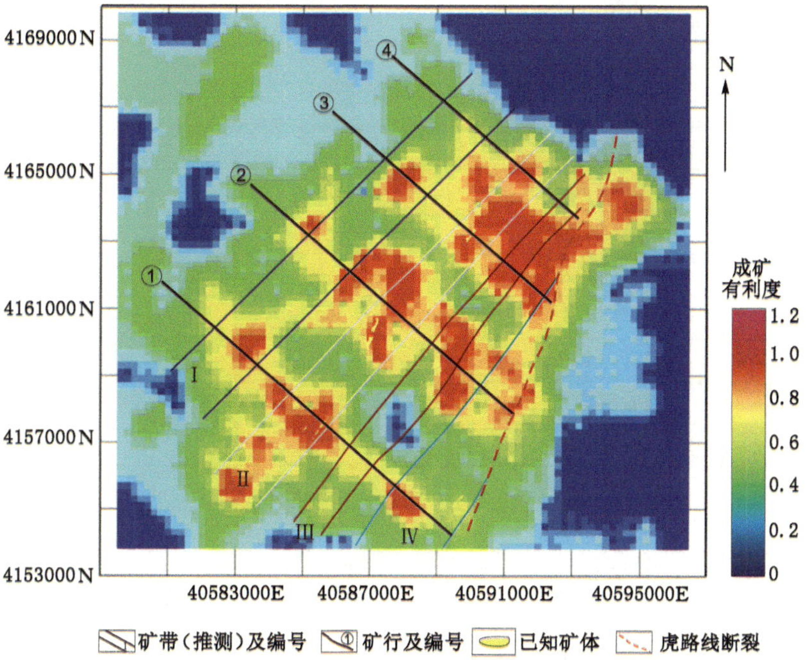

图 5-4　三维预测模型与矿体叠合图

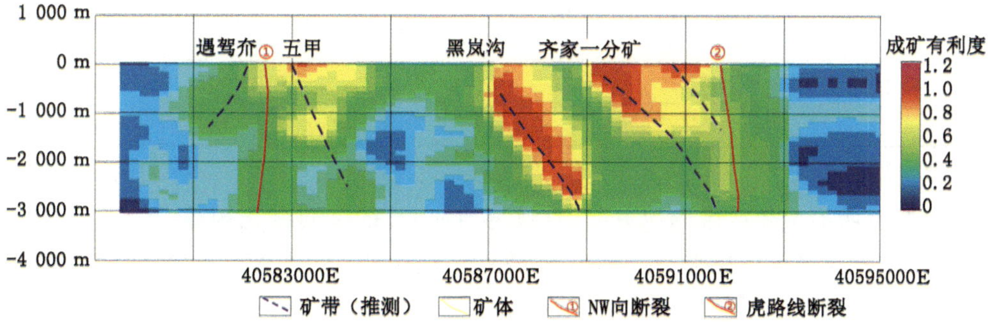

图 5-5　三维成矿有利度预测模型 $Y=4159300$ 切面图

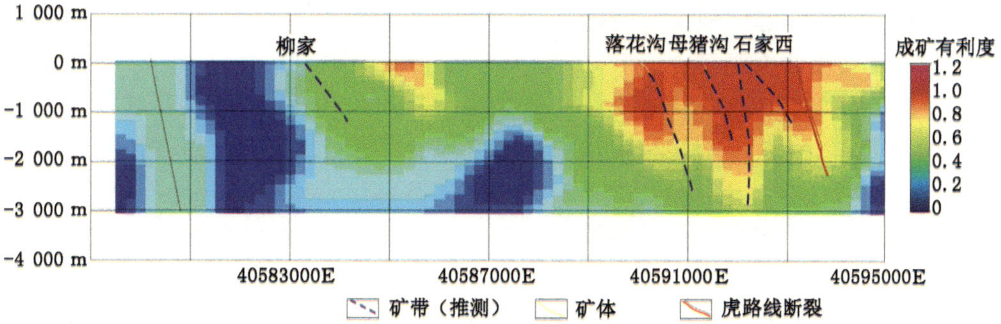

图 5-6　三维成矿有利度预测模型 $Y=4163200$ 切面图

表 5-2 黑岚沟-大柳行金矿田典型矿床探矿深度信息表

矿带序号	已有矿床	探明深度/m	储量/t	备 注
Ⅰ	崮寺店-小雪地区金矿	−210	10.45	各矿带内典型矿床的勘探深度均按照自北向南统计
	柳家金矿	−50	1.18	
	道头金矿	−600	4.1	
	李家东部矿区	−540	0.86	
	五甲矿区	−640	1.80	
Ⅱ	荆子夼矿区	−350	1.70	
	大柳行矿区	−550	5.0	
	奄口金矿	−950	6.11	
	黑岚沟金矿	−810	10.90	
	西石硼矿区	−400	9.74	
	黑金顶矿段	−330	1.71	
Ⅲ	水沟矿区	−950	5.84	
	高家沟矿区	−720	>3	
	门楼金矿	−1 050	11.7	
	石家西矿区	−1 240	>8.0	
	齐家一分矿	−800	22.5	
	强家沟矿段	−400	2.35	
Ⅳ	时金河矿区	−680	3.95	
	土屋金矿	−740	2.71	
	侯格庄矿段	−540	5.14	
	虎路线矿区	−570	5.95	

为进一步查明沿上述矿带倾向方向上(或自西向东)的纵向变化规律,本次自北向南共切制剖面3条,分别穿过了黑岚沟、齐家一分矿(图5-4)、庵口(落花沟、母猪沟,图5-4)以及西石硼(图5-5)等典型金矿床,依据成矿有利度值的纵向分布特征,并结合区内典型矿床的勘探资料,自西向东而典型矿床的成矿深度多呈“抛物线”形(图5-4～图5-6)。

上述四条矿带纵向延伸规模差别较大,实际矿床勘探资料与三维成矿有利度预测模型均显示矿带深度较大的主要集中于Ⅰ(道头-大齐家-护驾沟矿列)、Ⅱ(觅鹿夼-庵口-黑岚沟-西石硼)与Ⅲ(水沟-石家西-门楼-齐家一分矿)等三个矿带,而Ⅰ与Ⅳ号矿带相对较浅(图5-4～图5-6),其中Ⅱ、Ⅲ号矿带黑岚沟金矿床深度可达−2 500 m左右,Ⅳ号矿带成矿深度可达−1 200 m左右,上述认识与矿田广域电磁测深组合水平方向导数块体模型的结论基本一致。上述三个矿带均位于虎路线断裂的西侧,在平面上与虎路线断裂呈15°小夹角的成矿域内(图5-7),为区内重要的强矿化带内,可作为后续找矿的有利地段,同时也是有利找矿地段,这种认识为后续成矿预测提供了方向。

综上所述,三维成矿有利度异常在空间上与黑岚沟-大柳行金矿田内成矿地质特征基本吻合,尤其以0.70作为异常下限圈定的异常区整体呈串珠状沿NE-NNE向分布,同时也具有 NW 向对应分布的规律，已知成矿有利度异常区包含了约 80%以上的已知典型矿床。上述结果说明，预测结果对已知条件没有出现漏判，表明本次构建的三维成矿有利度预测模型在平面以及纵向均具有可靠性，可用来作为后续成矿预测的重要依据。

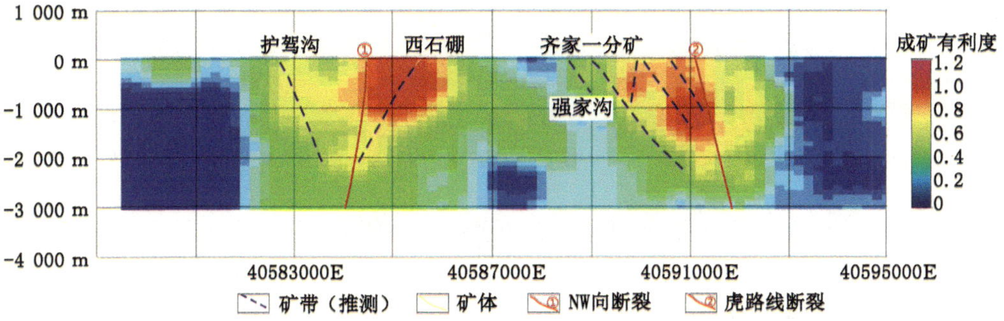

图 5-7　三维成矿有利度预测模型 $Y=4157600$ 切面图

5.7　靶区优选及勘查部署建议

三维预测模型是目前开展三维空间找矿靶区圈定及优选工作的主要技术手段。由于三维预测模型是通过块体模型实现的，且研究区三维预测块体模型范围覆盖了黑岚沟-大柳行金矿田约 200 km^2，模型的深度是＋100～－3 000 m 标高，共计由 20 余万个单元块体构成。然而基于三维预测模型开展三维成矿预测工作，首先要确定在上述的单元块体中哪些是含矿概率较大的块体，哪些是找矿概率较小的，为此我们引入预测块体成矿有利度（预测单元联系度）概念，对上述单元块体进行辨别。

从本次三维模型中预测块体成矿有利度计算的方法原理可以看出，成矿有利度是已知模型单元与未知预测单元的相似程度的度量值，表示单元的找矿可能性大小。成矿有利度值越大，表明预测单元的成矿特性越接近已知有矿的模型单元，发现矿床或矿体的概率越大，反之则相反。因此，本次详细对三维成矿有利度预测模型中 20 余万个单元块体成矿有利度的属性进行了统计分析，结果显示基本符合正态分布（图 5-8）。

按照异常下限的计算公式（均值＋1.65×标准差），并结合与区内已知矿床的套合率，确定以成矿有利度属性值为 0.75 作为区内重要的预测阈值，且找矿有利块体约占总数量的 5.3%，数量约为 11 167 块。

在利用三维预测成果进行找矿靶区圈定时，需考虑以下几个原则：① 找矿预测工作必须建立在系统的控矿因素与成矿规律研究的基础上，尤其需重点厘定区内金矿床（带、体、脉）的成矿地质条件、空间定位及分布规律分析；② 尤其要重视模型的初步预判与实际地质情况吻合程度的大小；③ 按最小体积最大含矿率的原则，确定找矿靶区的轮廓；④ 靶区尽量体现独立性的原则，即以矿田为规划预测单元；⑤ 以预测成果数据为基础；⑥ 尽量保持靶区形态的完整。

基于上述研究成果，本次针对该矿田成矿预测工作提出了“打连接、育新区”的思路，找矿靶区的圈定主要基于以上思路开展，按照矿田的勘探程度，并结合三维预测成矿有利度模型与矿床的套合程度圈定靶区。

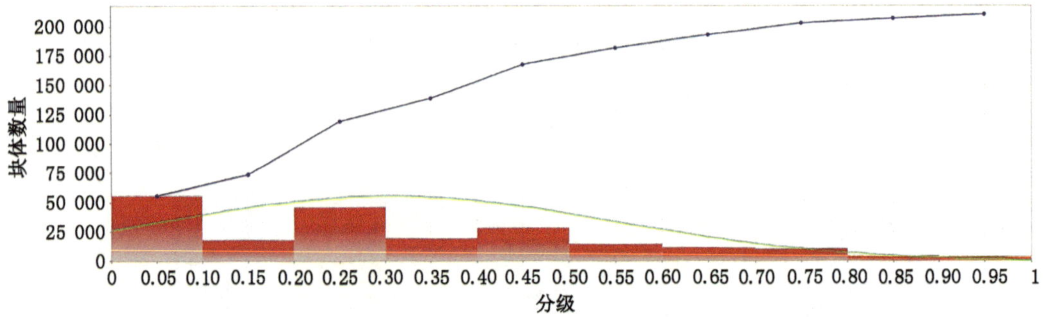

图 5-8　三维预测模型块体成矿有利度属性统计直方图

该矿田内已知矿权面积约占总面积的 80%左右，目前仅西邻栖霞断裂带的部位相对较少。矿田内已知矿床点星罗棋布，按照成矿规律分析存在四矿行四矿列的网格状分布特征，且空间上已知矿床点沿矿列与矿行均具有等距分布的规律，按此规律，结合三维预测模型成果，本次共圈定找矿靶区 6 处，编号分别为 A2-1、A2-2、A2-3、A2-4、A2-5、A2-6，这些靶区的详细介绍如下。

(1) A2-1 靶区

该靶区位于Ⅳ号矿列与门楼-庵口矿行的交汇部位。首先沿Ⅳ号矿列方向，自 SW 向 NE 依次发育虎路线、侯格庄西、土屋等中型金矿床，上述矿床呈 2.5 km 左右近等距分布，平均勘探深度为－600 m 以下，而门楼-庵口矿行自东向西依次发育崮寺店-小雪东、唵口西山、庵口、门楼金矿床，距离约为 1.2 km 左右，平均勘探深度达－1 050 m 左右。

靶区内主要出露栖霞超单元回龙夼单元的云闪长岩以及玲珑超单元的花岗岩，区内西北部零星分布石英脉与闪长玢岩脉，断裂构造主要呈 NNE 向分布于靶区西北部，且沿走向较长的构造其倾向较陡。预测靶区位于门楼矿区的东南部，且靶区内的主要构造蚀变带与门楼矿区内的 179、196、201 等含矿构造蚀变带近平行分布。值得注意的是，分布于靶区外东北部的构造蚀变带按其产状和规模可能与靶区内呈 NE 向的构造蚀变带为同一地质体(图 5-9)。

此外，由三维预测模型成果(图 5-10)可知，推断靶区中成矿有力度异常规模以及延伸较大，成矿有利度大于 0.7 的部位深度可达－2 000 m 左右，其浅部至－700 m 预测成矿有利度可达 0.8 以上，表明区内具有类似于石家西等矿床的成矿潜力。基于地球物理探测资料可知，GY6 线广域电磁测深测量剖面由西向东贯穿庵口矿区的 103 号主矿体以及门楼矿区 179、196、201 号矿体，并且穿过 A2-1 靶区。通过庵口和门楼矿体实体模型在 GY6 线广域电磁测深一维反演电阻率反映出的相关规律，浅部矿体位于低阻带内(电阻率＜3.1 lg Ω · m)，中部矿体内沿高、低电阻率的过渡部位向下延伸，深部矿体插入高阻带内。根据该规律类比分析推断出靶区内矿带大致产状及其延伸，其延伸可达－2 000 m 标高左右，这与三维成矿预测模型有利度规模与延伸相一致，结合 1∶1万矿区地形地质图定位靶区以及矿带位置，据此推断出的矿带同样与唵口西山、庵口、门楼矿区矿体呈 1.2 km 左右等间距分布(图 5-11)。

地球物理场显示，该区重力场位于重力低值区，布格重力异常等值线向西南同向弯曲，

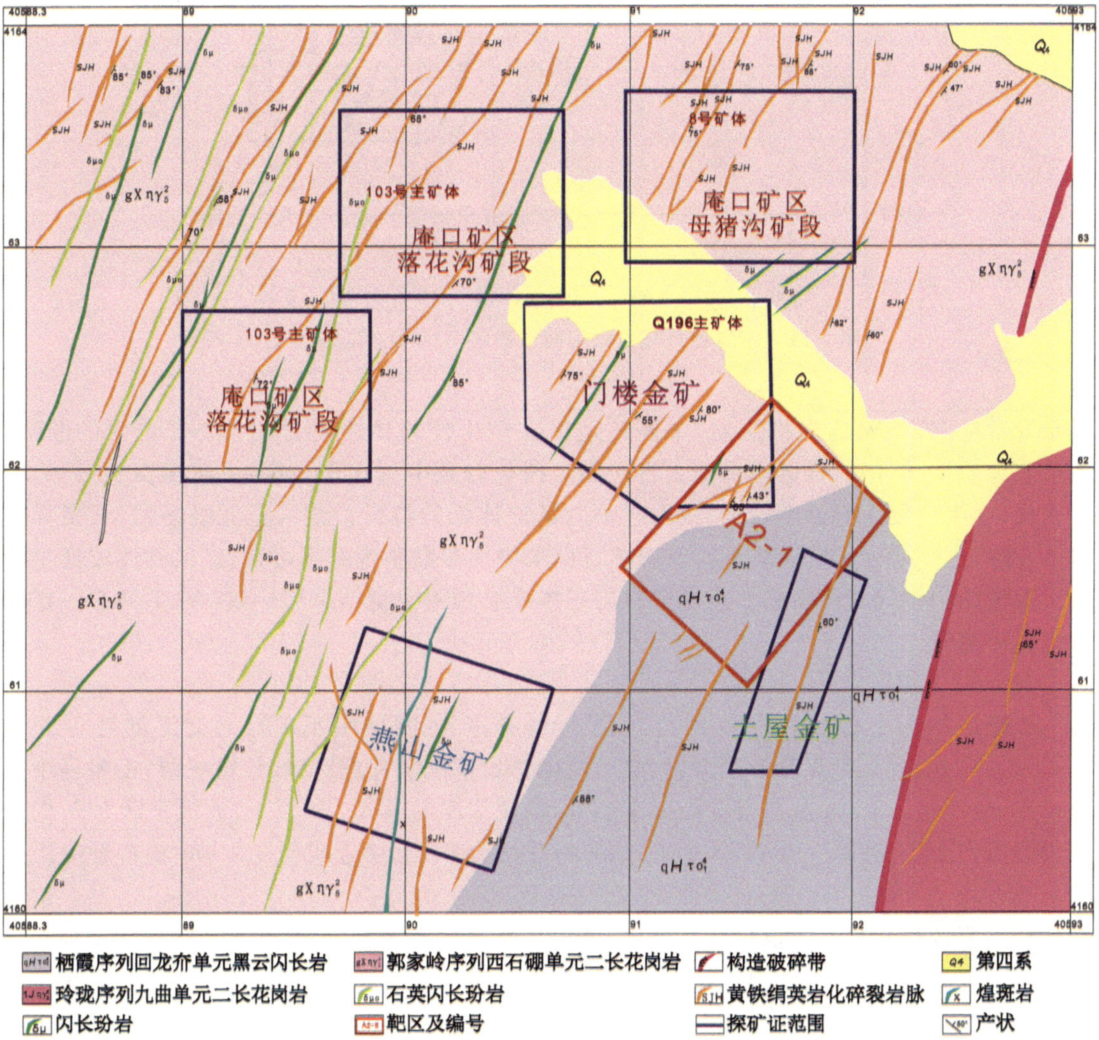

图 5-9　A2-1 靶区位置分布图

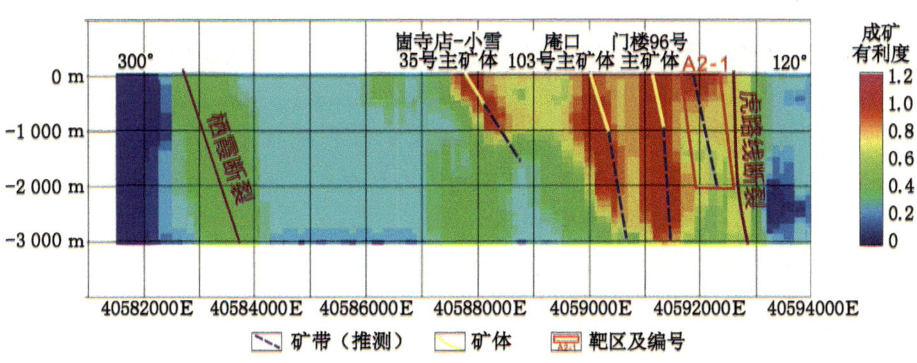

图 5-10　三维成矿有利度预测模型沿 NW 向切面 A2-1 靶区分布图

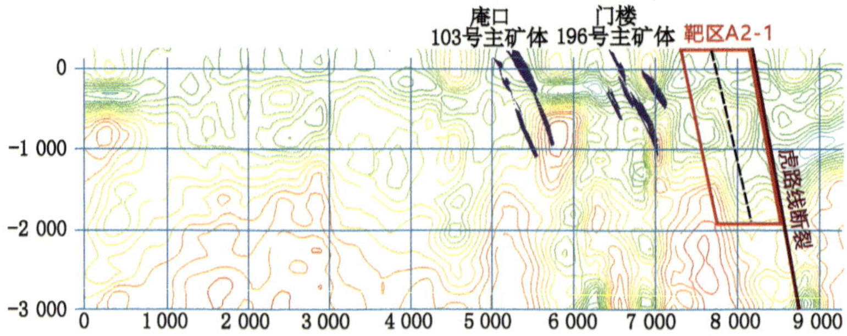

图 5-11 GY6 线广域电磁剖面与靶区 A2-1 矿带空间叠合图

剩余异常呈 NE-SW 走向椭圆状，推断该地区在中生代岩体中发育一条 NE 走向的断裂。由地表地质情况可知，该区出露新太古代黑云闪长岩及中生代侵入岩，由密度资料可知，新太古代、中生代侵入岩密度较低，故引起重力场整体低的特征。该区呈低磁异常，低磁异常呈 NE 向延伸，结合区域地质资料及岩矿石标本物性参数测量结果可知，该区磁性较低主要由大规模的中生代岩体引起。重磁资料与三维成矿预测模型结果相一致，A2-1 具有一定的深部找矿前景。

(2) A2-2 靶区

该靶区空间上位于Ⅳ号矿列与②黑岚沟-齐家沟-侯格庄西矿行的交汇部位正北向 1.4 km左右处，首先沿Ⅳ号矿列方向，自 SW 向 NE 依次发育虎路线、侯格庄西、土屋等中型金矿床，矿床呈 2.5 km 左右近等距分布，平均勘探深度为－600 m 以下，而沿靶区 NW 向依次发育燕山金矿、齐家一分矿 IX-2 矿脉、初格庄北金矿，上述金矿呈 1.2 km 左右近等距分布。

预测靶区东北角有少量第四系覆盖，区内主要发育栖霞超单元的闪长岩，局部穿插玲珑超单元的二长花岗岩，且区内东南部出现煌斑岩脉与闪长玢岩脉相互交错的现象，断裂构造主要呈 NNE 向平行等间距分布于靶区北部，倾向较陡。由于区内蚀变带严格受断裂构造控制，因此蚀变带呈 NNE 向平行等间距分布于靶区北部，且沿走向较长向 NNE 延伸至靶区外围，其中最东边的构造蚀变带为土屋金矿的含矿构造蚀变带。值得注意的是，靶区西南角具有含矿的构造蚀变带，形成燕子夼小型矿床，但其走向延伸较小，约为 0.2 km，厚度相对较大(图 5-12)。A2-2 找矿靶区在区域上反映为重力低异常以及低磁场区，结合岩石物理性质，主要由出露的栖霞序列闪长岩和郭家岭二长花岗岩引起。

由三维预测模型成果(图 5-13)可知，推断靶区成矿有利度异常规模较大，成矿有利度值位于 0.8 以上，延伸也较大，异常深度最深可达－1 700 m，浅部成矿有利度值在 0.7～0.8 之间，－400～－700 m 之间有利度值下降到 0.5～0.6 之间，－600 m 有利度值回升到 0.7～0.8 之间，表明区内具有类似于燕山等金矿的成矿潜力。基于地球物理探测资料可知，GY5 线广域电磁测深测量剖面由西向东贯穿大齐家庄东金矿、初格庄北金矿、齐家一分矿 IX-2 矿脉以及燕山金矿，并且穿过 A2-2 靶区。通过相关矿体实体模型在广域电磁测深一维反演电阻率反映出的相关规律，根据该规律类比分析推断出靶区内矿带大致产状及其延伸，其延伸可达－1 700 m 标高左右，且在－400～－700 m 穿过中、高阻过渡部位，这与三维成矿预测模型有利度规模与延伸在－400～－700 m 呈相对较低的有利度值相一致，结合 1∶1万地形地质图定位靶区以及矿带位置，据此推断出的矿带与燕山金矿、齐家一分矿Ⅸ-2 矿脉、初格庄北金矿同样呈 1.2 km 左右等间距分布（图 5-14）。

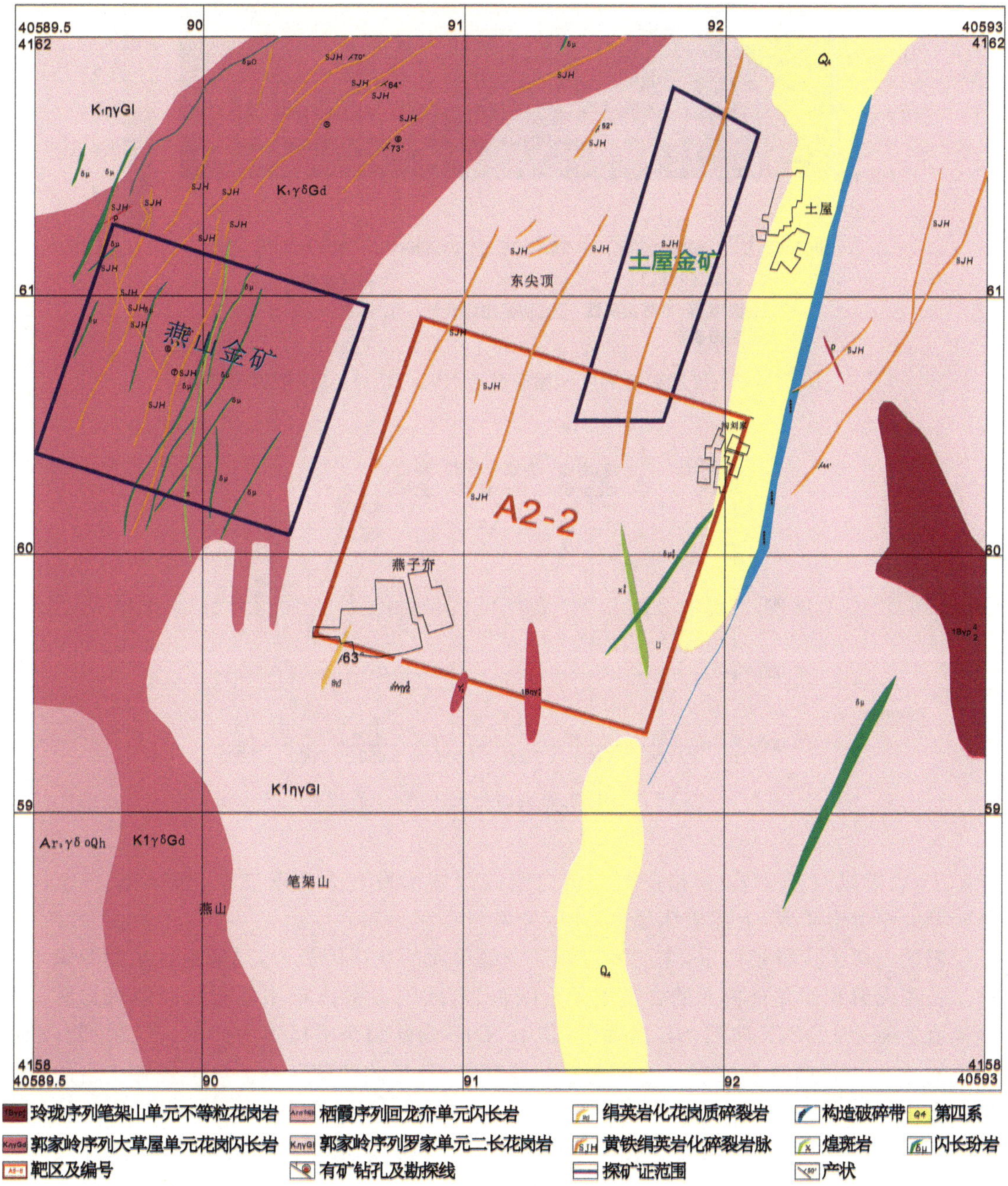

图 5-12　A2-2 靶区位置分布图

（3）A2-3 靶区

该靶区空间上位于Ⅳ号矿列与黑岚沟-齐家沟-侯格庄西矿行的交汇部位，首先沿Ⅳ号矿列方向自 SW 向 NE 依次发育虎路线、侯格庄西、土屋等中型金矿床，矿床呈 2.5 km 左右近等距分布，平均勘探深度为－600 m 以下。另外该带内发育多处矿化线索，如燕子夼小型

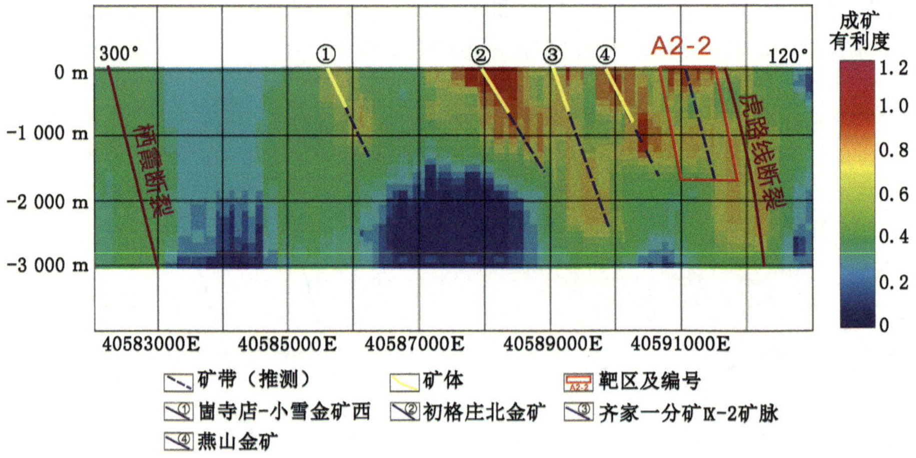

图 5-13　三维成矿有利度预测模型沿 NW 向切面 A2-2 靶区分布图

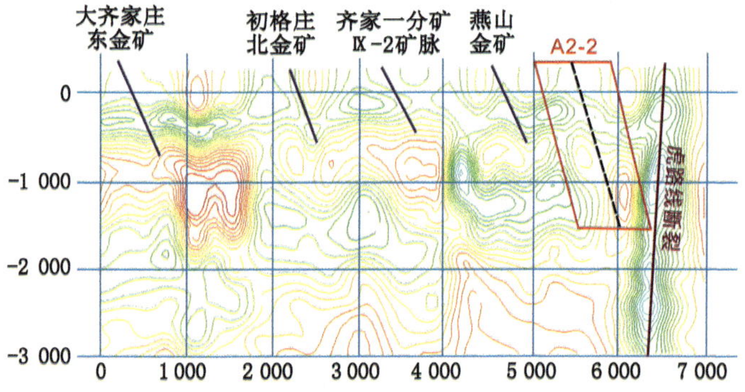

图 5-14　GY5 线广域电磁剖面与靶区 A2-2 矿带空间叠合图

金矿床，而黑岚沟-齐家沟-侯格庄西矿行自东向西依次发育大齐家庄东、黑岚沟、齐家沟一分矿等大中型金矿床，上述矿床呈 2.2 km 左右近等距分布。

靶区内覆盖少量第四系，主要发育燕子夼超单元的花岗闪长岩，局部地区出露罗家单元的二长花岗岩和回龙夼单元的含角闪英云闪长岩，区内零星分布伟晶岩脉和煌斑岩脉。断裂构造主要分为 NNE 向和 NE 向两组，其中 NNE 向断裂呈平行集中产出，产状较陡，沿走向延伸较大；NE 向断裂控制了土屋金矿的蚀变带，且延伸到靶区内。区内发育丰富的黄铁绢英岩化碎裂岩脉（构造蚀变带），其中呈 NNE 向的走向延伸较长，碎裂岩带从靶区外东北端的燕子夼村穿越过靶区延伸至靶区西南端的东石硼村。值得注意的是，靶区东部集中发育走向较短的碎裂岩脉（构造蚀变带），且其正北向发育有土屋金矿的 NE 向含矿构造蚀变带（图 5-15）。

由三维预测模型成果（图 5-16）可知，推断靶区成矿有利度异常规模适中但延深相对较大，成矿有利度值大于 0.8 以上，且有利度在－200～－600 m 标高达到 0.9 以上，有利度值在－800～－1 200 m 标高达到 1.1 以上，异常深度最深可达－2 500 m，其有利度值类似于葫芦状分布，表明区内具有类似于黑岚沟等金矿的成矿潜力，只是其规模相对较适中。

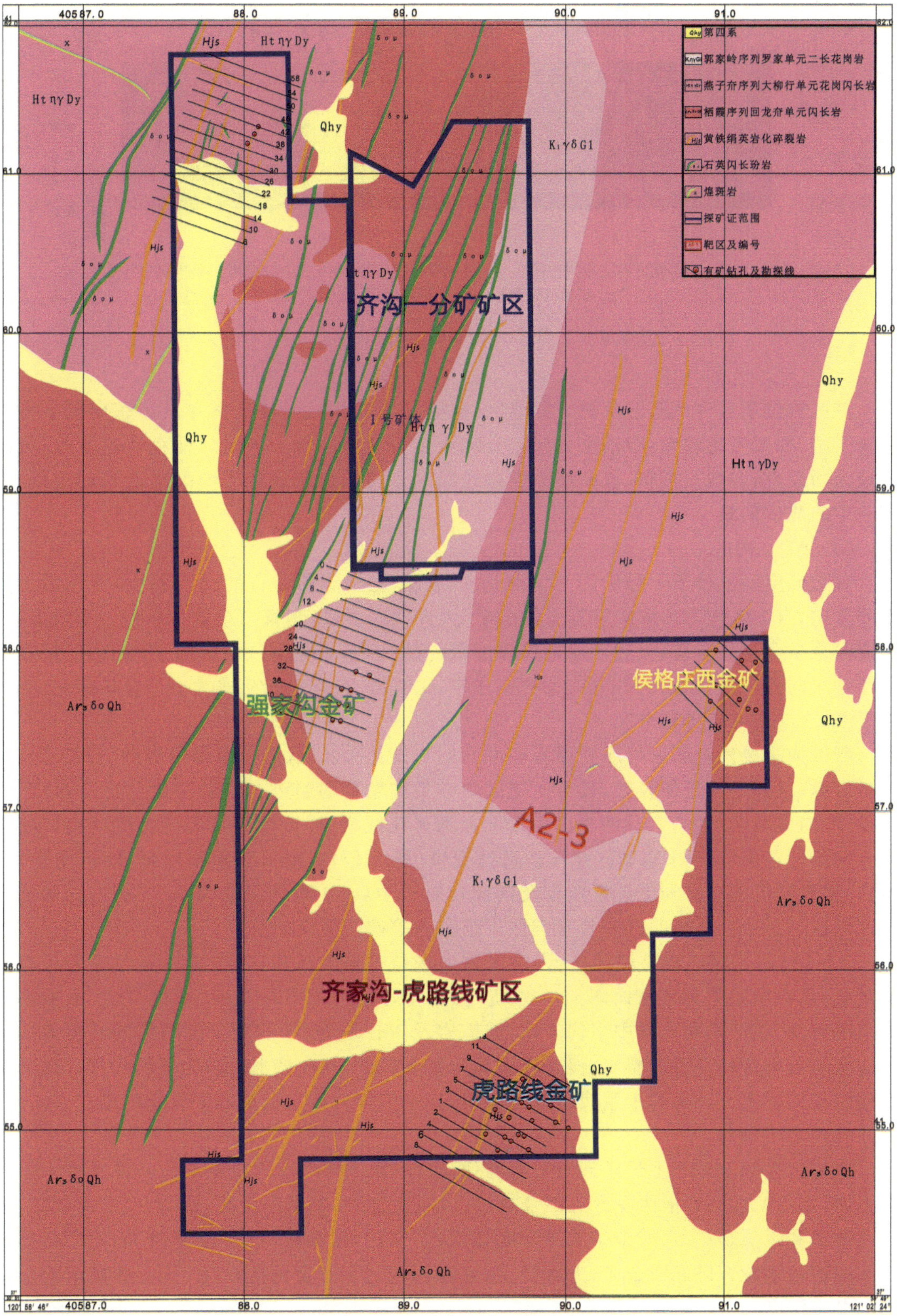

图 5-15　A2-3 靶区位置分布图

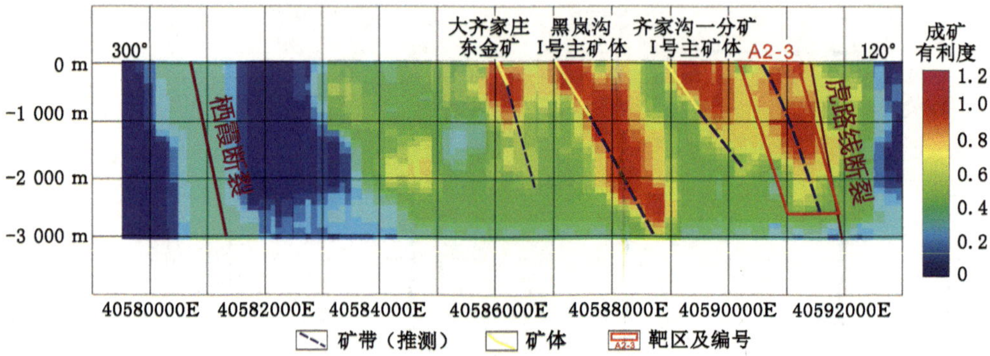

图 5-16　三维成矿有利度预测模型沿 NW 向切面 A2-3 靶区分布图

该区域位于重力低值区及磁力低值区，主要是由中生代岩体出露导致。东南侧重力等值线变密，梯度变化较大，布格重力异常及剩余重力异常两重力异常之间存在过渡带，推断该地为断裂，结合地表资料，该断裂为虎路线断裂。该预测靶区位于断裂构造带的边缘，具有一定的成矿前景。

(4) A2-4 靶区

该靶区空间上位于Ⅰ号矿列与黑岚沟-齐家沟-侯格庄西矿行的交汇部位，首先沿Ⅰ号矿列方向，自 SW 向 NE 依次发育五甲金矿、大齐家庄金矿、李家东金矿、崮寺店-小雪金矿、卧鹿西金矿和道头金矿，上述矿床勘探深度最深达－640 m 左右，黑岚沟-齐家沟-侯格庄西矿行自东向西依次发育大齐家庄、大齐家庄东、黑岚沟、齐沟一分矿等大中型金矿床，上述矿床呈 2.2 km 左右近等距分布。

靶区内主要发育郭家岭序列西石硼单元的二长花岗岩，区内分布煌斑岩脉、石英脉与闪长玢岩脉，且其走向延伸较长，具有向靶区中心集中发育的趋势。断裂构造主要呈 NNE 向产出，倾向多在 60°左右。预测靶区发现明显的矿化线索，构造蚀变带可能由靶区南部向东北方向延伸至崮寺店-小雪矿区矿化构造蚀变带(图 5-17)。由三维预测模型成果(图 5-18)可知，推断靶区成矿有利度异常规模及延伸相对适中，成矿有利度值为 0.8～0.9，异常深度最深可达－1 200 m，表明区内具有类似于强家沟等矿床的成矿潜力。

A2-4 预测靶区地球物理场显示，该区重力场位于重力低值区，该重力异常等值线呈梯级带状；在剩余重力异常平面图上，异常形态较规则，呈 NE-SW 走向“纺锤”状。由地表地质情况可知，该区主要出露中生代岩体、煌斑岩及闪长玢岩，零散被少量的第四系覆盖。由调查区岩石密度特征可以看出，侵入岩及脉岩密度较低，在区域上反映为低重力区。该区域低磁特征同样由大规模的中生代岩体出露引起，中生代岩体是金矿成矿有利的围岩。

(5) A2-5 靶区

该靶区空间上位于Ⅰ号矿列与石家西-觅鹿夼-大柳行矿行的交汇部位，首先沿Ⅰ号矿列方向，自 SW 向 NE 依次发育五甲金矿、大齐家庄金矿、李家东金矿、崮寺店-小雪金矿、卧鹿西金矿和道头金矿，上述金矿勘探深度最深达－640 m 左右，石家西-觅鹿夼-大柳行矿行自东向西依次发育卧鹿西金矿、大柳行、高家沟、石家西、时金河等矿床，且上述矿床的平均平均勘查深度为－700 m。

靶区内覆盖少量第四系，主要发育郭家岭序列罗家单元的二长花岗岩，在靶区东北角集

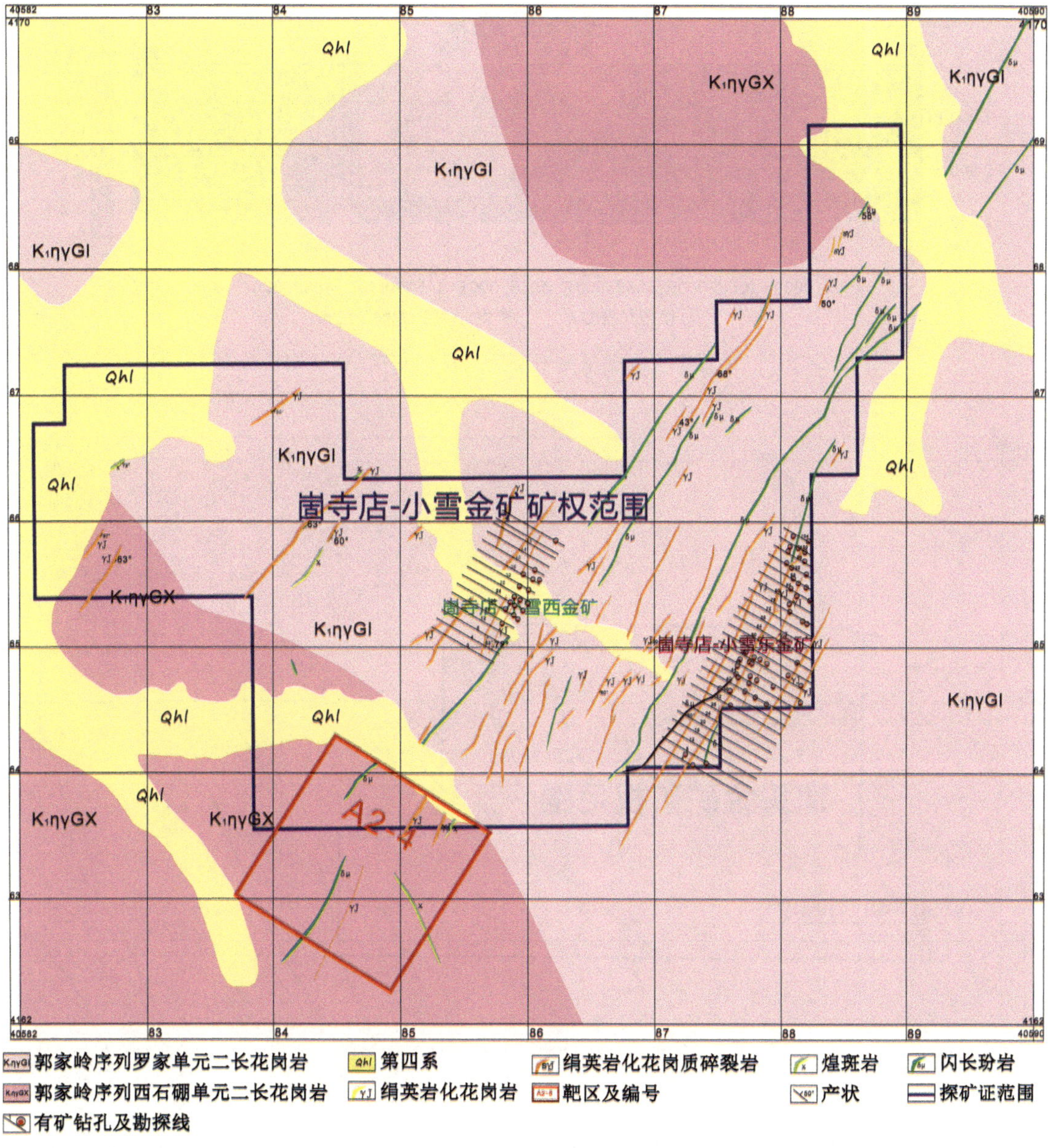

图 5-17 A2-4 靶区位置分布图

中发育石英闪长玢岩脉，且近平行产出沿走向延伸较长。断裂构造主要呈 NNE 向，倾向较陡。区内构造蚀变带发育丰富，在靶区西边发育一条贯穿靶区的 NNE 向构造蚀变带，具有分支复合的特征，且在西南角与多组沿走向较短的构造带近平行分布，靶区东北部发育两条平行构造蚀变带，向 NNE 方向延伸至道头矿区内，且其中一条构造蚀变带依附于石英闪长玢岩脉产出，靶区东南部集中发育近等距平行沿走向较短的构造蚀变带(图 5-19)。

由三维预测模型成果(图 5-20)可知，推断靶区成矿有利度异常规模及延伸相对较小，其主要原因是广域电磁测深剖面没有覆盖到该靶区范围内。由道头矿体有利度模型分布图(图 5-21)可知，分布于靶区正北方向的道头金矿，其矿体位于成矿有利度值 0.4～0.6 之间。

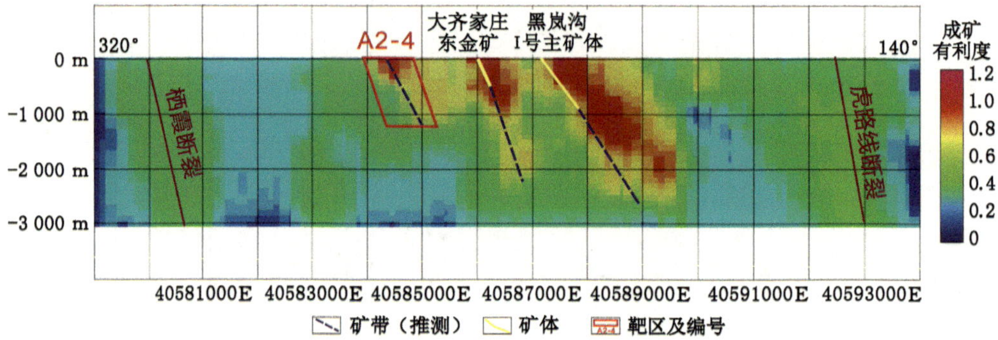

图 5-18 三维成矿有利度预测模型沿 NW 向切面 A2-4 靶区分布图

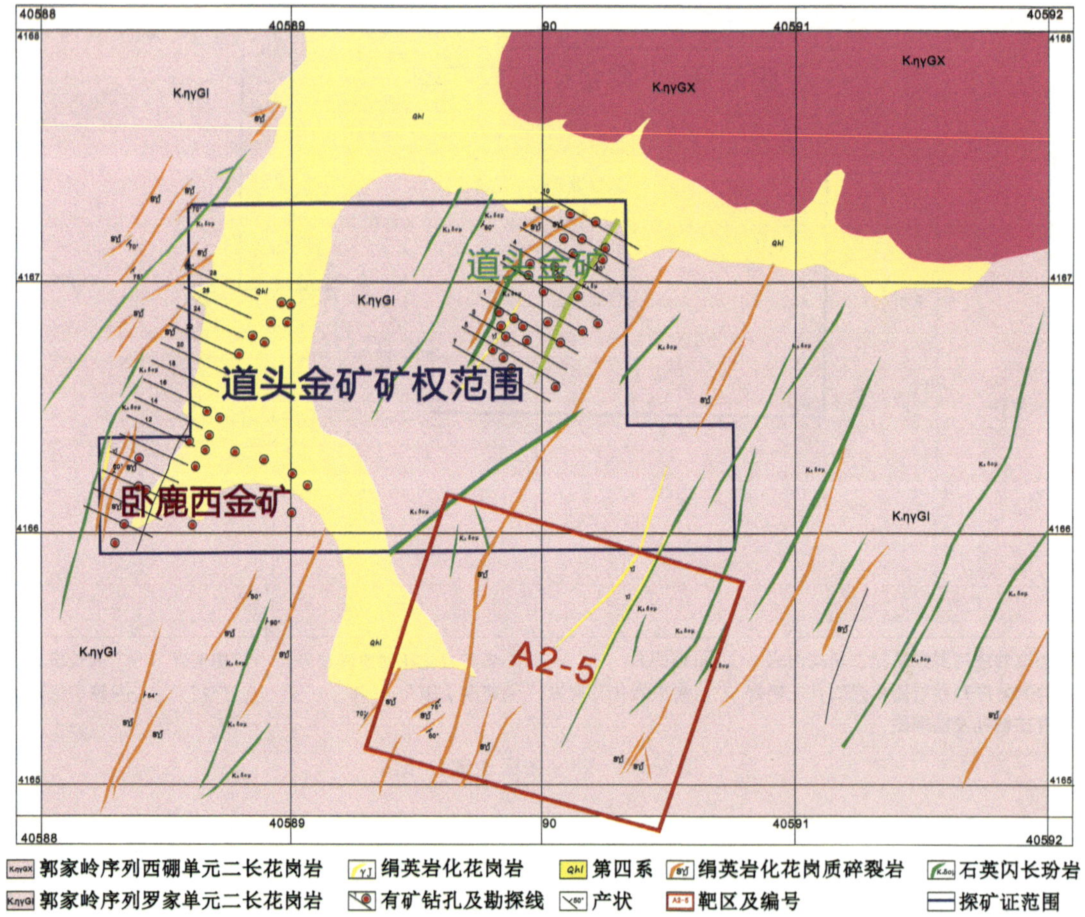

图 5-19 A2-5 靶区位置分布图

通过对比分析可知，虽然 A2-5 靶区成矿有利度规模及延伸较小，但其成矿有利度值位于 0.5～0.8之间，高于道头金矿体所处的成矿有利度值，且有利度向下延伸至－700 m 标高，表明靶区内具有一定的找矿潜力。

A2-5 预测靶区布格重力异常呈 NW-SE 走向梯级带，该区大部分出露中生代郭家岭序

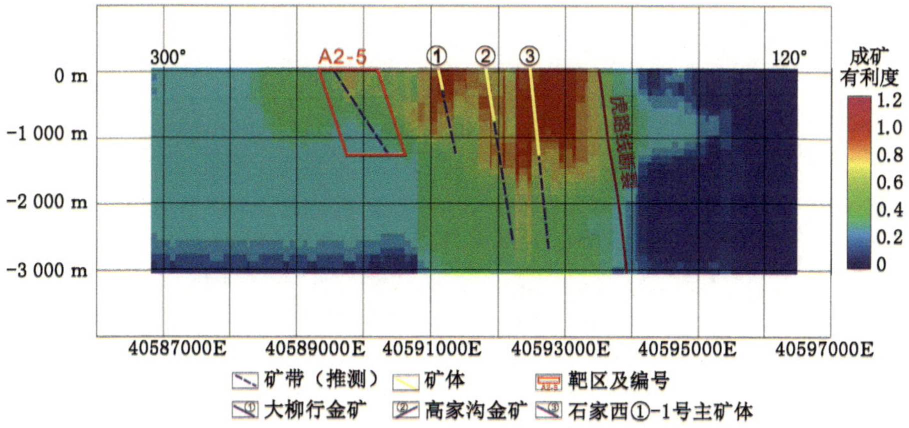

图 5-20　三维成矿有利度预测模型沿 NW 向切面 A2-5 靶区分布图

列二长花岗岩，所以呈现低重力场。NE 向重力场较高，结合地质情况，该区内地层主要为新元古代蓬莱群及少量古元古代粉子山群，其与中生代二长花岗岩的密度差异较大，引起重力场的差异。A2-5 预测区位于侵入岩体与地层接触带，是成矿的有利部位。

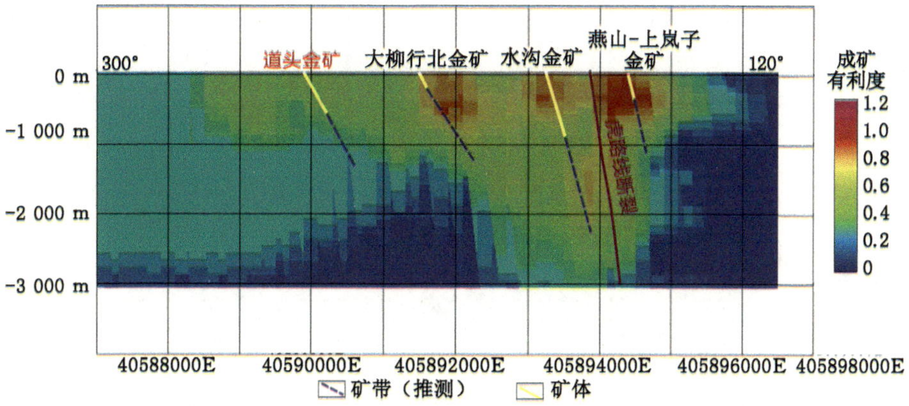

图 5-21　三维成矿有利度预测模型沿 NW 向切面道头金矿区分布图

(6) A2-6 靶区

该靶区空间上位于Ⅱ号矿列与西石硼-强家沟-虎路线矿行的交汇部位，首先沿Ⅱ号矿列方向，自 SW 向 NE 依次发育黑金顶金矿、西石硼金矿、黑岚沟金矿、初格庄金矿、庵口金矿、大柳行金矿以及荆子夼金矿，上述矿床勘探深度最深达－950 m 左右，西石硼-强家沟-虎路线矿行自东向西依次发育五甲金矿、西石硼北金矿、西石硼金矿、强家沟金矿、虎路线金矿等，且上述金矿的平均勘查深度为－500 m。

靶区西南角覆盖少量第四系，区内主要发育郭家岭序列西石硼单元二长花岗岩，靶区东边发育一条水系，走向呈 NNE 向。预测靶区发现明显的矿化线索，在靶区外东北部发育一组 NNE 向产状较陡的构造蚀变带，且靶区外西南部跨过第四系覆盖同样发育一组 NNE 向产状较陡的构造蚀变带，因此推断靶区内可能发育一组贯穿全靶区的 NNE 向产状较陡的构造蚀变带，且区内的水系可能为该条构造蚀变带的次级构造(图 5-22)。

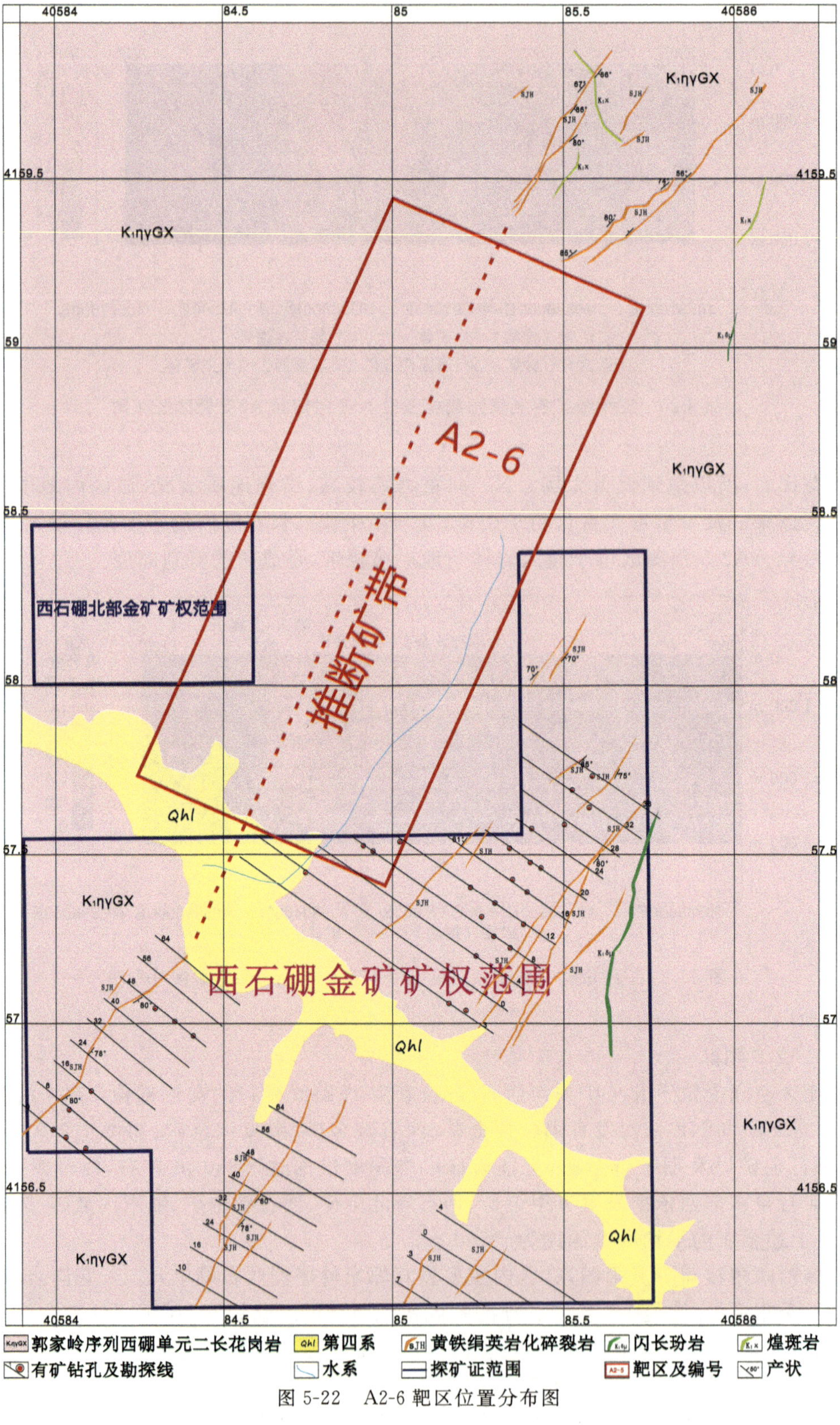

图 5-22　A2-6 靶区位置分布图

由三维预测模型成果(图 5-23)可知，推断靶区成矿有利度异常规模及延伸较大，成矿有利度值位于 0.7～1.1 之间，其浅部成矿有利度值在 0.6～0.8 之间，在－700～－1 100 m 标高之间上升至 0.9～1.1 之间，到达深部其有利度值恢复到 0.6～0.8 之间，且异常深度最深可达－2 000 m，表明靶区内具有一定的找矿潜力。基于地球物理探测资料可知，GY3 线广域电磁测深测量剖面由西向东贯穿西石硼北金矿、A2-6 靶区、西石硼金矿、强家沟金矿，通过相关矿体实体模型广域电磁测深一维反演电阻率反映出的相关规律，推断出靶区内矿带大致产状及其延伸，其延伸可达－2 000 m 标高左右，这与三维成矿预测模型有利度延伸相一致，结合 1∶1万地形地质图定位靶区以及矿带位置，据此推断出的靶区内矿带与西石硼矿体呈“反 y 形”产出(图 5-24)。

A2-6 预测靶区布格重力异常呈 NE-SW 走向梯级带，该区大部分出露中生代郭家岭序列二长花岗岩，呈现低重力场及低磁力场。靶区东南方向为一重力高异常，异常区全部出露燕山晚期郭家岭序列二长花岗岩和古元古代大柳行序列片麻状含黑云二长花岗岩，郭家岭序列和大柳行序列二长花岗岩属低密度体，密度在 2.62×10^3～$2.63\times10^3\,kg/m^3$，正常不会引起局部的重力高异常，推断其下部有高密度地质体，应该为新太古或古元古代地质体。郭家岭序列和老地质体接触部位，庄子金矿位于其中，成矿条件优越。

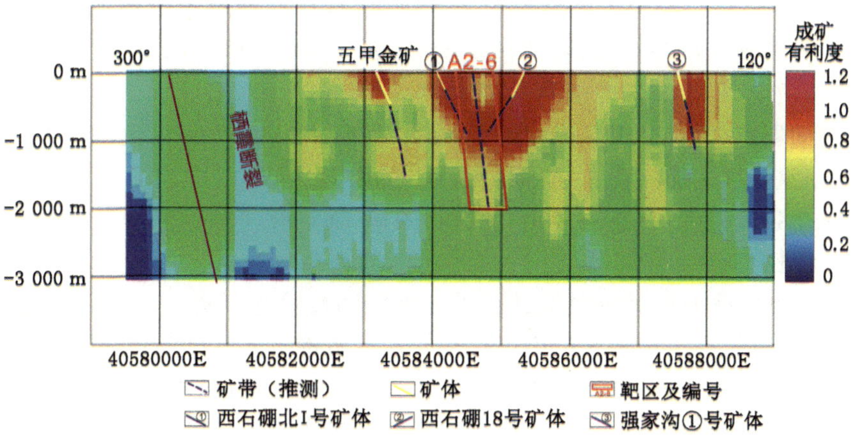

图 5-23　三维成矿有利度预测模型沿 NW 向切面 A2-6 靶区分布图

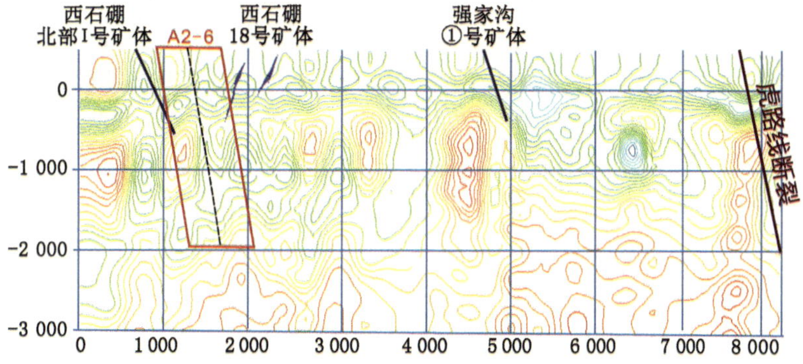

图 5-24　GY3 线广域电磁剖面与靶区 A2-6 矿带空间叠合图

第6章 结 论

6.1 研究结论

本书基于黑岚沟-大柳行金矿田研究区已取得的地质、地球物理、矿产勘探及矿山生产资料，以 Surpac 软件为平台，构建了黑岚沟-大柳行金矿田矿体、构造蚀变带、断裂、脉岩、岩体三维地质模型以及矿田地质数据库；同时在三维预测空间内，用特征分析法对黑岚沟-大柳行金矿田进行了外围成矿预测，圈定了外围找矿靶区，提出了研究区下一步外围找矿勘查的具体位置，本次研究取得如下主要成果：

（1）在已取得的矿山生产和矿产勘探资料基础上，运用广域电磁测深资料和矿田地质数据库等地质资料相互约束与校正，构建黑岚沟-大柳行金矿田内矿体、构造蚀变带、断裂、脉岩、岩体三维地质模型，揭示了矿田内的矿体、构造蚀变带、断裂、脉岩、岩体的空间形态、相互关系以及空间展布规律，实现了黑岚沟-大柳行金矿田－3 000 m 以浅范围内各类地质体的可视化，并依靠三维地质模型总结出矿田内矿体具有“NW 成行、NE 呈串”的“四行四列”分布格局，矿化强度呈现出“强弱相间”的变化规律，而矿化下限则呈现“深浅交替”的变化规律，为下一步进行成矿预测和圈定靶区提供了模型基础和数据支持。

（2）对广域电磁测深一维反演数据进行了三维空间插值与分析，构建了广域电磁测深电阻率块体模型，详细挖掘了矿田尺度内三维空间地质组构信息；对广域电磁测深一维反演数据进行了组合方向导数研究，并利用距离幂次反比法进行插值，构建了广域电磁测深视电阻率方向导数块体模型，进一步增强和提取矿田内线状异常信息，发现矿体多数位于广域电磁测深组合水平方向导数高值异常区，且高值异常区同样具有“NW 成行、NE 呈串”的“四行四列”的分布格局，这表明广域电磁测深组合水平方向导数对于识别矿田内有利成矿构造带具有较为明显的指示作用。

（3）以三维地质模型所总结的控矿规律和矿体空间展布规律为基础，结合广域电磁测深电阻率方向导数块体模型，对预测要素进行优选，采用特征分析法建立了黑岚沟-大柳行金矿田三维预测模型，圈定了 6 处找矿靶区，为该区下一步找矿勘查工作提供了重要支撑。

6.2 下一步工作建议

（1）本次三维地质建模工作在本区深部成矿预测方面属首次应用，效果较为明显，建议进一步推广应用，并加强机器学习、数字孪生等大数据处理方法在三维成矿预测中的应用。

（2）本次研究预测了 6 处有较大成矿可能的靶区，建议进行工程验证。

参考文献

[1] 胥迎红,王京彬,宋谢炎,等.加拿大萨德伯里奈恩地区镁铁—超镁铁岩体特征及其成矿机制[J].科学技术与工程,2015,15(36):123-133.

[2] 贾润幸,张汉城,张文山,等.加拿大萨德伯里奈恩(Nairn)铜多金属矿地球化学特征及意义[J].地质与勘探,2012,48(3):654-662.

[3] BARRA F,ALCOTA H,RIVERA S,et al.Timing and formation of porphyry Cu-Mo mineralization in the chuquicamata district,northern Chile:new constraints from the toki cluster[J].Mineralium Deposita,2013,48(5):629-651.

[4] 刘彬,王银宏,王建平,等.智利楚基卡马塔斑岩型铜矿研究进展[J].地质科技情报,2015,34(5):134-141.

[5] 吴俊华,袁承先,赵赣.隐伏矿体的预测理论、探测方法及发展现状[J].地质找矿论丛,2010,25(3):188-195.

[6] 郭春影,张文钊,葛良胜,等.胶东西北部金矿床深部资源潜力与找矿方向[J].地质与勘探,2012,48(1):58-67.

[7] 朱日祥,范宏瑞,李建威,等.克拉通破坏型金矿床[J].中国科学:地球科学,2015,45(8):1153-1168.

[8] 宋明春,徐军祥,焦秀美,等.山东省地质矿产勘查开发局60年重要找矿成果和深部隐伏区找矿技术进展[J].山东国土资源,2018,34(10):1-14.

[9] 宋英昕,宋明春,丁正江,等.胶东金矿集区深部找矿重要进展及成矿特征[J].黄金科学技术,2017,25(3):4-18.

[10] 于学峰,李大鹏,田京祥,等.山东金矿深部勘查进展与成矿理论创新[J].山东国土资源,2018,34(5):1-13.

[11] 张夏林,吴冲龙,周琦,等.基于勘查大数据和数据集市的锰矿床三维地质建模[J].地质科技通报,2020,39(4):12-20.

[12] 向中林,顾雪祥,董树义,等.三维地质建模及可视化在危机矿山找矿中的应用研究:以沂南金矿为例[J].地球与环境,2009,37(2):136-141.

[13] 李青元,张洛宜,曹代勇,等.三维地质建模的用途、现状、问题、趋势与建议[J].地质与勘探,2016,52(4):759-767.

[14] HALDORSEN H,LAKE L.A new approach to shale management in fieldscale simulation models[J].The Journal of Petroleum Technology,1984,24:1-4.

[15] SMITH D,PARADIS A.Three-dimensional GIS for the earth sciences[C].1989.

[16] HOULDING S W.3D geoscience modeling:computer techniques for geological characterization [M].Springer-Verlag,1994.

[17] MALLET J L.Discrete smooth interpolation in geometric modelling[J].Computer-Aided Design,1992,24(4):178-191.

[18] JESSELL M. Three-dimensional geological modelling of potential-field data[J]. Computers & Geosciences,2001,27(4):455-465.

[19] LEMON A M,JONES N L.Building solid models from boreholes and user-defined cross-sections[J].Computers & Geosciences,2003,29(5):547-555.

[20] ARENS C,STOTER J,VAN OOSTEROM P.Modelling 3D spatial objects in a geo-DBMS using a 3D primitive[J].Computers & Geosciences,2005,31(2):165-177.

[21] LIU X M,LUO Z Q,YANG B,et al.Visible calculation of mining index based on stope 3D surveying and block modeling[J].International Journal of Mining Science and Technology,2012,22(2):139-144.

[22] DE DONATIS M,BORRACCINI F,SUSINI S.Sheet 280-fossombrone 3D:a study project for a new geological map of Italy in three dimensions[J]. Computers &Geosciences,2009,35(1):19-32.

[23] LOU S H,YANG B,LUO Z Q.Three-dimensional information acquisition and visualization application in goaf[J].ProcediaEngineering,2014,84:860-867.

[24] LIU L M,LI J F,ZHOU R C,et al.3D modeling of the porphyry-related dawangding gold deposit in South China:implications for ore genesis and resources evaluation[J].Journal of Geochemical Exploration,2016,164:164-185.

[25] MATHERS S J,TERRINGTON R L,WATERS C N,et al.GB3D-a framework for the bedrock geology of Great Britain[J].Geoscience Data Journal,2014,1(1):30-42.

[26] DEKEMP E A,MONECKE T,SHESHPARI M,et al.3D GIS as a support for mineral discovery[J].Geochemistry:Exploration,Environment,Analysis,2011,11(2):117-128.

[27] 武强,徐华.三维地质建模与可视化方法研究[J].中国科学(D辑:地球科学),2004,34(1):54-60.

[28] 武强,徐华.数字矿山中三维地质建模方法与应用[J].中国科学:地球科学,2013,43(12):1996-2006.

[29] 刘少华,程朋根,陈红华.三维地质建模及可视化研究[J].桂林工学院学报,2003,23:154-158.

[30] 屈红刚,潘懋,王勇,等.基于含拓扑剖面的三维地质建模[J].北京大学学报(自然科学版),2006,42:717-723.

[31] 王宝军,施斌,宋震.基于GIS与虚拟现实的三维地质建模方法[J].岩石力学与工程学报,2008,27(S2):3563-3569.

[32] 薛林福,李文庆,张伟,等.分块区域三维地质建模方法[J].吉林大学学报(地球科学版),2014,44(6):2051-2058.

[33] 罗智勇,杨武年.基于钻孔数据的三维地质建模与可视化研究[J].测绘科学,2008,33(2):130-132.

[34] 向中林,顾雪祥,章永梅,等.基于三维地质建模及可视化的大比例尺深部找矿预测研

究及应用:以内蒙古柳坝沟矿区为例[J].地学前缘,2014,21(5):227-235.
[35] 孙岳.基于GOCAD三维地质建模及资源预测评价[D].北京:中国地质大学(北京),2012.
[36] 袁峰,张明明,李晓晖,等.成矿预测:从二维到三维[J].岩石学报,2019,35(12):3863-3874.
[37] SPRAGUE K,DE KEMP E,WONG W,et al.Spatial targeting using queries in a 3-D GIS environment with application to mineral exploration[J].Computers & Geosciences,2006,32(3):396-418.
[38] CAUMON G,ORTIZ J M,RABEAU O.A comparative study of three data-driven Mineral Potential Mapping techniques[C].2006.
[39] JOLY A,PORWAL A,CAMPBELL M C T.3D geophysical and geological modeling for understanding the gold mineral systems in the Tanami Orogen, Western Australia[C].2010.
[40] NIELSEN S H H,CUNNINGHAM F,HAY R,et al.3D prospectivity modelling of orogenic gold in the Marymia Inlier,Western Australia[J].Ore Geology Reviews,2015,71:578-591.
[41] PAYNE C E,CUNNINGHAM F,PETERS K J,et al.From 2D to 3D:prospectivity modelling in the taupo volcanic zone,new zealand[J].Ore Geology Reviews,2015,71:558-577.
[42] 陈建平,吕鹏,吴文,等.基于三维可视化技术的隐伏矿体预测[J].地学前缘,2007,14(5):54-62.
[43] 陈建平,陈勇,曾敏,等.基于数字矿床模型的新疆可可托海3号脉三维定位定量研究[J].地质通报,2008,27(4):552-559.
[44] 王丽梅,陈建平,唐菊兴.基于数字矿床模型的西藏玉龙斑岩型铜矿三维定位定量预测[J].地质通报,2010,29(4):565-570.
[45] 史蕊,陈建平,陈珍平,等.陕西小秦岭金矿带潼关段区域三维定量预测[J].地质通报,2011,30(5):711-721.
[46] 陈建平,王春女,尚北川,等.基于数字矿床模型的福建永梅地区隐伏矿三维成矿预测[J].国土资源科技管理,2012,29(6):14-20.
[47] 陈建平,严琼,尚北川,等.湖南黄沙坪地区铅锌矿床三维预测研究[J].地质学刊,2012,36(3):243-249.
[48] 毛先成,邹艳红,陈进,等.危机矿山深部、边部隐伏矿体的三维可视化预测:以安徽铜陵凤凰山矿田为例[J].地质通报,2010,29(S1):401-413.
[49] 肖克炎,李楠,孙莉,等.基于三维信息技术大比例尺三维立体矿产预测方法及途径[J].地质学刊,2012,36(3):229-236.
[50] 袁峰,李晓晖,张明明,等.三维成矿预测研究进展[J].甘肃地质,2018,27(1):32-36.
[51] 李洪奎,陈国栋,耿科,等.山东胶东金矿成矿地质背景初论[J].山东国土资源,2018,34(5):34-41.
[52] 李逸凡,李洪奎,陈国栋,等.论山东胶东金矿形成的挤压-伸展构造环境[J].大地构造

与成矿学,2019,43(6):1117-1132.
[53] 赛盛勋.胶东牟乳金矿带构造-流体-成矿及动力学[D].北京:中国地质大学(北京),2020.
[54] 邓军,杨立强,葛良胜,等.胶东矿集区形成的构造体制研究进展[J].自然科学进展,2006,(5)13:5-18.
[55] 严育通.胶东石英脉型和蚀变岩型金矿关系的成因矿物学研究[D].北京:中国地质大学(北京),2012.
[56] 杨伟光.胶东蓬莱金矿区控矿构造特征及构造演化研究[D].北京:中国地质大学(北京),2018.
[57] 车海龙,吴玉诗,王海建,等.吉林省老岭成矿带北部金矿 MRAS 证据权重法成矿预测[J].吉林地质,2019,38(4):27-33.
[58] 张权平,陈建平,胡彬,等.基于模糊证据权与信息量的隐伏矿体三维预测:以山西罗框研究区为例[J].中国矿业,2018,27(7):171-177.
[59] 石睿.试用特征分析法对贵州省黔东南天柱—锦屏地区石英脉型金矿进行成矿预测[J]. 西部探矿工程,2019,31:139-141.
[60] 张道军.逻辑回归空间加权技术及其在矿产资源信息综合中的应用[D].武汉:中国地质大学,2015.
[61] 李晓晖,袁峰,张明明,等.宁芜盆地白象山矿区人工神经网络三维成矿定位预测研究[J].地质学报,2014,88(4):644-657.
[62] 郑通科.基于特征分析法的杨庄铁矿床隐伏矿体三维成矿预测研究[D].合肥:合肥工业大学,2015.

附　录

附录 1　黑岚沟矿区三维模型中利用的部分钻孔资料

序号	钻孔号	施工日期		终孔深度/m	开孔方位/(°)	岩芯采取率/%	矿芯采取率/%	开孔倾角/(°)	孔深误差/m	封孔位置/m	钻孔质量
		开孔	终孔								
1	ZK7-4	2010.11.04	2010.12.07	471.54	300	100.00	100	75	0.00	全孔	合格
2	ZK62-2	2010.06.08	2010.06.28	477.9	285	98.00	100	75	+0.01	全孔	合格
3	ZK62-3	2010.06.29	2010.07.19	529.60	285	99.00	100	83	0.00	全孔	合格
4	ZK62-4	2010.07.25	2010.08.24	654.80	261	99.00	100	84	−0.02	全孔	合格
5	ZK66-2	2010.06.08	2010.06.28	458.55	300	97.00	100	75	−0.02	全孔	合格
6	ZK70-1	2010.10.04	2010.10.15	413.35	284	94.00	100	75	−0.01	全孔	合格
7	ZK70-2	2010.10.17	2010.11.01	526.10	284	97.00	100	88	−0.02	全孔	合格
8	ZK74-1	2010.11.05	2010.11.16	399.40	279	100.00	100	75	0.00	全孔	合格
9	ZK3-1	2011.03.02	2011.03.11	265.20	300	95.00	100	75	0.00	全孔	合格
10	ZK7-5	2011.03.16	2011.03.22	271.60	300	100.00	100	75	0.00	全孔	合格
11	ZK16-1	2011.03.26	2011.03.29	166.00	30	100.00	100	75	0.00	全孔	合格
12	ZK16-2	2011.04.17	2011.04.29	346.40	340	100.00	100	75	0.00	全孔	合格
13	ZK12-1	2011.04.01	2011.04.06	247.90	300	100.00	100	75	0.00	全孔	合格
14	ZK12-2	2011.04.08	2011.04.15	324.30	282	100.00	100	75	0.00	全孔	合格
15	ZK8-1	2011.05.01	2011.05.10	319.10	300	100.00	100	75	0.00	全孔	合格
16	ZK8-2	2011.05.13	2011.05.30	389.40	300	100.00	100	75	0.00	全孔	合格
17	ZK12-3	2011.06.02	2011.06.23	471.01	340	100.00	100	75	0.00	全孔	合格
18	ZK0-3	2011.07.15	2011.07.22	290.80	250	100.00	100	75	0.00	全孔	合格
19	ZK4-4	2011.06.30	2011.07.12	272.90	316	100.00	100	75	0.00	全孔	合格
20	ZK3-2	2011.07.26	2011.08.05	381.90	300	100.00	100	75	0.00	全孔	合格
21	ZK0-4	2011.08.16	2011.08.26	388.80	325	100.00	100	75	0.00	全孔	合格
22	ZK0-5	2011.08.30	2011.09.26	503.70	30	100.00	100	85	0.00	全孔	合格
23	ZK7-6	2011.09.30	2011.10.10	329.70	300	100.00	100	78	0.00	全孔	合格
24	ZK7-7	2011.10.11	2011.10.25	397.00	/	100.00	100	90	0.00	全孔	合格
25	ZK11-6	2011.10.28	2011.11.10	380.00	263	100.00	100	80	0.00	全孔	合格
26	ZK20-1	2011.11.14	2011.11.22	281.70	300	100.00	100	75	0.00	全孔	合格
27	ZK22-3	2012.11.08	2012.11.24	510.80	300	100.00	100	75	0.00	全孔	合格

附录 1(续)

序号	钻孔号	施工日期		终孔深度/m	开孔方位/(°)	岩芯采取率/%	矿芯采取率/%	开孔倾角/(°)	孔深误差/m	封孔位置/m	钻孔质量
		开孔	终孔								
28	ZK26-4	2012.11.28	2012.12.20	523.40	300	100.00	100	75	0.00	全孔	合格
29	ZK46-3	2012.04.30	2012.06.14	822.10	300	100.00	100	75	0.00	全孔	合格
30	ZK46-4	2012.10.08	2012.10.30	465.00	300	100.00	100	80	0.00	全孔	合格
31	ZK50-1	2012.11.24	2012.12.18	459.80	277	100.00	100	75	0.00	全孔	合格
32	ZK54-3	2012.11.06	2012.11.20	430.00	300	100.00	100	75	0.00	全孔	合格
33	ZK58-2	2012.03.11	2012.03.28	487.60	330	100.00	100	75	0.00	全孔	合格
34	ZK62-5	2012.03.31	2012.04.25	329.20	300	100.00	100	83	0.00	全孔	合格
35	ZK39-4	2013.05.17	2013.08.11	1 167.00	285	98.87	100	87	+0.08	全孔	合格
36	ZK31-2	2013.03.23	2013.05.10	885.80	285	98.39	100	87	+0.08	全孔	合格
37	ZK4-4	2013.08.18	2013.11.08	978.00	285	96.90	100	84	−0.05	全孔	合格
38	ZK30-3	2013.03.21	2013.04.09	457.90	285	99.43	100	75	+0.03	全孔	合格
39	ZK30-4	2013.04.12	2013.04.24	376.00	210	99.34	100	86	+0.07	全孔	合格
40	ZK34-3	2013.04.30	2013.05.26	438.27	300	95.14	100	75	+0.05	全孔	合格
41	ZK50-2	2013.06.28	2013.07.29	556.20	300	96.87	100	80	+0.09	全孔	合格
42	ZK50-3	2013.10.08	2013.11016	661.50	300	98.58	100	75	+0.04	全孔	合格
43	ZK46-5	2013.06.04	2013.06.23	566.90	300	96.77	100	80	+0.15	全孔	合格
44	ZK54-4	2013.08.05	2013.09.01	578.90	279	98.19	100	75	+0.08	全孔	合格
45	ZK58-3	2013.09.05	2013.10.02	596.00	311	98.27	100	75	+0.05	全孔	合格
46	ZK11-4	2014.05.14	2014.08.06	904.13	285	95.93	98.73	84	−0.09	全孔	合格
47	ZK3-2	2014.08.12	2014.10.23	846.69	270	95.93	100	82	−0.09	全孔	合格
48	ZK54-5	2014.05.02	2014.06.02	598.88	300	99.87	99.3	82	−0.07	全孔	合格
49	ZK62-6	2014.06.09	2014.07.12	577.33	300	96.80	99.28	75	−0.04	全孔	合格
50	ZK74-3	2014.12.23	2015.01.05	265.00	354	91.29	99.33	81	+0.01	全孔	合格
51	ZK74-2	2014.07.19	2014.08.19	550.04	307	97.73	99.28	75	−0.02	全孔	合格
52	ZK78-1	2014.08.24	2014.09.01	220.64	342	97.55	100	75	0.00	全孔	合格
53	ZK82-1	2014.09.09	2014.09.19	282.07	313	94.12	99.55	75	−0.34	全孔	合格
54	ZK78-2	2014.10.08	2014.10.20	349.09	210	96.54	100	78	+0.19	全孔	合格
55	ZK82-2	2014.09.23	2014.10.05	297.05	338	95.83	96.69	88	+0.01	全孔	合格
56	ZK82-3	2014.10.26	2014.11.17	457.67	216	98.05	100	84	−0.01	全孔	合格
57	ZK86-1	2014.11.22	2014.12.11	385.45	330	96.39	100	79	+0.09	全孔	合格
58	ZK102-1	2015.05.09	2015.5.24	393.90	300	98.26	98.07	75	0.00	全孔	合格
59	ZK106-1	2015.05.28	2015.6.17	567.40	292	98.88	100	75	−0.20	全孔	合格
60	ZK110-1	2015.06.23	2015.7.16	381.50	289	98.37	100	75	0.00	全孔	合格
61	ZK102-2	2015.07.21	2015.7.31	317.90	291	97.75	98.61	75	+0.03	全孔	合格

附录 1(续)

序号	钻孔号	施工日期		终孔深度/m	开孔方位/(°)	岩芯采取率/%	矿芯采取率/%	开孔倾角/(°)	孔深误差/m	封孔位置/m	钻孔质量
		开孔	终孔								
62	ZK114-2	2015.08.10	2015.9.15	529.00	308	95.79	98.44	75	0.00	全孔	合格
63	ZK128-2	2015.09.24	2015.10.2	234.40	300	96.29	98.61	75	+0.02	全孔	合格
64	ZK120-1	2015.10.08	2015.10.25	464.94	288	97.54	100.00	75	+0.02	全孔	合格
65	ZK136-1	2015.10.17	2015.10.25	242.11	300	94.44	100.00	75	−0.09	全孔	合格
66	ZK140-2	2015.10.30	2015.11.10	295.20	300	92.42	97.73	75	0.00	全孔	合格
67	ZK148-2	2015.11.02	2015.11.19	355.00	322	95.69	100.00	75	0.00	全孔	合格
68	ZK164-1	2015.10.20	2015.10.28	271.02	300	95.31	100.00	75	0.00	全孔	合格
69	ZK172-1	2015.11.02	2015.11.14	260.00	300	95.43	100.00	75	0.00	全孔	合格
70	ZK184-1	2015.11.19	2015.11.29	271.00	300	95.99	100.00	75	0.00	全孔	合格
71	ZK160-2	2015.11.28	2015.12.10	359.95	275	96.12	100.00	89	−0.05	全孔	合格
72	ZK148-1	2015.12.03	2015.12.11	337.00	282	95.15	100.00	80	0.00	全孔	合格
73	ZK128-1	2015.11.28	2015.12.13	262.10	300	91.20	100.00	75	−0.02	全孔	合格
74	ZK30-3	2015.08.17	2015.9.2	384.65	280	99.55	98.07	75	0.00	全孔	合格
75	ZK148-3	2016.04.21	2016.5.21	477.20	329	98.81	100.00	81	0.00	全孔	合格
76	ZK144-1	2016.05.12	2016.5.25	345.50	300	98.76	100.00	75	+0.03	全孔	合格
77	ZK152-1	2016.05.29	2016.6.7	334.00	289	98.71	100.00	78	+0.02	全孔	合格
78	ZK156-3	2016.06.13	2016.6.28	365.00	/	95.84	100.00	90	+0.02	全孔	合格
79	ZK164-2	2016.07.06	2016.7.13	295.10	/	96.68	100.00	90	+0.02	全孔	合格
80	ZK144-2	2016.07.18	2016.7.30	271.00	/	97.27	100.00	90	+0.01	全孔	合格
81	ZK106-2	2016.08.05	2016.9.4	492.00	277	95.89	99.62	80	0.00	全孔	合格
82	ZK106-3	2016.09.10	2016.10.6	585.70	/	96.52	98.75	90	0.00	全孔	合格
83	ZK94-1	2016.09.21	2016.10.3	460.20	300	98.34	98.12	75	0.00	全孔	合格
84	ZK110-2	2016.10.11	2016.11.4	498.00	300	93.99	96.64	75	0.00	全孔	合格
85	ZK78-3	2016.10.28	2016.11.14	688.60	300	98.05	99.28	75	+0.03	全孔	合格
86	ZK118-1	2016.11.09	2016.12.1	562.00	300	96.64	100.00	75	+0.03	全孔	合格
87	ZK64-1	2016.10.12	2016.10.21	270.00	124	96.64	100.00	75	0.00	全孔	合格
88	ZK56-4	2016.10.26	2016.11.3	252.20	159	94.11	100.00	75	0.00	全孔	合格
89	ZK76-1	2016.11.06	2016.11.13	281.90	124	93.93	100.00	75	0.00	全孔	合格
90	ZK74-1	2016.11.15	2016.11.27	315.50	124	96.64	100.00	80	0.00	全孔	合格
91	ZK66-2	2016.10.08	2016.10.24	589.50	320	98.22	98.81	75	+0.13	全孔	合格
92	ZK78-5	2017.10.30	2017.11.14	568.06	300	99.65	100.00	75	+0.06	全孔	合格
93	ZK82-4	2017.11.19	2017.12.06	561.73	354	99.55	100.00	78	+0.03	全孔	合格

附录 2　庵口矿区三维模型中利用的部分钻孔资料

序号	工程编号	施工日期		终孔孔深/m	工程方位/(°)	倾角/(°)
		开孔	封孔			
1	64ZK1	2012.04.10	2012.05.20	710.18	300	75
2	CZK642	2013.10.17	2013.11.25	832.90	300	75
3	72ZK1	2012.03.02	2012.04.01	610.11	300	75
4	72ZK2	2012.08.05	2012.08.29	436.55	290	73
5	80ZK1	2012.05.30	2012.06.26	567.16	300	75
6	80ZK2	2012.06.29	2012.07.28	515.56	300	82
7	84ZK1	2012.08.17	2012.08.30	440.02	300	75
8	84ZK2	2012.09.01	2012.09.15	554.58	300	83
9	92ZK1	2012.06.03	2012.06.21	663.40	300	75
10	92ZK2	2012.07.30	2012.08.15	406.84	300	85
11	96ZK1	2012.08.10	2012.08.22	379.05	300	78
12	DZK2121	2013.08.25	2013.09.30	708.70	300	75
13	DZK2122	2013.10.03	2013.10.11	305.50	250	80
14	DZK2201	2013.07.30	2013.08.21	637.90	300	75
15	208ZK501	2012.05.14	2012.05.22	328.99	300	75
16	184ZK1	2012.04.15	2012.04.19	157.90	300	75
17	214ZK1	2012.04.23	2012.05.04	268.20	300	75
18	222ZK1302	2012.06.03	2012.06.09	182.64	300	75
19	226ZK1301	2012.06.22	2012.06.27	166.00	300	75
20	226ZK1302	2012.05.16	2012.05.25	237.90	300	78
21	230ZK1301	2012.06.12	2012.06.19	179.90	300	75
22	226ZK1	2011.11.23	2011.12.05	313.60	300	75
23	226ZK2	2012.02.19	2012.03.08	388.07	300	75
24	194ZK1	2012.03.29	2012.04.03	189.61	/	90
25	16ZK2361	2013.06.04	2013.06.16	334.30	300	75
26	16ZK2401	2013.05.22	2013.06.01	359.90	300	85
27	16ZK2441	2013.07.05	2013.07.24	412.40	300	80
28	17ZK2481	2013.06.23	2013.07.01	252.60	296	75
29	18ZK2582	2013.04.16	2013.05.08	522.10	300	75
30	18ZK2583	2013.05.11	2013.05.20	286.60	300	85
31	18ZK2801	2014.02.19	2014.02.28	357.20	300	75
32	220ZK1031	2012.07.08	2012.07.26	463.00	300	75

附录3　三维建模中利用的部分矿区勘探线剖面资料

序号	勘探线剖面图编号	来源	完成单位	日期
1	门楼金矿区36号勘探线地质剖面图	山东省蓬莱市门楼矿区外围金矿详查报告	蓬莱市门楼矿业有限公司	2014.04
2	门楼金矿区44号勘探线地质剖面图	山东省蓬莱市门楼矿区外围金矿详查报告	蓬莱市门楼矿业有限公司	2014.04
3	门楼金矿区52号勘探线地质剖面图	山东省蓬莱市门楼矿区外围金矿详查报告	蓬莱市门楼矿业有限公司	2014.04
4	门楼金矿区64号勘探线地质剖面图	山东省蓬莱市门楼矿区外围金矿详查报告	蓬莱市门楼矿业有限公司	2014.04
5	门楼金矿区72号勘探线地质剖面图	山东省蓬莱市门楼矿区外围金矿详查报告	蓬莱市门楼矿业有限公司	2014.04
6	门楼金矿区80号勘探线地质剖面图	山东省蓬莱市门楼矿区外围金矿详查报告	蓬莱市门楼矿业有限公司	2014.04
7	门楼金矿区104号勘探线地质剖面图	山东省蓬莱市门楼矿区外围金矿详查报告	蓬莱市门楼矿业有限公司	2014.04
8	门楼矿区16号勘探线地质剖面图	山东省蓬莱市门楼矿区金矿资源储量核实报告	蓬莱市门楼矿业有限公司	2013.08
9	门楼矿区24号勘探线地质剖面图	山东省蓬莱市门楼矿区金矿资源储量核实报告	蓬莱市门楼矿业有限公司	2013.08
10	门楼矿区32号勘探线地质剖面图	山东省蓬莱市门楼矿区金矿资源储量核实报告	蓬莱市门楼矿业有限公司	2013.08
11	门楼矿区40号勘探线地质剖面图	山东省蓬莱市门楼矿区金矿资源储量核实报告	蓬莱市门楼矿业有限公司	2013.08
12	门楼矿区48号勘探线地质剖面图	山东省蓬莱市门楼矿区金矿资源储量核实报告	蓬莱市门楼矿业有限公司	2013.08
13	门楼矿区56号勘探线地质剖面图	山东省蓬莱市门楼矿区金矿资源储量核实报告	蓬莱市门楼矿业有限公司	2013.08
14	燕山-上岚子矿区100号勘探线地质剖面图	山东省蓬莱市燕山-上岚子矿区外围金矿详查报告	山东黄金金创集团有限公司	2014.12
15	燕山-上岚子矿区104号勘探线地质剖面图	山东省蓬莱市燕山-上岚子矿区外围金矿详查报告	山东黄金金创集团有限公司	2014.12
16	燕山-上岚子矿区106号勘探线地质剖面图	山东省蓬莱市燕山-上岚子矿区外围金矿详查报告	山东黄金金创集团有限公司	2014.12
17	燕山-上岚子矿区108号勘探线地质剖面图	山东省蓬莱市燕山-上岚子矿区外围金矿详查报告	山东黄金金创集团有限公司	2014.12
18	燕山-上岚子矿区110号勘探线地质剖面图	山东省蓬莱市燕山-上岚子矿区外围金矿详查报告	山东黄金金创集团有限公司	2014.12

附录 3(续)

序号	勘探线剖面图编号	来源	完成单位	日期
19	燕山-上岚子矿区 112 号勘探线地质剖面图	山东省蓬莱市燕山-上岚子矿区外围金矿详查报告	山东黄金金创集团有限公司	2014.12
20	燕山-上岚子矿区 400 号勘探线地质剖面图	山东省蓬莱市燕山-上岚子矿区外围金矿详查报告	山东黄金金创集团有限公司	2014.12
21	燕山-上岚子矿区 403 号勘探线地质剖面图	山东省蓬莱市燕山-上岚子矿区外围金矿详查报告	山东黄金金创集团有限公司	2014.12
22	燕山-上岚子矿区 404 号勘探线地质剖面图	山东省蓬莱市燕山-上岚子矿区外围金矿详查报告	山东黄金金创集团有限公司	2014.12
23	燕山-上岚子矿区 408 号勘探线地质剖面图	山东省蓬莱市燕山-上岚子矿区外围金矿详查报告	山东黄金金创集团有限公司	2014.12
24	燕山-上岚子矿区 412 号勘探线地质剖面图	山东省蓬莱市燕山-上岚子矿区外围金矿详查报告	山东黄金金创集团有限公司	2014.12
25	燕山-上岚子矿区 416 号勘探线地质剖面图	山东省蓬莱市燕山-上岚子矿区外围金矿详查报告	山东黄金金创集团有限公司	2014.12
26	燕山-上岚子矿区 420 号勘探线地质剖面图	山东省蓬莱市燕山-上岚子矿区外围金矿详查报告	山东黄金金创集团有限公司	2014.12
27	燕山-上岚子矿区 424 号勘探线地质剖面图	山东省蓬莱市燕山-上岚子矿区外围金矿详查报告	山东黄金金创集团有限公司	2014.12
28	燕山-上岚子矿区 428 号勘探线地质剖面图	山东省蓬莱市燕山-上岚子矿区外围金矿详查报告	山东黄金金创集团有限公司	2014.12
29	燕山-上岚子矿区 432 号勘探线地质剖面图	山东省蓬莱市燕山-上岚子矿区外围金矿详查报告	山东黄金金创集团有限公司	2014.12
30	燕山-上岚子矿区 436 号勘探线地质剖面图	山东省蓬莱市燕山-上岚子矿区外围金矿详查报告	山东黄金金创集团有限公司	2014.12
31	燕山-上岚子矿区 444 号勘探线地质剖面图	山东省蓬莱市燕山-上岚子矿区外围金矿详查报告	山东黄金金创集团有限公司	2014.12
32	燕山-上岚子矿区 452 号勘探线地质剖面图	山东省蓬莱市燕山-上岚子矿区外围金矿详查报告	山东黄金金创集团有限公司	2014.12
33	燕山-上岚子矿区 460 号勘探线地质剖面图	山东省蓬莱市燕山-上岚子矿区外围金矿详查报告	山东黄金金创集团有限公司	2014.12
34	燕山-上岚子矿区 476 号勘探线地质剖面图	山东省蓬莱市燕山-上岚子矿区外围金矿详查报告	山东黄金金创集团有限公司	2014.12
35	燕山-上岚子矿区 484 号勘探线地质剖面图	山东省蓬莱市燕山-上岚子矿区外围金矿详查报告	山东黄金金创集团有限公司	2014.12
36	燕山-上岚子矿区 503 号勘探线地质剖面图	山东省蓬莱市燕山-上岚子矿区外围金矿详查报告	山东黄金金创集团有限公司	2014.12

附录 3(续)

序号	勘探线剖面图编号	来源	完成单位	日期
37	燕山-上岚子矿区 504 号勘探线地质剖面图	山东省蓬莱市燕山-上岚子矿区外围金矿详查报告	山东黄金金创集团有限公司	2014.12
38	燕山-上岚子矿区 507 号勘探线地质剖面图	山东省蓬莱市燕山-上岚子矿区外围金矿详查报告	山东黄金金创集团有限公司	2014.12
39	燕山-上岚子矿区 508 号勘探线地质剖面图	山东省蓬莱市燕山-上岚子矿区外围金矿详查报告	山东黄金金创集团有限公司	2014.12
40	燕山-上岚子矿区 511 号勘探线地质剖面图	山东省蓬莱市燕山-上岚子矿区外围金矿详查报告	山东黄金金创集团有限公司	2014.12
41	土屋矿区 9 号勘探线地质剖面图	山东省蓬莱市土屋矿区深部金矿详查报告	蓬莱市大柳行金矿	2013.03
42	土屋矿区 5 号勘探线地质剖面图	山东省蓬莱市土屋矿区深部金矿详查报告	蓬莱市大柳行金矿	2013.03
43	土屋矿区 3 号勘探线地质剖面图	山东省蓬莱市土屋矿区深部金矿详查报告	蓬莱市大柳行金矿	2013.03
44	土屋矿区 2 号勘探线地质剖面图	山东省蓬莱市土屋矿区深部金矿详查报告	蓬莱市大柳行金矿	2013.03
45	土屋矿区 4 号勘探线地质剖面图	山东省蓬莱市土屋矿区深部金矿详查报告	蓬莱市大柳行金矿	2013.03
46	土屋矿区 6 号勘探线地质剖面图	山东省蓬莱市土屋矿区深部金矿详查报告	蓬莱市大柳行金矿	2013.03
47	土屋矿区 8 号勘探线地质剖面图	山东省蓬莱市土屋矿区深部金矿详查报告	蓬莱市大柳行金矿	2013.03
48	土屋矿区 10 号勘探线地质剖面图	山东省蓬莱市土屋矿区深部金矿详查报告	蓬莱市大柳行金矿	2013.03
49	黑岚沟矿区齐家沟矿段一分矿 76 号勘探线地质剖面图	山东省蓬莱市黑岚沟矿区齐家沟矿段一分矿金矿资源储量核实报告	山东金创股份有限公司	2013.03
50	黑岚沟矿区齐家沟矿段一分矿 84 号勘探线地质剖面图	山东省蓬莱市黑岚沟矿区齐家沟矿段一分矿金矿资源储量核实报告	山东金创股份有限公司	2013.03
51	黑岚沟矿区齐家沟矿段一分矿 8 号勘探线地质剖面图	山东省蓬莱市黑岚沟矿区齐家沟矿段一分矿金矿资源储量核实报告	山东金创股份有限公司	2013.03
52	黑岚沟矿区齐家沟矿段一分矿 28 号勘探线地质剖面图	山东省蓬莱市黑岚沟矿区齐家沟矿段一分矿金矿资源储量核实报告	山东金创股份有限公司	2013.03

附录 3(续)

序号	勘探线剖面图编号	来源	完成单位	日期
53	黑岚沟矿区齐家沟矿段一分矿 44 号勘探线地质剖面图	山东省蓬莱市黑岚沟矿区齐家沟矿段一分矿金矿资源储量核实报告	山东金创股份有限公司	2013.03
54	齐家沟矿区二分矿矿段金矿 2 号勘探线地质剖面图	山东省蓬莱市齐家沟矿区(整合)金矿资源储量核实报告	山东黄金集团蓬莱矿业有限公司	2017.01
55	齐家沟矿区二分矿矿段金矿 3 号勘探线地质剖面图	山东省蓬莱市齐家沟矿区(整合)金矿资源储量核实报告	山东黄金集团蓬莱矿业有限公司	2017.01
56	齐家沟矿区二分矿矿段金矿 26 号勘探线地质剖面图	山东省蓬莱市齐家沟矿区(整合)金矿资源储量核实报告	山东黄金集团蓬莱矿业有限公司	2017.01
57	齐家沟矿区二分矿矿段金矿 22 号勘探线地质剖面图	山东省蓬莱市齐家沟矿区(整合)金矿资源储量核实报告	山东黄金集团蓬莱矿业有限公司	2017.01
58	齐家沟矿区齐家沟矿段金矿 34 号勘探线地质剖面图	山东省蓬莱市齐家沟矿区(整合)金矿资源储量核实报告	山东黄金集团蓬莱矿业有限公司	2017.01
59	齐家沟矿区齐家沟矿段金矿 39 号勘探线地质剖面图	山东省蓬莱市齐家沟矿区(整合)金矿资源储量核实报告	山东黄金集团蓬莱矿业有限公司	2017.01
60	齐家沟矿区齐家沟矿段金矿 44 号勘探线地质剖面图	山东省蓬莱市齐家沟矿区(整合)金矿资源储量核实报告	山东黄金集团蓬莱矿业有限公司	2017.01
61	齐家沟矿区强家沟矿段金矿 16 号勘探线地质剖面图	山东省蓬莱市齐家沟矿区(整合)金矿资源储量核实报告	山东黄金集团蓬莱矿业有限公司	2017.01
62	齐家沟矿区强家沟矿段金矿 12 号勘探线地质剖面图	山东省蓬莱市齐家沟矿区(整合)金矿资源储量核实报告	山东黄金集团蓬莱矿业有限公司	2017.01
63	齐家沟矿区强家沟矿段金矿 8 号勘探线地质剖面图	山东省蓬莱市齐家沟矿区(整合)金矿资源储量核实报告	山东黄金集团蓬莱矿业有限公司	2017.01
64	齐家沟矿区强家沟矿段金矿 15 号勘探线地质剖面图	山东省蓬莱市齐家沟矿区(整合)金矿资源储量核实报告	山东黄金集团蓬莱矿业有限公司	2017.01
65	齐家沟矿区侯格庄矿段金矿①号脉 20 号勘探线地质剖面图	山东省蓬莱市齐家沟矿区(整合)金矿资源储量核实报告	山东黄金集团蓬莱矿业有限公司	2017.01
66	齐家沟矿区侯格庄矿段金矿①号脉 18 号勘探线地质剖面图	山东省蓬莱市齐家沟矿区(整合)金矿资源储量核实报告	山东黄金集团蓬莱矿业有限公司	2017.01
67	齐家沟矿区侯格庄矿段金矿①号脉 10 号勘探线地质剖面图	山东省蓬莱市齐家沟矿区(整合)金矿资源储量核实报告	山东黄金集团蓬莱矿业有限公司	2017.01
68	齐家沟矿区侯格庄矿段金矿①号脉 8 号勘探线地质剖面图	山东省蓬莱市齐家沟矿区(整合)金矿资源储量核实报告	山东黄金集团蓬莱矿业有限公司	2017.01
69	齐家沟矿区侯格庄矿段金矿①号脉 6 号勘探线地质剖面图	山东省蓬莱市齐家沟矿区(整合)金矿资源储量核实报告	山东黄金集团蓬莱矿业有限公司	2017.01

附录 3(续)

序号	勘探线剖面图编号	来源	完成单位	日期
70	齐家沟矿区侯格庄矿段金矿②号脉 22 号勘探线地质剖面图	山东省蓬莱市齐家沟矿区(整合)金矿资源储量核实报告	山东黄金集团蓬莱矿业有限公司	2017.01
71	齐家沟矿区侯格庄矿段金矿②号脉 20 号勘探线地质剖面图	山东省蓬莱市齐家沟矿区(整合)金矿资源储量核实报告	山东黄金集团蓬莱矿业有限公司	2017.01
72	齐家沟矿区侯格庄矿段金矿②号脉 18 号勘探线地质剖面图	山东省蓬莱市齐家沟矿区(整合)金矿资源储量核实报告	山东黄金集团蓬莱矿业有限公司	2017.01
73	崮寺店-小雪金矿区 33、35 号脉 104 号勘探线地质剖面图	山东省蓬莱市崮寺店-小雪矿区金矿详查报告	蓬莱祥隆矿业有限公司	2014.10
74	崮寺店-小雪金矿区 33、35 号脉 100 号勘探线地质剖面图	山东省蓬莱市崮寺店-小雪矿区金矿详查报告	蓬莱祥隆矿业有限公司	2014.10
75	崮寺店-小雪金矿区 33、35 号脉 96 号勘探线地质剖面图	山东省蓬莱市崮寺店-小雪矿区金矿详查报告	蓬莱祥隆矿业有限公司	2014.10
76	崮寺店-小雪金矿区 33、35 号脉 92 号勘探线地质剖面图	山东省蓬莱市崮寺店-小雪矿区金矿详查报告	蓬莱祥隆矿业有限公司	2014.10
77	崮寺店-小雪金矿区 33、35 号脉 88 号勘探线地质剖面图	山东省蓬莱市崮寺店-小雪矿区金矿详查报告	蓬莱祥隆矿业有限公司	2014.10
78	崮寺店-小雪金矿区 33、35 号脉 84 号勘探线地质剖面图	山东省蓬莱市崮寺店-小雪矿区金矿详查报告	蓬莱祥隆矿业有限公司	2014.10
79	崮寺店-小雪金矿区 33 号脉 80 号勘探线地质剖面图	山东省蓬莱市崮寺店-小雪矿区金矿详查报告	蓬莱祥隆矿业有限公司	2014.10
80	崮寺店-小雪金矿区 33、35 号脉 76 号勘探线地质剖面图	山东省蓬莱市崮寺店-小雪矿区金矿详查报告	蓬莱祥隆矿业有限公司	2014.10
81	崮寺店-小雪金矿区 33 号脉 72 号勘探线地质剖面图	山东省蓬莱市崮寺店-小雪矿区金矿详查报告	蓬莱祥隆矿业有限公司	2014.10
82	崮寺店-小雪金矿区 33、35 号脉 68 号勘探线地质剖面图	山东省蓬莱市崮寺店-小雪矿区金矿详查报告	蓬莱祥隆矿业有限公司	2014.10
83	崮寺店-小雪金矿区 33、35 号脉 60 号勘探线地质剖面图	山东省蓬莱市崮寺店-小雪矿区金矿详查报告	蓬莱祥隆矿业有限公司	2014.10
84	崮寺店-小雪金矿区 35 号脉 56 号勘探线地质剖面图	山东省蓬莱市崮寺店-小雪矿区金矿详查报告	蓬莱祥隆矿业有限公司	2014.10
85	崮寺店-小雪金矿区 33、35 号脉 56′号勘探线地质剖面图	山东省蓬莱市崮寺店-小雪矿区金矿详查报告	蓬莱祥隆矿业有限公司	2014.10
86	崮寺店-小雪金矿区 33、35 号脉 52′号勘探线地质剖面图	山东省蓬莱市崮寺店-小雪矿区金矿详查报告	蓬莱祥隆矿业有限公司	2014.10
87	崮寺店-小雪金矿区 33、35 号脉 48 号勘探线地质剖面图	山东省蓬莱市崮寺店-小雪矿区金矿详查报告	蓬莱祥隆矿业有限公司	2014.10

附录 3(续)

序号	勘探线剖面图编号	来源	完成单位	日期
88	崮寺店-小雪金矿区 33、35 号脉 44 号勘探线地质剖面图	山东省蓬莱市崮寺店-小雪矿区金矿详查报告	蓬莱祥隆矿业有限公司	2014.10
89	崮寺店-小雪金矿区 33、35 号脉 40 号勘探线地质剖面图	山东省蓬莱市崮寺店-小雪矿区金矿详查报告	蓬莱祥隆矿业有限公司	2014.10
90	崮寺店-小雪金矿区 33、35 号脉 36 号勘探线地质剖面图	山东省蓬莱市崮寺店-小雪矿区金矿详查报告	蓬莱祥隆矿业有限公司	2014.10
91	崮寺店-小雪金矿区 33、35 号脉 32 号勘探线地质剖面图	山东省蓬莱市崮寺店-小雪矿区金矿详查报告	蓬莱祥隆矿业有限公司	2014.10
92	崮寺店-小雪金矿区 33、35 号脉 24 号勘探线地质剖面图	山东省蓬莱市崮寺店-小雪矿区金矿详查报告	蓬莱祥隆矿业有限公司	2014.10
93	崮寺店-小雪金矿区 33、35 号脉 16 号勘探线地质剖面图	山东省蓬莱市崮寺店-小雪矿区金矿详查报告	蓬莱祥隆矿业有限公司	2014.10
94	崮寺店-小雪金矿区 33 号脉 12 号勘探线地质剖面图	山东省蓬莱市崮寺店-小雪矿区金矿详查报告	蓬莱祥隆矿业有限公司	2014.10
95	崮寺店-小雪金矿区 33、35 号脉 8 号勘探线地质剖面图	山东省蓬莱市崮寺店-小雪矿区金矿详查报告	蓬莱祥隆矿业有限公司	2014.10
96	崮寺店-小雪金矿区 33、35 号脉 4 号勘探线地质剖面图	山东省蓬莱市崮寺店-小雪矿区金矿详查报告	蓬莱祥隆矿业有限公司	2014.10
97	崮寺店-小雪金矿区 12、41、42 号脉 16 号勘探线地质剖面图	山东省蓬莱市崮寺店-小雪矿区金矿详查报告	蓬莱祥隆矿业有限公司	2014.10
98	崮寺店-小雪金矿区 41、42 号脉 20 号勘探线地质剖面图	山东省蓬莱市崮寺店-小雪矿区金矿详查报告	蓬莱祥隆矿业有限公司	2014.10
99	崮寺店-小雪金矿区 41、42 号脉 24 号勘探线地质剖面图	山东省蓬莱市崮寺店-小雪矿区金矿详查报告	蓬莱祥隆矿业有限公司	2014.10
100	崮寺店-小雪金矿区 41、42 号脉 28 号勘探线地质剖面图	山东省蓬莱市崮寺店-小雪矿区金矿详查报告	蓬莱祥隆矿业有限公司	2014.10
101	崮寺店-小雪金矿区 41、42 号脉 32 号勘探线地质剖面图	山东省蓬莱市崮寺店-小雪矿区金矿详查报告	蓬莱祥隆矿业有限公司	2014.10
102	崮寺店-小雪金矿区 41、42 号脉 36 号勘探线地质剖面图	山东省蓬莱市崮寺店-小雪矿区金矿详查报告	蓬莱祥隆矿业有限公司	2014.10
103	崮寺店-小雪金矿区 14 号脉 3 号勘探线地质剖面图	山东省蓬莱市崮寺店-小雪矿区金矿详查报告	蓬莱祥隆矿业有限公司	2014.10
104	崮寺店-小雪金矿区 14 号脉 7 号勘探线地质剖面图	山东省蓬莱市崮寺店-小雪矿区金矿详查报告	蓬莱祥隆矿业有限公司	2014.10
105	崮寺店-小雪金矿区 14 号脉 11 号勘探线地质剖面图	山东省蓬莱市崮寺店-小雪矿区金矿详查报告	蓬莱祥隆矿业有限公司	2014.10

附录 3(续)

序号	勘探线剖面图编号	来源	完成单位	日期
106	凿寺店-小雪金矿区 23 号脉 20 号勘探线地质剖面图	山东省蓬莱市凿寺店-小雪矿区金矿详查报告	蓬莱祥隆矿业有限公司	2014.10
107	道头金矿床③号脉 0 号勘探线剖面图	山东省蓬莱市道头矿区金矿详查报告	蓬莱市南山矿业有限公司	2011.03
108	道头金矿床③、⑨号脉 2 号勘探线剖面图	山东省蓬莱市道头矿区金矿详查报告	蓬莱市南山矿业有限公司	2011.03
109	道头金矿床③、⑨号脉 6 号勘探线剖面图	山东省蓬莱市道头矿区金矿详查报告	蓬莱市南山矿业有限公司	2011.03
110	道头金矿床③号脉 8 号勘探线剖面图	山东省蓬莱市道头矿区金矿详查报告	蓬莱市南山矿业有限公司	2011.03
111	道头金矿床③、⑨号脉 10 号勘探线剖面图	山东省蓬莱市道头矿区金矿详查报告	蓬莱市南山矿业有限公司	2011.03
112	道头金矿床④号脉 16 号勘探线剖面图	山东省蓬莱市道头矿区金矿详查报告	蓬莱市南山矿业有限公司	2011.03
113	西石硼北部矿区金矿 23 号勘探线地质剖面图	山东省蓬莱市西石硼北部矿区金矿详查报告	蓬莱市金海贸易有限公司	2015.07
114	西石硼北部矿区金矿 19 号勘探线地质剖面图	山东省蓬莱市西石硼北部矿区金矿详查报告	蓬莱市金海贸易有限公司	2015.07
115	西石硼北部矿区金矿 15 号勘探线地质剖面图	山东省蓬莱市西石硼北部矿区金矿详查报告	蓬莱市金海贸易有限公司	2015.07
116	西石硼北部矿区金矿 7 号勘探线地质剖面图	山东省蓬莱市西石硼北部矿区金矿详查报告	蓬莱市金海贸易有限公司	2015.07
117	西石硼北部矿区金矿 3 号勘探线地质剖面图	山东省蓬莱市西石硼北部矿区金矿详查报告	蓬莱市金海贸易有限公司	2015.07
118	西石硼北部矿区金矿 0 号勘探线地质剖面图	山东省蓬莱市西石硼北部矿区金矿详查报告	蓬莱市金海贸易有限公司	2015.07
119	西石硼北部矿区金矿 4 号勘探线地质剖面图	山东省蓬莱市西石硼北部矿区金矿详查报告	蓬莱市金海贸易有限公司	2015.07
120	西石硼北部矿区金矿 8 号勘探线地质剖面图	山东省蓬莱市西石硼北部矿区金矿详查报告	蓬莱市金海贸易有限公司	2015.07
121	西石硼北部矿区金矿 12 号勘探线地质剖面图	山东省蓬莱市西石硼北部矿区金矿详查报告	蓬莱市金海贸易有限公司	2015.07
122	西石硼北部矿区金矿 16 号勘探线地质剖面图	山东省蓬莱市西石硼北部矿区金矿详查报告	蓬莱市金海贸易有限公司	2015.07
123	西石硼北部矿区金矿 24 号勘探线地质剖面图	山东省蓬莱市西石硼北部矿区金矿详查报告	蓬莱市金海贸易有限公司	2015.07

附录 3(续)

序号	勘探线剖面图编号	来源	完成单位	日期
124	西石硼北部矿区金矿 32 号勘探线地质剖面图	山东省蓬莱市西石硼北部矿区金矿详查报告	蓬莱市金海贸易有限公司	2015.07
125	齐家沟-虎路线矿区初格庄矿段 42 号勘探线地质剖面图	山东省蓬莱市齐家沟-虎路线矿区深部及外围金矿资源储量核实报告(2015 年)	山东黄金集团蓬莱矿业有限公司	2015.05
126	齐家沟-虎路线矿区初格庄矿段 40 号勘探线地质剖面图	山东省蓬莱市齐家沟-虎路线矿区深部及外围金矿资源储量核实报告(2015 年)	山东黄金集团蓬莱矿业有限公司	2015.05
127	齐家沟-虎路线矿区初格庄矿段 38 号勘探线地质剖面图	山东省蓬莱市齐家沟-虎路线矿区深部及外围金矿资源储量核实报告(2015 年)	山东黄金集团蓬莱矿业有限公司	2015.05
128	齐家沟-虎路线矿区初格庄矿段 36 号勘探线地质剖面图	山东省蓬莱市齐家沟-虎路线矿区深部及外围金矿资源储量核实报告(2015 年)	山东黄金集团蓬莱矿业有限公司	2015.05
129	齐家沟-虎路线矿区初格庄矿段 34 号勘探线地质剖面图	山东省蓬莱市齐家沟-虎路线矿区深部及外围金矿资源储量核实报告(2015 年)	山东黄金集团蓬莱矿业有限公司	2015.05
130	齐家沟-虎路线矿区初格庄矿段 30 号勘探线地质剖面图	山东省蓬莱市齐家沟-虎路线矿区深部及外围金矿资源储量核实报告(2015 年)	山东黄金集团蓬莱矿业有限公司	2015.05
131	齐家沟-虎路线矿区初格庄矿段 26 号勘探线地质剖面图	山东省蓬莱市齐家沟-虎路线矿区深部及外围金矿资源储量核实报告(2015 年)	山东黄金集团蓬莱矿业有限公司	2015.05
132	齐家沟-虎路线矿区初格庄矿段 16 号勘探线地质剖面图	山东省蓬莱市齐家沟-虎路线矿区深部及外围金矿资源储量核实报告(2015 年)	山东黄金集团蓬莱矿业有限公司	2015.05
133	齐家沟-虎路线矿区初格庄矿段 12 号勘探线地质剖面图	山东省蓬莱市齐家沟-虎路线矿区深部及外围金矿资源储量核实报告(2015 年)	山东黄金集团蓬莱矿业有限公司	2015.05
134	齐家沟-虎路线矿区初格庄矿段 8 号勘探线地质剖面图	山东省蓬莱市齐家沟-虎路线矿区深部及外围金矿资源储量核实报告(2015 年)	山东黄金集团蓬莱矿业有限公司	2015.05
135	齐家沟-虎路线矿区初格庄矿段 4 号勘探线地质剖面图	山东省蓬莱市齐家沟-虎路线矿区深部及外围金矿资源储量核实报告(2015 年)	山东黄金集团蓬莱矿业有限公司	2015.05
136	齐家沟-虎路线矿区初格庄矿段 0 号勘探线地质剖面图	山东省蓬莱市齐家沟-虎路线矿区深部及外围金矿资源储量核实报告(2015 年)	山东黄金集团蓬莱矿业有限公司	2015.05

附录 3(续)

序号	勘探线剖面图编号	来源	完成单位	日期
137	齐家沟-虎路线矿区初格庄矿段 3 号勘探线地质剖面图	山东省蓬莱市齐家沟-虎路线矿区深部及外围金矿资源储量核实报告(2015 年)	山东黄金集团蓬莱矿业有限公司	2015.05
138	齐家沟-虎路线矿区初格庄矿段 11 号勘探线地质剖面图	山东省蓬莱市齐家沟-虎路线矿区深部及外围金矿资源储量核实报告(2015 年)	山东黄金集团蓬莱矿业有限公司	2015.05
139	齐家沟-虎路线矿区初格庄矿段 15 号勘探线地质剖面图	山东省蓬莱市齐家沟-虎路线矿区深部及外围金矿资源储量核实报告(2015 年)	山东黄金集团蓬莱矿业有限公司	2015.05
140	齐家沟-虎路线矿区初格庄矿段 19 号勘探线地质剖面图	山东省蓬莱市齐家沟-虎路线矿区深部及外围金矿资源储量核实报告(2015 年)	山东黄金集团蓬莱矿业有限公司	2015.05
141	齐家沟-虎路线矿区初格庄矿段 23 号勘探线地质剖面图	山东省蓬莱市齐家沟-虎路线矿区深部及外围金矿资源储量核实报告(2015 年)	山东黄金集团蓬莱矿业有限公司	2015.05
142	齐家沟-虎路线矿区初格庄矿段 27 号勘探线地质剖面图	山东省蓬莱市齐家沟-虎路线矿区深部及外围金矿资源储量核实报告(2015 年)	山东黄金集团蓬莱矿业有限公司	2015.05
143	齐家沟-虎路线矿区初格庄矿段 35 号勘探线地质剖面图	山东省蓬莱市齐家沟-虎路线矿区深部及外围金矿资源储量核实报告(2015 年)	山东黄金集团蓬莱矿业有限公司	2015.05
144	齐家沟-虎路线矿区初格庄矿段 29 号勘探线地质剖面图	山东省蓬莱市齐家沟-虎路线矿区深部及外围金矿资源储量核实报告(2015 年)	山东黄金集团蓬莱矿业有限公司	2015.05
145	齐家沟-虎路线矿区初格庄矿段 25 号勘探线地质剖面图	山东省蓬莱市齐家沟-虎路线矿区深部及外围金矿资源储量核实报告(2015 年)	山东黄金集团蓬莱矿业有限公司	2015.05
146	齐家沟-虎路线矿区初格庄矿段 21 号勘探线地质剖面图	山东省蓬莱市齐家沟-虎路线矿区深部及外围金矿资源储量核实报告(2015 年)	山东黄金集团蓬莱矿业有限公司	2015.05
147	齐家沟-虎路线矿区虎路线矿段 1 号勘探线地质剖面图	山东省蓬莱市齐家沟-虎路线矿区深部及外围金矿资源储量核实报告(2015 年)	山东黄金集团蓬莱矿业有限公司	2015.05
148	齐家沟-虎路线矿区虎路线矿段 2 号勘探线地质剖面图	山东省蓬莱市齐家沟-虎路线矿区深部及外围金矿资源储量核实报告(2015 年)	山东黄金集团蓬莱矿业有限公司	2015.05
149	齐家沟-虎路线矿区虎路线矿段 3 号勘探线地质剖面图	山东省蓬莱市齐家沟-虎路线矿区深部及外围金矿资源储量核实报告(2015 年)	山东黄金集团蓬莱矿业有限公司	2015.05

附录 3(续)

序号	勘探线剖面图编号	来源	完成单位	日期
150	齐家沟-虎路线矿区虎路线矿段 4 号勘探线地质剖面图	山东省蓬莱市齐家沟-虎路线矿区深部及外围金矿资源储量核实报告(2015 年)	山东黄金集团蓬莱矿业有限公司	2015.05
151	齐家沟-虎路线矿区虎路线矿段 5 号勘探线地质剖面图	山东省蓬莱市齐家沟-虎路线矿区深部及外围金矿资源储量核实报告(2015 年)	山东黄金集团蓬莱矿业有限公司	2015.05
152	齐家沟-虎路线矿区虎路线矿段 6 号勘探线地质剖面图	山东省蓬莱市齐家沟-虎路线矿区深部及外围金矿资源储量核实报告(2015 年)	山东黄金集团蓬莱矿业有限公司	2015.05
153	齐家沟-虎路线矿区虎路线矿段 7 号勘探线地质剖面图	山东省蓬莱市齐家沟-虎路线矿区深部及外围金矿资源储量核实报告(2015 年)	山东黄金集团蓬莱矿业有限公司	2015.05
154	齐家沟-虎路线矿区虎路线矿段 9 号勘探线地质剖面图	山东省蓬莱市齐家沟-虎路线矿区深部及外围金矿资源储量核实报告(2015 年)	山东黄金集团蓬莱矿业有限公司	2015.05
155	齐家沟-虎路线矿区虎路线矿段 11 号勘探线地质剖面图	山东省蓬莱市齐家沟-虎路线矿区深部及外围金矿资源储量核实报告(2015 年)	山东黄金集团蓬莱矿业有限公司	2015.05
156	齐家沟-虎路线矿区虎路线矿段 15 号勘探线地质剖面图	山东省蓬莱市齐家沟-虎路线矿区深部及外围金矿资源储量核实报告(2015 年)	山东黄金集团蓬莱矿业有限公司	2015.05
157	齐家沟-虎路线矿区虎路线矿段 96 号勘探线地质剖面图	山东省蓬莱市齐家沟-虎路线矿区深部及外围金矿资源储量核实报告(2015 年)	山东黄金集团蓬莱矿业有限公司	2015.05
158	齐家沟-虎路线矿区虎路线矿段 98 号勘探线地质剖面图	山东省蓬莱市齐家沟-虎路线矿区深部及外围金矿资源储量核实报告(2015 年)	山东黄金集团蓬莱矿业有限公司	2015.05
159	齐家沟-虎路线矿区侯格庄矿段 21 号勘探线地质剖面图	山东省蓬莱市齐家沟-虎路线矿区深部及外围金矿资源储量核实报告(2015 年)	山东黄金集团蓬莱矿业有限公司	2015.05
160	齐家沟-虎路线矿区侯格庄矿段 27 号勘探线地质剖面图	山东省蓬莱市齐家沟-虎路线矿区深部及外围金矿资源储量核实报告(2015 年)	山东黄金集团蓬莱矿业有限公司	2015.05
161	齐家沟-虎路线矿区侯格庄矿段 29 号勘探线地质剖面图	山东省蓬莱市齐家沟-虎路线矿区深部及外围金矿资源储量核实报告(2015 年)	山东黄金集团蓬莱矿业有限公司	2015.05
162	齐家沟-虎路线矿区侯格庄矿段 33 号勘探线地质剖面图	山东省蓬莱市齐家沟-虎路线矿区深部及外围金矿资源储量核实报告(2015 年)	山东黄金集团蓬莱矿业有限公司	2015.05

附录 3(续)

序号	勘探线剖面图编号	来源	完成单位	日期
163	齐家沟-虎路线矿区侯格庄矿段34号勘探线地质剖面图	山东省蓬莱市齐家沟-虎路线矿区深部及外围金矿资源储量核实报告(2015年)	山东黄金集团蓬莱矿业有限公司	2015.05
164	齐家沟-虎路线矿区河西矿段2号勘探线地质剖面图	山东省蓬莱市齐家沟-虎路线矿区深部及外围金矿资源储量核实报告(2015年)	山东黄金集团蓬莱矿业有限公司	2015.05
165	齐家沟-虎路线矿区河西矿段4号勘探线地质剖面图	山东省蓬莱市齐家沟-虎路线矿区深部及外围金矿资源储量核实报告(2015年)	山东黄金集团蓬莱矿业有限公司	2015.05
166	齐家沟-虎路线矿区河西矿段6号勘探线地质剖面图	山东省蓬莱市齐家沟-虎路线矿区深部及外围金矿资源储量核实报告(2015年)	山东黄金集团蓬莱矿业有限公司	2015.05
167	齐家沟-虎路线矿区河西矿段10号勘探线地质剖面图	山东省蓬莱市齐家沟-虎路线矿区深部及外围金矿资源储量核实报告(2015年)	山东黄金集团蓬莱矿业有限公司	2015.05
168	齐家沟-虎路线矿区东石棚矿段8号勘探线地质剖面图	山东省蓬莱市齐家沟-虎路线矿区深部及外围金矿资源储量核实报告(2015年)	山东黄金集团蓬莱矿业有限公司	2015.05
169	齐家沟-虎路线矿区东石棚矿段8号勘探线地质剖面图	山东省蓬莱市齐家沟-虎路线矿区深部及外围金矿资源储量核实报告(2015年)	山东黄金集团蓬莱矿业有限公司	2015.05
170	齐家沟-虎路线矿区东石棚矿段10号勘探线地质剖面图	山东省蓬莱市齐家沟-虎路线矿区深部及外围金矿资源储量核实报告(2015年)	山东黄金集团蓬莱矿业有限公司	2015.05
171	齐家沟-虎路线矿区东石棚矿段12号勘探线地质剖面图	山东省蓬莱市齐家沟-虎路线矿区深部及外围金矿资源储量核实报告(2015年)	山东黄金集团蓬莱矿业有限公司	2015.05
172	齐家沟-虎路线矿区东石棚矿段14号勘探线地质剖面图	山东省蓬莱市齐家沟-虎路线矿区深部及外围金矿资源储量核实报告(2015年)	山东黄金集团蓬莱矿业有限公司	2015.05
173	齐家沟-虎路线矿区东石棚矿段18号勘探线地质剖面图	山东省蓬莱市齐家沟-虎路线矿区深部及外围金矿资源储量核实报告(2015年)	山东黄金集团蓬莱矿业有限公司	2015.05
174	齐家沟-虎路线矿区东石棚矿段28号勘探线地质剖面图	山东省蓬莱市齐家沟-虎路线矿区深部及外围金矿资源储量核实报告(2015年)	山东黄金集团蓬莱矿业有限公司	2015.05
175	齐家沟-虎路线矿区东石棚矿段30号勘探线地质剖面图	山东省蓬莱市齐家沟-虎路线矿区深部及外围金矿资源储量核实报告(2015年)	山东黄金集团蓬莱矿业有限公司	2015.05

附录 3(续)

序号	勘探线剖面图编号	来源	完成单位	日期
176	齐家沟-虎路线矿区东石棚矿段 36 号勘探线地质剖面图	山东省蓬莱市齐家沟-虎路线矿区深部及外围金矿资源储量核实报告(2015 年)	山东黄金集团蓬莱矿业有限公司	2015.05
177	齐家沟-虎路线矿区东石棚矿段 50 号勘探线地质剖面图	山东省蓬莱市齐家沟-虎路线矿区深部及外围金矿资源储量核实报告(2015 年)	山东黄金集团蓬莱矿业有限公司	2015.05
178	齐家沟-虎路线矿区东石棚矿段 54 号勘探线地质剖面图	山东省蓬莱市齐家沟-虎路线矿区深部及外围金矿资源储量核实报告(2015 年)	山东黄金集团蓬莱矿业有限公司	2015.05
179	齐家沟-虎路线矿区东石棚矿段 56 号勘探线地质剖面图	山东省蓬莱市齐家沟-虎路线矿区深部及外围金矿资源储量核实报告(2015 年)	山东黄金集团蓬莱矿业有限公司	2015.05
180	齐家沟-虎路线矿区东石棚矿段 52 号勘探线地质剖面图	山东省蓬莱市齐家沟-虎路线矿区深部及外围金矿资源储量核实报告(2015 年)	山东黄金集团蓬莱矿业有限公司	2015.05
181	齐家沟-虎路线矿区齐家沟矿段 8 号勘探线地质剖面图	山东省蓬莱市齐家沟-虎路线矿区深部及外围金矿资源储量核实报告(2015 年)	山东黄金集团蓬莱矿业有限公司	2015.05
182	齐家沟-虎路线矿区东石棚矿段 11 号勘探线地质剖面图	山东省蓬莱市齐家沟-虎路线矿区深部及外围金矿资源储量核实报告(2015 年)	山东黄金集团蓬莱矿业有限公司	2015.05
183	齐家沟-虎路线矿区东石棚矿段 16 号勘探线地质剖面图	山东省蓬莱市齐家沟-虎路线矿区深部及外围金矿资源储量核实报告(2015 年)	山东黄金集团蓬莱矿业有限公司	2015.05
184	齐家沟-虎路线矿区东石棚矿段 19 号勘探线地质剖面图	山东省蓬莱市齐家沟-虎路线矿区深部及外围金矿资源储量核实报告(2015 年)	山东黄金集团蓬莱矿业有限公司	2015.05